技能型人才培训用书

国家职业资格培训教材

砌筑工（中 级）

国家职业资格培训教材编审委员会 编

周文波 主编

机 械 工 业 出 版 社

本书是依据《国家职业标准》中级砌筑工的知识要求和技能要求，按照岗位培训需要的原则编写的。本书的主要内容包括：中级砌筑工的基本知识、复杂砖石基础的砌筑、砖墙和柱的砌筑、空斗墙、空心砖墙和空心砌块墙的砌筑、毛石砌体的砌筑、地面砖和乱石路面的铺筑、筒瓦屋面的挂铺、砖拱的砌筑、炉灶及锅炉的砌筑及砖烟囱、烟道和水塔的砌筑等砌筑中级工国家职业标准中所有的知识点及技能要求，还增加了相关砌体砌筑的技能训练。书末附有与之配套的试题库和答案，以便于企业培训、考核鉴定和读者自测自查。

本书主要用作企业培训部门、职业技能鉴定培训机构、再就业和农民工培训机构的教材，也可作为技校、中职、各种短训班的教学用书。

图书在版编目（CIP）数据

砌筑工（中级）/周文波主编 .—北京：机械工业出版社，2005.9（2024.8 重印）
国家职业资格培训教材
ISBN 978-7-111-17330-4
Ⅰ. 砌… Ⅱ. 周… Ⅲ. ①砌筑—技术培训—教材 ②砖石工—技术培训—教材 Ⅳ. TU754.1

中国版本图书馆 CIP 数据核字（2005）第 101457 号

机械工业出版社（北京市百万庄大街 22 号 邮政编码 100037）
责任编辑：王英杰 张立荣 版式设计：霍永明
责任校对：唐海燕 封面设计：饶 薇 责任印制：郜 敏
北京富资园科技发展有限公司印刷
2024 年 8 月第 1 版第 8 次印刷
148mm×210mm · 11.5 印张 · 338 千字
标准书号：ISBN 978-7-111-17330-4
定价：49.80 元

国家职业资格培训教材

编审委员会

序

为贯彻“全国职业教育工作会议”和“全国再就业会议”精神，落实国家人才发展战略目标，促进农村劳动力转移培训，全面推进技能振兴计划和高技能人才培养工程，加快培养一大批高素质的技能型人才，我们精心策划了这套与劳动和社会保障部最新颁布的《国家职业标准》配套的“国家职业资格培训教材”。

进入21世纪，我国制造业在世界上所占的比重越来越大，随着我国成为“世界制造业中心”进程的加快，制造业的主力军——技能人才，尤其是高级技能人才的严重缺乏已成为制约我国制造业快速发展的瓶颈，高级蓝领出现断层的消息屡屡见诸报端。据统计，我国技术工人中高级以上技工只占3.5%，与发达国家40%的比例相去甚远。为此，国务院先后召开了“全国职业教育工作会议”和“全国再就业会议”，提出了“三年50万新技师的培养计划”，强调各地、各行业、各企业、各职业院校等要大力开展职业技术培训，以培训促就业，全面提高技术工人的素质。那么，开展职业培训的重要基础是什么呢？

众所周知，“教材是人们终身教育和职业生涯的重要学习工具”。顾名思义，作为职业培训的重要基础，职业培训教材当之无愧！编写出版优秀的职业培训教材，就等于为技能培训提供了一把开启就业之门的金钥匙，搭建了一座高技能人才培养的阶梯。

加快发展我国制造业，作为制造业龙头的机械行业责无旁贷。技术工人密集的机械行业历来高度重视技术工人的职业技能培训工作，尤其是技术工人培训教材的基础建设工作，并在几十年的实践中积累了丰富的教材建设经验。作为机械行业的专业出版社，机械工业出版社在“七五”、“八五”、“九五”期间，先后组织编写出版了“机械工人技术理论培训教材”149种，“机械工人操作技能培训教材”85种，“机械工人职业技能培训教材”66种，“机械工业技师考评培训教材”22种，以及配套的习题集、试题库和各种辅导性教材约800种，基本满足了机械行业技术工人培训的需要。这些教材以其针对性、实用性强，覆盖面广，层次齐备，成龙配套等特点，受到全国各级培训、鉴定和考工部门和技术工人的欢迎。

2000年以来，我国相继颁布了《中华人民共和国职业分类大典》和新的《国家职业标准》，其中对我国职业技术工人的工种、等级、职业的活动范围、工作内容、技能要求和知识水平等根据实际需要进行了重新界定，将国家职业资格分为5个等级：初级（5级）、中级（4级）、高级（3级）、技师（2级）、高级技师（1级）。为与新的《国家职业标准》配套，更好地满足当前各级职业培训和技术工人考工取证的需要，我们精心策划编写了这套“国家职业资格培训教材”。

这套教材是依据劳动和社会保障部最新颁布的《国家职业标准》编写的，为满足各级培训考工部门和广大读者的需要，这次共编写了38个职业159种教材。在职业选择上，除机电行业通用职业外，还选择了建筑、汽车、家电等其他相近行业的热门职业。每个职业按《国家职业标准》规定的工作内容和技能要求编写初级、中级、高级、技师（含高级技师）四本教材，各等级合理衔接、步步提升，为高技能人才培养搭建了科学的阶梯型培训架构。为满足实际培训的需要，对多工种共同需求的基础知识我们还分别编写了《机械制图》、《机械基础》、《电工常识》、《电工基础》、《建筑装饰识图》等15种公共基础教材。

在编写原则上，依据《国家职业标准》又不拘泥于《国家职业标准》是我们这套教材的创新。为满足沿海制造业发达地区对技能人才细分市场的需要，我们对模具、制冷、电梯等社会需求量大又已单独培训和考核的职业，从相应的职业标准中剥离出来单独编写了针对性较强的培训教材。

为满足培训、鉴定、考工和读者自学的需要，在编写时我们考虑了教材的配套性。教材的章首有培训要点、章末配复习思考题，书末有与之配套的试题库和答案，以及便于自检自测的理论和技能模拟试卷，同时还根据需求为7种教材配制了VCD光盘。

增加教材的可读性、提升教材的品质是我们策划这套教材的又一亮点。为便于培训、鉴定、考工部门在有限的时间内把最需要的知识和技能传授给学员，同时也便于学员抓住重点，提高学习效率，对需要掌握的重点、难点、考点和知识鉴定点加有旁白提示并采用双色印刷。

为扩大教材的覆盖面和体现教材的权威性，我们组织了上海、江苏、广东、广西、北京、山东、吉林、河北、四川、内蒙古等地相关行业从事技能培训和考工的200多名专家、工程技术人员、教师、技师和高级技师参加编写。

这套教材在编写过程中力求突出“新”字，做到“知识新、工艺新、技术新、设备新、标准新”；增强实用性，重在教会读者掌握必需的专业知识和技能，是企业培训部门、各级职业技能鉴定培训机构、再就业和农民工培训机构的理想教材，也可作为技工学校、职业高中、各种短训班的专业课教材。

在这套教材的调研、策划、编写过程中，曾经得到广东省职业技能鉴定中心、上海市职业技能鉴定中心、江苏省机械工业联合会、中国第一汽车集团公司以及北京、上海、广东、广西、江苏、山东、河北、内蒙古等地许多企业和技工学校的有关领导、专家、工程技术人员、教师、技师和高级技师的大力支持和帮助，在此谨向为本套教材的策划、编写和出版付出艰辛劳动的全体人员表示衷心的感谢！

教材中难免存在不足之处，诚恳希望从事职业教育的专家和广大读者不吝赐教，提出批评指正。我们真诚希望与您携手，共同打造职业培训教材的精品。

国家职业资格培训教材编审委员会

前　　言

当前，我国正处在经济高速增长的时代，建筑产业作为国民经济的重要增长点和支柱产业，正在迅速发展。劳动密集、资金密集和技术密集是建筑业区别其他现代化工业的最大特点。因此，提高管理人员的技术管理水平和提高操作人员的专业技术技能是提高建筑产品质量和劳动生产效益的根本途径。砌筑工是建筑行业土建施工中最重要的工种之一，建筑物从基础、墙（柱）到屋面盖瓦，各个砌筑环节都离不开砌筑工的具体操作和实施。掌握本工种相关的基本理论知识和熟练操作技术，是对砌筑工人的基本要求。为了满足砌筑工技能培训和国家职业标准技能鉴定的要求，培养我国建筑行业的具有高素质、高技能的专业操作人员，我们组织编写了本套教材。

本教材是以国家颁布的《砌筑工国家职业标准》为依据编写的，是国家职业技能培训系列教材中砌筑工中级工培训教材。根据建筑行业的特点，按照科学性、实用性、可读性和新颖性的原则，教材编写注意以砌筑工不同等级的基本知识和实际操作相结合，突出操作技能的训练要求，注重实用和实效，体现砌筑工施工的新规范、新材料、新技术、新工艺和新的施工方法；也便于有一定知识水平的砌筑工人自学参考。

本教材共分10章，内容包括：建筑力学、房屋构造、估工估料和施工测量等中级砌筑工的基本知识，复杂砖石基础的砌筑，砖墙、砖柱和空斗墙、空心砖墙及空心砌块墙的砌筑，毛石墙的砌筑，地面砖和乱石路面的铺筑，炉灶和锅炉的砌筑，筒瓦屋面的铺筑和烟囱、烟道和水塔的砌筑，并附有知识要求试题和技能要求试题及模拟试卷样例，能够满足岗位技能鉴定的需要。根据《砌筑工国家职业标准》的基本要求和工作要求，考虑到教材的系统性，为方便自学，部分重点的内容在不同级别的培训教材中作了重复讲述，在培训教学中可根据具体情况适当的取舍。

本教材由周文波主编，周序洋主审。

本教材在编写过程中，得到了江苏广播电视大学建筑工程学院领导和老师们的大力支持和帮助，在此致以感谢。由于作者的水平有限，加之时间仓促，书中难免有不妥和错误之处，诚恳地欢迎读者批评指正，不胜感谢。

编　者

目录
MU LU

第一章

砌筑工（中级）基本知识

培训学习目标 通过本章的学习，对建筑工程中常见的几种典型结构和构件的受力情况和特点有所了解，对砌筑的分部分项工程的工料分析、定额与估料方面知识有所掌握，并了解工程中常用的测量工具与设备，基本掌握水准仪的使用和水准测量知识。

第一节 建筑力学的一般知识

一、建筑力学的概念

力学是研究物体运动和受力后发生变化的一门科学。建筑力学是研究和解决房屋建筑物或构筑物在受力之后产生的内力和变形，以及解决如何抵抗这些力的作用，保证建筑物安全使用的学科。

1. 什么是力

在建筑工地上，人们推车、挑担、砌砖、挖土等都要用力，力和力的作用存在于人们生产、生活等一切活动之中；力和力的作用是无事不在，无时不在，无处不在。人们在大量的生产、生活的实践中，逐步建立起力的概念。只要当物体的运动出现快慢，运动的方向改变和物体出现变形时，我们都能觉察到力的存在和作用，所以力是一个物体对另一个物体的相互作用。这种作用使物体的运动状态发生变化，或者使物体产生变形。所以说，尽管力的形式变化很多，但力作用在物体上总是产生两种效果：力的运动效果就是使物体的运动状态发生改变；力的变形效果就是使物体的形态发生改变。

由此可见，力与物体运动及变形是分不开的，一个物体受到力的作用，必然是另外一个物体对它施加这种作用，力不能离开物体而单独存在。

2. 力的三要素

人们在生产实践中逐渐认识到，力对物体的作用效果取决于力的大小、方向和作用点，所以我们称大小、方向和作用点为力的三要素，三者缺一不可。力的方向，也就是力对物体作用时的指向；力的作用点，表示力作用在物体某个地方；力的大小是表示力的量，它可用数量和单位来表示。在国际单位制中，力的单位是牛顿（N）或千牛顿（kN）。

3. 作用力与反作用力

当一个物体给另一个物体作用一个力时，总能得到一个大小相等、方向相反、作用在同一条直线上的力，在力学上称为作用力和反作用力。如船工用篙撑河岸边，篙给河岸边一个推力，反过来河岸也给一个反方向的力把船推离河岸。又如，当我们提水时，手给水桶提环一个向上的力，反过来也会感到提环给手一个向下的力，如图1-1所示。这说明当一个物体对另外一个物体作用力时，另外的物体同时也对该物体有一个反作用力。作用力和反作用力总是大小相等、方向相反，并且沿着同一直线分别作用于两个物体上，这就是作用力和反作用力的定律。

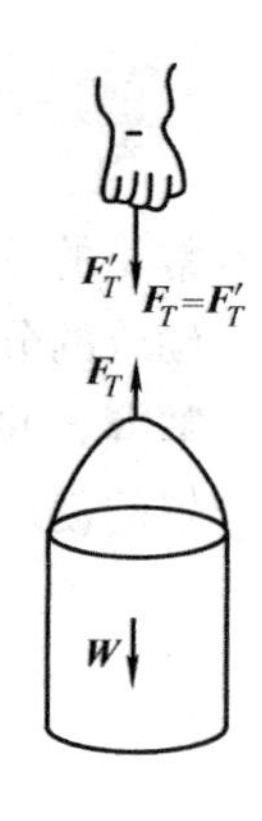

图1-1 作用力与反作用力

4. 力的平衡

在通常情况下，我们看到的房屋都建造在地面上保持静止不动状态，通常把物体相对于地面维持静止不动的这种状态称为平衡状态，如房屋压在地基上，地基托住房屋，这在力学中称为力的平衡。两个力平衡的条件是物体要处于平衡状态，它的受力情况必须满足这样的条件：一对大小相等方向相反的两个力同时作用在一个物体上，使得该物体处于静止状态或者作匀速直线运动，这时的两个力相互平衡（即合力等于零），这个条件称为物体的平衡条件。建造房屋就是在力的平衡状态下进行的。

5. 力的合成与分解

（1）力的合成　两个以上的力用一个力来代替，称为力的合成，如图 1-2 所示。两方向相同，作用在同一条直线上的力 $\boldsymbol{F}_1$ 和 $\boldsymbol{F}_2$，使物体发生向前运动。这时也可以用另一个力 $\boldsymbol{F}_R$ 来代替，而其作用效果不变，$\boldsymbol{F}_R$ 就称为 $\boldsymbol{F}_1$ 和 $\boldsymbol{F}_2$ 的合力，而 $\boldsymbol{F}_1$ 与 $\boldsymbol{F}_2$ 则称为分力。在很多情况下，两个或者两个以上的力，不一定在同一直线上，求合力的方法是运用力的平行四边形法则，可以参考其他的建筑力学教材。

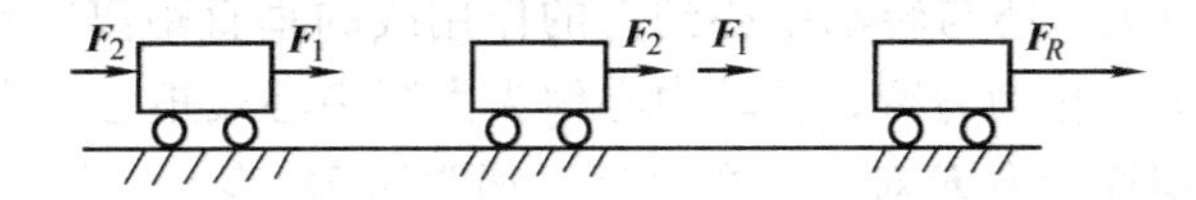

图 1-2　力的合成

（2）力的分解　力既然可以合成，反过来也可以分解。比如，物体沿着与地面有一个角度 α 斜面下滑（图 1-3），在不考虑摩擦力的情况下，物体垂直于地面的重力 $\boldsymbol{W}$ 可以分解成为两个分力：一个与斜面平行的分力 $\boldsymbol{F}_1$，使物体沿斜面下滑；另一个与斜面垂直的分力 $\boldsymbol{F}_2$，使物体下滑时紧贴斜面，是压在斜面上的力。也就是把力 $\boldsymbol{W}$ 分解为不在同一直线上的两个分力 $\boldsymbol{F}_1$ 和 $\boldsymbol{F}_2$。

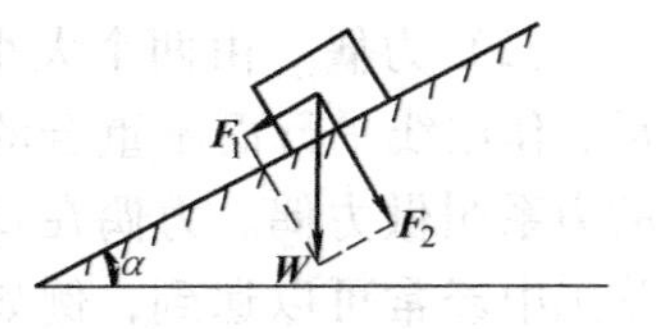

图 1-3　力的分解

6. 力矩和力偶

（1）力矩　一个力作用在具有固定点的物体上，如果力的作用线不通过该固定点，那么物体将会产生转动。在工地上我们经常采用各式各样的杠杆，如扳子、撬棍等，这些工具都是利用力绕某一点转动来工作的，这种转动的效果就是力矩的概念。

如图 1-4 所示，我们用扳手拧螺母，作用于扳手一端的力越大，或力的作用点离转动中心越远，转动的效果就越大。同时力 $\boldsymbol{F}$ 的作

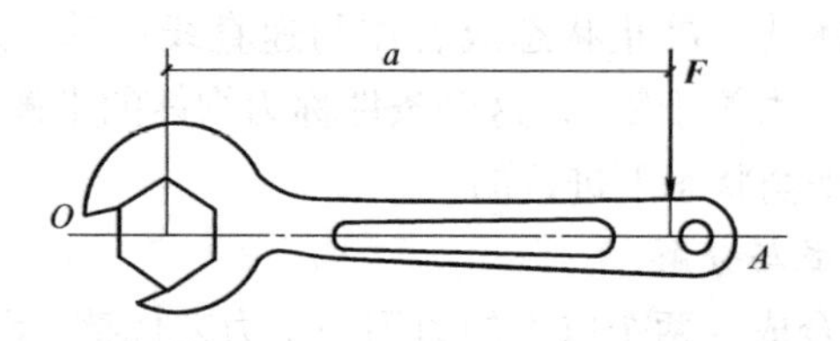

图 1-4 扳手拧螺母的力矩作用

用方向也很重要，如果作用点不变，而力 F 的作用方向作了改变，其转动效果就也大不一样了，只有当力 F 的作用线与 OA 线垂直时，转动的效果最大。倘若力 F 的作用线正好通过转动中心 O，则根本不能产生转动。这就是说，力使物体绕某点转动的效果，不仅与力 F 的大小有关，还与转动中心到力的作用线的垂直距离 a 有关。这个垂直距离 a 称为力臂，转动中心称为力矩中心或矩心。力 F 与力臂 a 的乘积称为力 F 对 O 点的力矩，通常用 M_o 表示。公式为

$$M = Fa$$

力矩的常用单位是牛顿米（N · m）或者千牛米（kN · m）。

（2）力偶　由两个大小相等、方向相反、作用线平行而不重合的一对力所组成的力系叫做力偶。力偶在日常生活和工程施工中经常可以遇到，例如司机操纵转向盘、机修工用板牙架套螺纹、木工用麻花钻钻孔（图 1-5）等都属于力偶作用。力偶矩的大小等于力偶中的一个力与两力线间的垂直距离（力偶臂）的乘积，即为：

$$M = \pm Fa$$

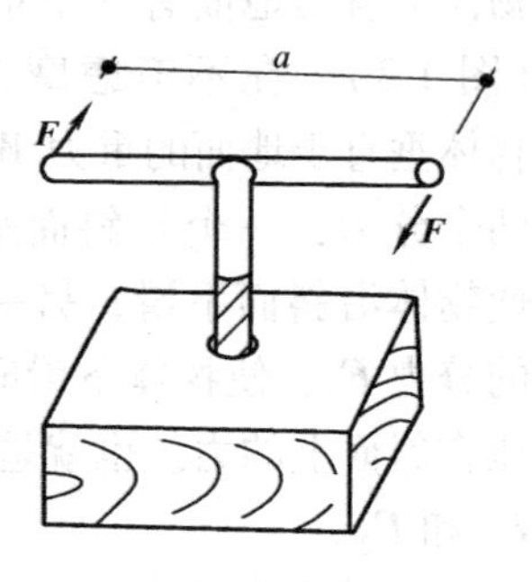

图 1-5 力偶作用的图示

式中的正负号根据物体转动的方向确定，通常规定逆时针方向转动为正，顺时针方向转动为负。力偶矩的计量单位与力矩一样，是牛顿米（N · m）或千牛米（kN · m）。

7. 拉力与压力

一个物体同时受到两个大小相等方向相反的力作用时，物体将产生变形，两个背离物体的力叫拉力，使物体产生拉伸变形；两个

指向物体的力叫压力，使物体产生压缩变形，如图 1-6a、b 所示。

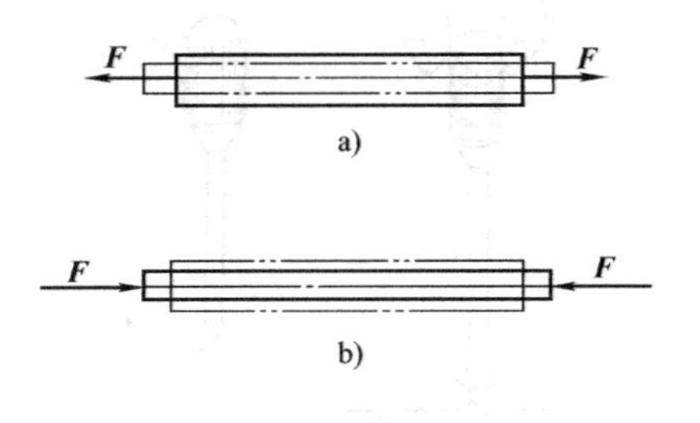

图 1-6　压力与拉力示意图

a）轴向拉伸　b）轴向压缩

8. 剪力

作用于物体上两个方向相反、其力矩几乎等于零的力称为剪力。生活中用剪刀剪切物件，是剪力最好的例子。工程上经常用螺栓将两块钢板连接，钢板受外力作用时，螺栓受到剪切力，如图 1-7 所示。

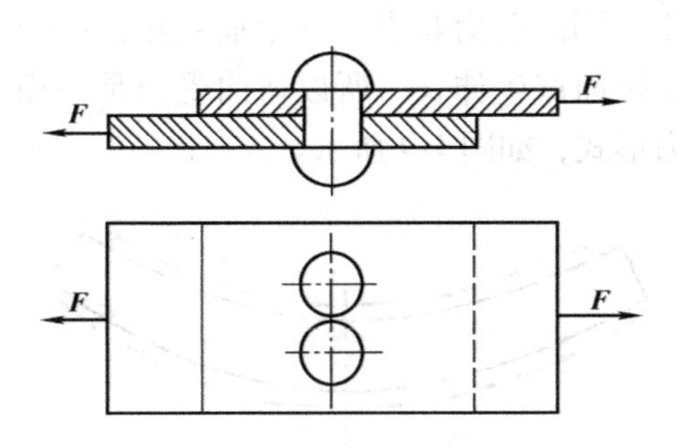

图 1-7　螺栓受剪切力的作用

9. 扭力

扭力是一对有距离且方向相反的力偶产生的力。机械上转动的轴受到扭力的作用，物体受了扭力的作用则发生扭转变形或断裂破坏。在工程中，如果把一个螺母拧紧后，再继续拧，那么丝杆就受扭力，如果扭力大于丝杆的抵抗能力，丝杆就会产生变形扭断或螺母的牙口被拧坏而失去作用，如图 1-8 所示。

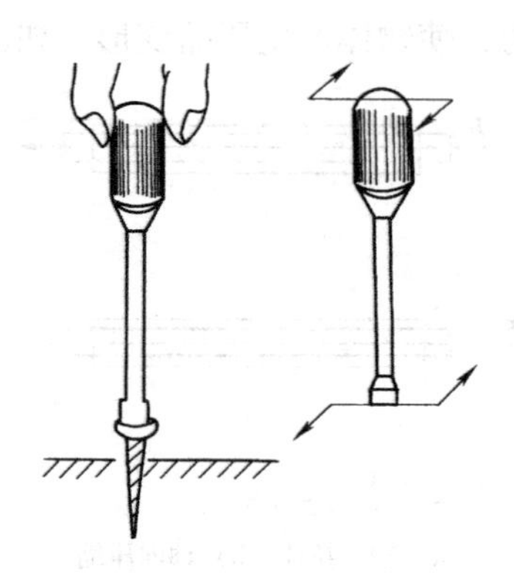

图 1-8　扭力示意图

10. 弯曲受力

弯曲受力在日常生活中很常见，如一条板凳上坐了几个人，板凳的面板就会发生弯曲。建筑工程中的梁板都是弯曲受力，在梁和板里配钢筋就是用来抵抗弯曲受力的。当梁或板弯曲受力时，梁或板的上下面处于不同的受力状态，一个面受压，一个面受拉，受压面产生缩短，受拉面产生伸长，所以弯曲受力是一面受压，另一面受拉的组合受力形式，如图 1-9 所示。

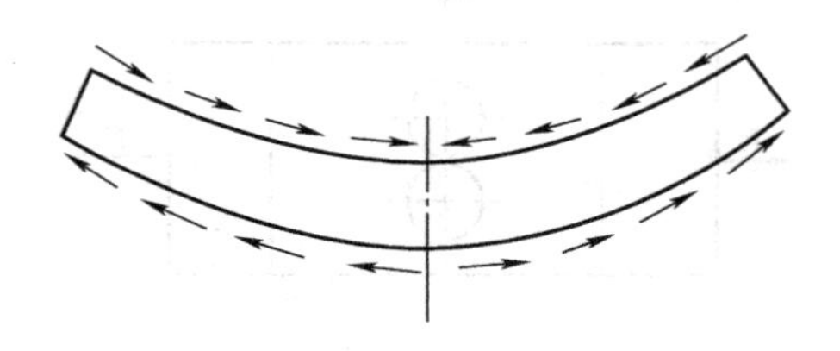

图 1-9　弯曲受力示意图

11. 外力和内力

我们把作用于物体上并使物体产生运动状态改变或本身形状改变的力，称为外力。如人拉弹簧，人对弹簧的拉力对弹簧来讲就是外力。房屋建筑中楼面上人的活动，设备的重量，屋面上的风、雪荷载等都是房屋所受的外力。

我们把受外力作用的物体抵抗变形的能力，称为物体的内力。如一根钢筋两头受拉，作用于它的拉力对钢筋来说，是一对外力。

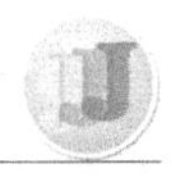

而钢筋内部分子的相互吸引力来抵抗变形，这种分子间的相互吸引力的合力就称为钢筋的内力。拉力一旦超过钢筋的内力，钢筋就会断裂。所以在工程上，建筑构件必须有足够的内力来抵抗所受的外力，这样才能保证建筑物的使用安全。

二、建筑结构、构件和荷载

1. 结构、构件和荷载

房屋建筑的主要承重部分是基础、墙、柱、梁、楼板和屋架等，为满足使用要求，就必须使房屋结构在各种外力（荷载）的作用下，既不破坏，也不产生过大的变形和裂缝，这就要求房屋的结构既有足够的强度，又具有足够的刚度和耐久性。

多层房屋建筑大多采用砖混结构。它的主要结构构成是：楼面由多孔板组成，多孔板搁置在大梁或内横墙上，大梁搁置在内墙或外纵墙上，上层墙支承在下层墙上，底层墙支承在条形基础上。

工业厂房建筑通常采用钢筋混凝土多层框架结构或单层排架结构。它的主要承重结构体系是楼板搁置在梁上，梁或者屋架搁置在柱子上，上层柱子支承在下层柱子上，底层柱子支承在独立基础上，墙体大多起围护作用。

房屋建筑在使用过程中除了起围护、保温、隔声等作用外，还要承受各种荷载的作用，如屋架承受风的压力、积雪的压力以及屋面材料（如檩条、屋面板、防水材料等）的重力，楼面承受楼层中设备、家具、人活动的力等，楼面将受的外力连同自身的重力一起传给梁、柱子或墙，柱子或墙又把这些荷载（外力）和它本身的重力全部传给基础，如图 1-10 所示。

在工程中通常把建筑物自身的重力和使用过程中可能承受的各种外力叫做荷载，把支承荷载起承重作用的骨架就称为建筑结构。建筑结构的各个组成部分，如梁、柱、墙、楼板、屋架等称为构件。

建筑物的结构，必须能够安全地承受荷载，并保证在不同的受力状态下的安全稳定。如果结构受力时不能够有足够的强度和刚度或者在施工和使用过程中，受到超出结构承受能力的荷载，就会造成构件的非正常损坏，甚至造成工伤事故和国家财产的巨大损失。

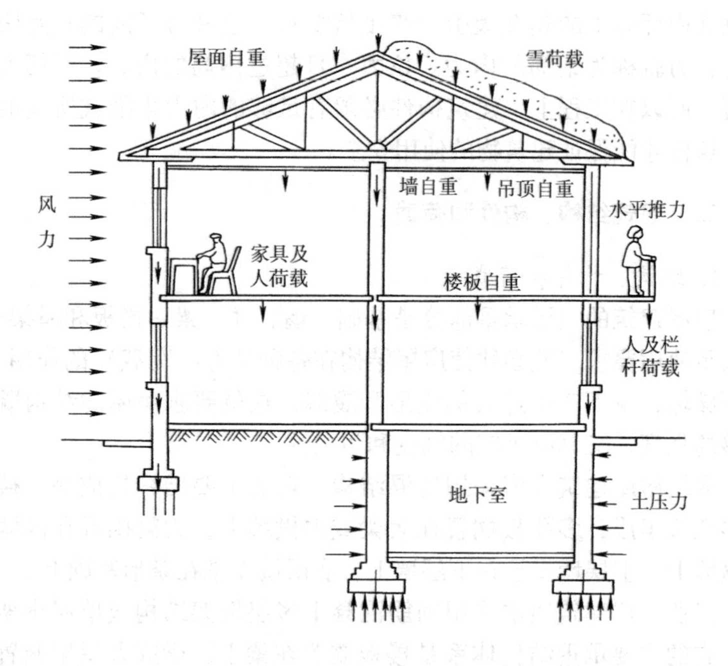

图1-10 房屋建筑荷载示意图

2. 荷载的分类

（1）按荷载的性质分 荷载按性质一般分为恒荷载和活荷载两大类。

1）恒荷载（又称静荷载）：它是作用在结构上不变的荷载，如柱、梁、墙、楼板、屋架、屋面板、防水材料等自身的重力，恒荷载可根据构件的形状尺寸和材料重力密度来计算确定。

2）活荷载：它是作用在结构上可变化或经常变化的荷载，如楼层上的人群、室内的家具物品等的重力；施工时人、材料、机具的重力；工业厂房内的吊车重力；风和雪的荷载。

另外还有一类荷载，如地震作用，虽然也属活荷载的范畴，但由于只是偶然作用在结构上，且荷载的形式比较特殊，所以又称特殊荷载。

（2）按荷载作用的形式分 荷载按作用的形式可分为集中荷载和均布荷载。

均布荷载是均匀分布于结构上的荷载，如图 1-11a 所示，一堆砖均匀的平铺在木板上，砖对木板的压力是均布的力。还有如构件所承受的重力（即构件的自重），是地球对它的吸引力，这种力均匀分布在构件的整个体积内，也属于均布荷载。

集中荷载是集中作用于构件一点或较小面积的荷载，如图 1-11b 所示，竖立在木板上的一摞砖块对木板的压力便可看作是集中荷载。

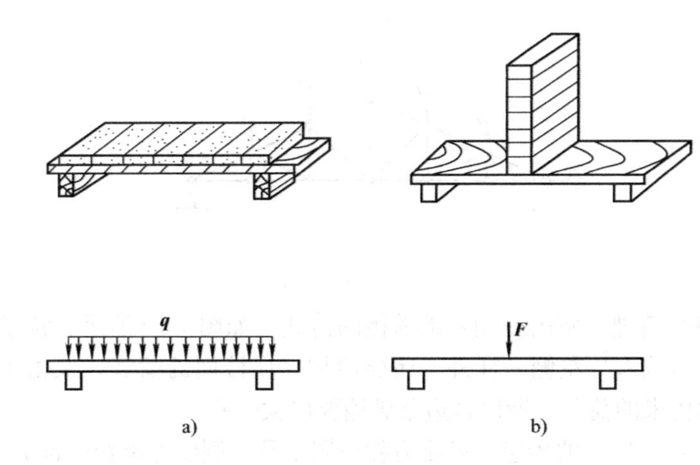

图 1-11　均布荷载与集中荷载

3. 荷载的传递

（1）屋架承受的荷载　如图 1-10 所示，屋架承受的荷载有：屋面自重、屋架自重、风、雪荷载、施工上人荷载等。屋架两端支承在墙上，由墙体产生的支座反力来支承屋架，承受屋面的荷载，保持屋架的平衡。受力如图 1-12 所示，把屋面上分散的力集中到屋架的节点上，力由节点传到各个杆件内，使屋架自身平衡。

（2）墙身承受的荷载　以图 1-10 左侧外墙 ±0.000 标高以上墙截面来分析，墙截面上所承担的荷载有：屋架传下来的荷载、墙体的自重、二楼楼面荷载（包括楼面自重和活荷载）以及一层墙自重等。

（3）地基的荷载　墙截面的荷载加上基础部分墙体及土的荷载，即为该侧墙体通过基础传给地基的荷载。

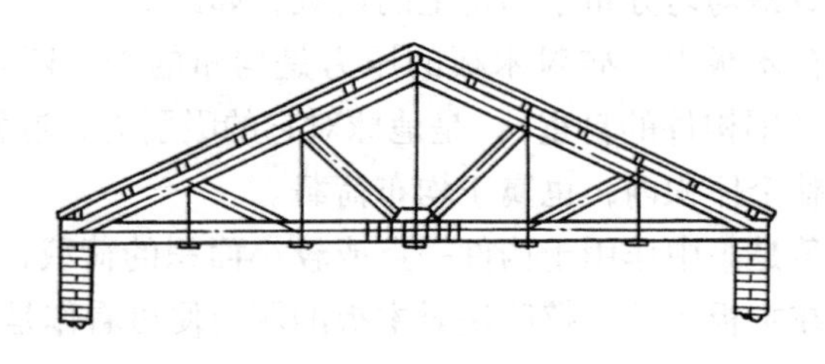

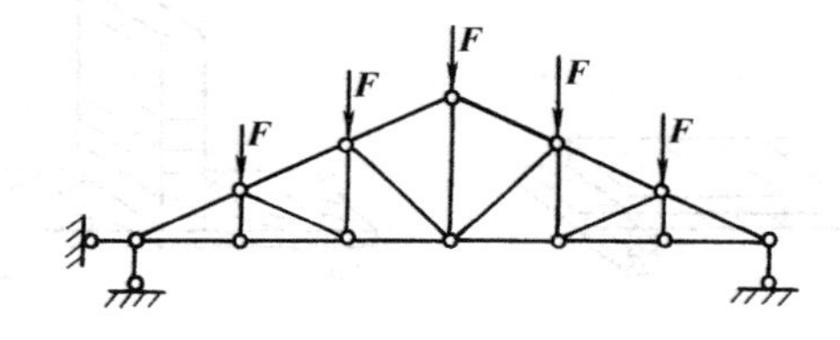

图 1-12 屋架受力的传递

(4) 有地下室的一侧基础承担的荷载 如图 1-10 所示，该基础承受的荷载除与左侧一样外，还要增加一层楼面的荷载以及由土的侧压力传来的荷载，所以这边基础墙要厚大一些。

(5) 风压力的传递 风压力除由屋架及左侧墙面承担一部分外，还由楼面传递给中间纵向墙和右侧外墙，共同来承担，还可以通过纵向墙面传递给横隔墙承担。

4. 结构的稳定性平衡

房屋建筑建造完毕后在使用过程中，要能够承受各种力的作用而保持稳定和坚固，必须具备以下几个条件：

(1) 结构构件要有足够的强度和刚度 强度是指构件在荷载作用下抵抗破坏的能力，刚度是构件在外力作用下抵抗变形的能力。如果仅有足够强度而刚度不够的话，房屋在受力后产生变形很大会使人感到没有安全感。如人坐在架空的薄板上，薄板下弯虽然不断，但人坐在上面也感到不安全。反之，如果刚度够而强度不足，也要造成构件破坏。如一根没有钢筋的混凝土梁，尺寸大小等在刚度上虽能满足要求，但强度不够，上面放上一定重量的东西，马上就会断裂破坏。所以，结构构件的强度和刚度是相互联系又必不可少的

要素。

（2）构件支座的稳定　所谓支座的稳定，就是在任意荷载作用情况下，结构的支承状况都能使结构保持平衡。如图 1-13 所示，梁的支座用滚动支座，虽然支座有四个，但它们不是稳定的，只要加一个水平力的作用，梁就要滚动失去平衡，所以是不稳定的。如果把其中的一个滚动支座改为铰支座，就可以使梁稳定了，如图 1-14 所示。因为滚动支座只能承受垂直力，固定铰支座既能承受垂直力，又能承受水平推力。所以工程中的桥梁就是一端采用固定铰支座，一端采用滚动支座。

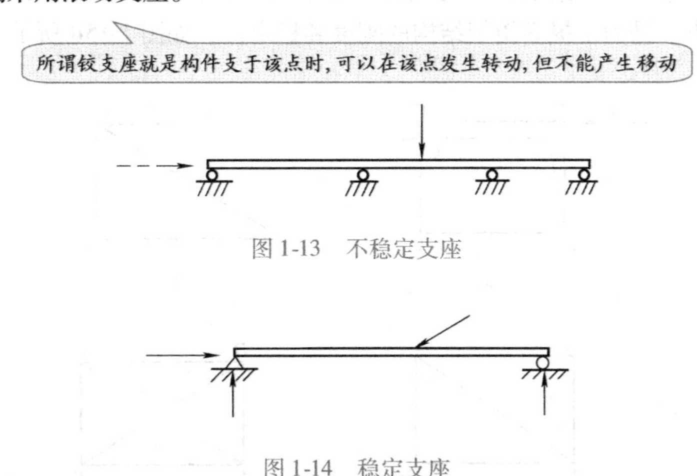

图 1-13　不稳定支座

图 1-14　稳定支座

（3）结构几何组成的稳定性　构件的稳定性也是结构组成的必要的要素之一，如一个桁架（或者一个屋架）在任意的外力作用下能维持固有形状时，此桁架就是稳定的。为了保证桁架的稳定，必须使构件组成的几何形状是稳定的。

下面我们来分析一些几何形状，如果取四根杆件，用穿钉（也称为铰的连接）将它们两两相连，组成一个矩形 $ABCD$，如图 1-15a 所示，设 AB 杆不动，只要在节点 D 上加一个很小的力 $\boldsymbol{F}$，它就不能再保持它原有的矩形形状，而是变成虚线所示的平行四边形 $ABC'D'$ 了。这种情况就称为几何形可变或叫做几何形不稳定。再如果我们取用的是三根杆件用穿钉（即铰）的方式两两相连接，组成一个三

角形 *ABC*，如图 1-15b 所示，即使在 *C* 点作用一个较大的力 ***F***，*C* 点的位置也不会发生变动，这种三角形 *ABC* 称为几何形不变或者说是几何形稳定的，这就是三角形稳定性的原理。

如果在三角形 *ABC* 的基础上，又增加 *AD*、*CD* 两根杆件，分别以穿钉相连接，如图 1-15c 所示，*AD*、*CD*、*AC* 三根杆件就形成一个新的三角形。以此推理，由三角形组成的杆件系统是几何不变的。按照这种方法的组合就可以组成各种不同类型的屋架或房屋建筑中的桁架。在稳定的基础上再增加一根杆件 *BD*，这就称为有多余杆件的平面桁架，多余的杆件习惯称为多余约束，在桁架结构中采用多余约束，是为了提高桁架结构的刚度和稳定性，如图 1-15d 所示。

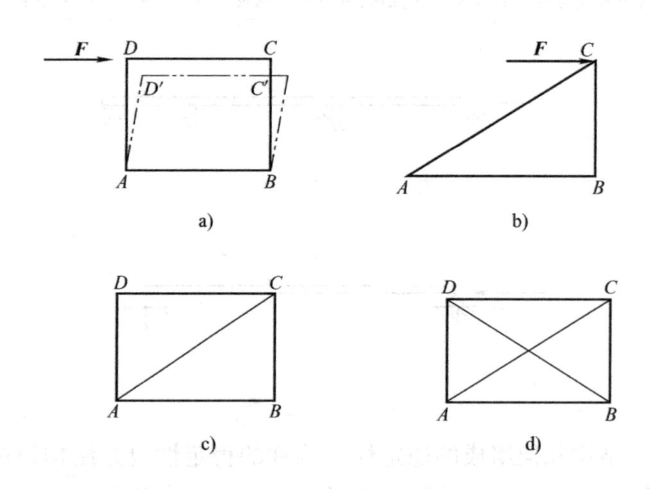

图 1-15　结构几何体的稳定性

a）不稳定矩形　b）稳定三角形

c）稳定矩形　d）有多余约束矩形

三、结构和构件的受力

1. 支座与支座反力

任何建筑结构（构件）都必须安置在一定的支承物上，才能承受荷载的作用，达到稳固使用的目的。因此在工程上构件的支承被称做支座。由于构件的支座对构件都起着某种约束作用，因此又把支座叫

约束。如柱子的顶端是梁（或屋架）的支座；空心楼板搁置在墙上，板的荷载通过两端的支承点把力传给墙，给墙一个压力，反过来，墙在支承点对空心板有一个向上的反作用力支持着空心板，这就是支座对构件的反作用力，称支座反力。在工程中，构件的支座常见的有三种基本类型，即滚动铰支座、固定铰支座和固定端支座。

（1）滚动铰支座（活动支座）　滚动铰支座又称光滑接触面约束。滚动铰支座允许构件绕铰链转动，又允许构件沿支承面在水平方向移动。因此，构件受荷载作用时，这种支座只有垂直于支承面方向的反力 $\boldsymbol{F}_{RA}$。滚动铰支座及其简图和反力如图 1-16a ~ c 所示。

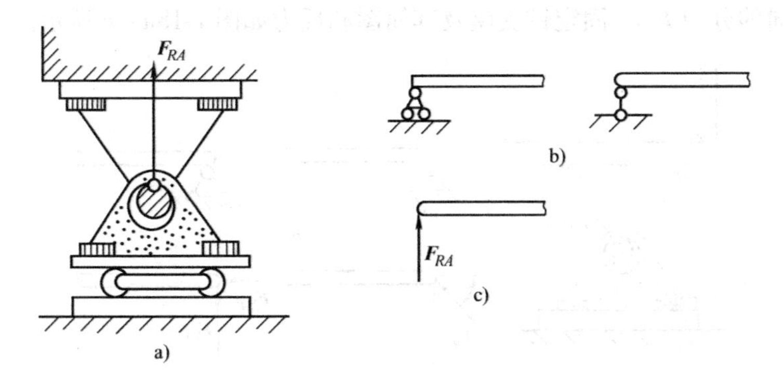

图 1-16　滚动铰支座受力示意图

a）滚动铰支座　b）滚动铰支座简图　c）滚动铰支座反力

一个梁搁置在砖墙上，砖墙就是梁的支座。当梁受荷载后，砖

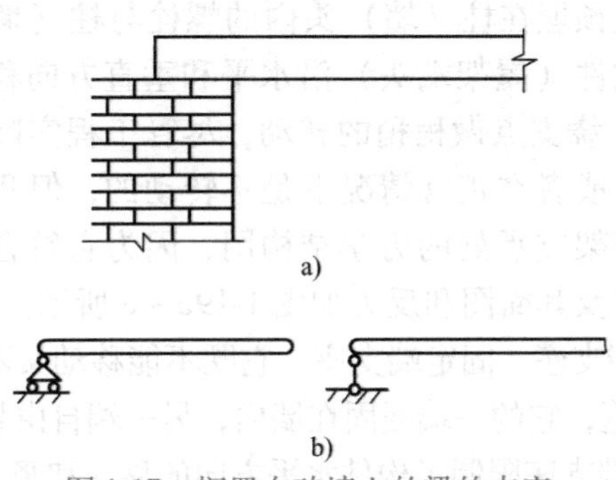

图 1-17　搁置在砖墙上的梁的支座

a）支座形式　b）支座简图

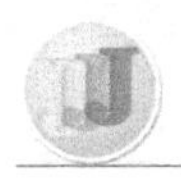

墙便阻止梁垂直向下运动，但由于梁仅仅是搁置在墙上，所以支座只能阻止梁上下运动，不能阻止梁沿水平方向移动，也不能阻止梁绕支承点转动，这样就可以将搁置在砖墙上的梁简化为滚动铰支座。搁置在砖墙上的梁的支座形式、支座简图如图 1-17a、b 所示。

（2）固定铰支座：固定铰支座与滚动铰支座不同的地方，是支座下半部直接固定在支座垫板上，它只允许构件绕铰转动，而不允许它沿水平或垂直方向的移动，对于光滑的固定铰支座的约束，其反力的作用线必定通过铰的中心，但反力的方向则不能确定，不过我们可以利用力的分解方法，把它分解为水平方向的分力 $\boldsymbol{F}_{XA}$ 和垂直方向的分力 $\boldsymbol{F}_{YA}$，固定铰支座及其简图和反力如图 1-18a ~ c 所示。

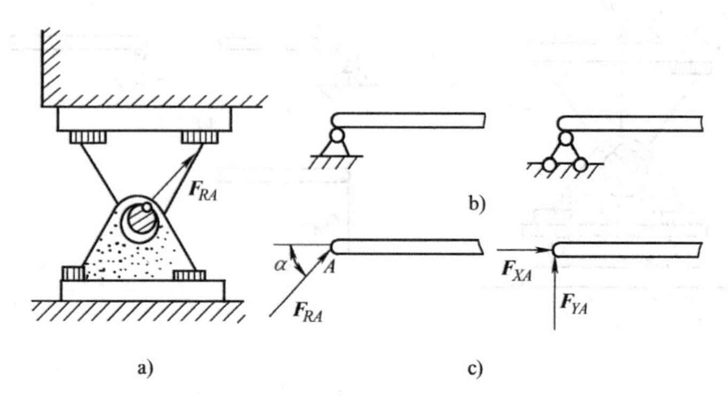

图 1-18 固定铰支座受力示意图

a）固定铰支座 b）固定铰支座简图 c）固定铰支座反力

木屋架通过预埋在柱（墙）头内的螺栓与柱（墙）相连接。这种支座不允许构件（屋架端头）沿水平和垂直方向移动，但允许构件（屋架端头）绕支点做稍稍的转动，尽管工程实际中屋架能转动的角度非常小，或者在正常情况下是不转动的，但我们还是按固定铰支座来简化屋架支承处的力学结构图，因为它符合铰支座的基本条件。屋架支座及其简图和反力如图 1-19a ~ c 所示。

（3）固定端支座 固定端支座，它既不能移动又不能转动。如图 1-20a 所示的雨篷，它的一端嵌固在墙内，另一端自由悬空（即没有支座）。由于固定端支座限制了构件水平方向的移动和竖直方向的移动及转动，所以当构件受到荷载作用时，固定端支座除了产生水平反力和

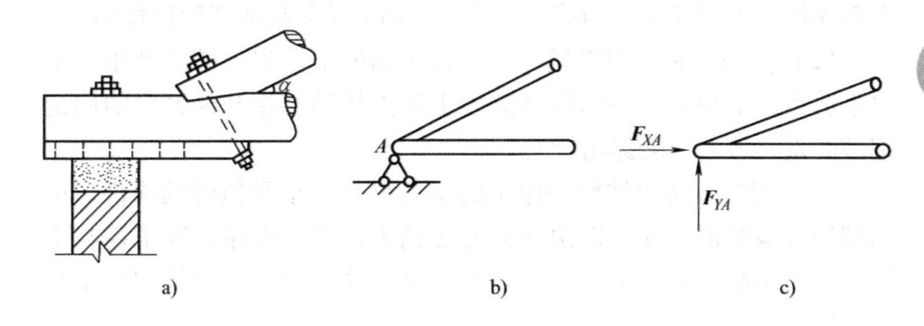

图 1-19　屋架支座受力示意图

a）屋架支座　b）屋架支座简图　c）屋架支座反力

竖向反力外，还将产生一个阻止构件转动的反力矩（图 1-20b）。

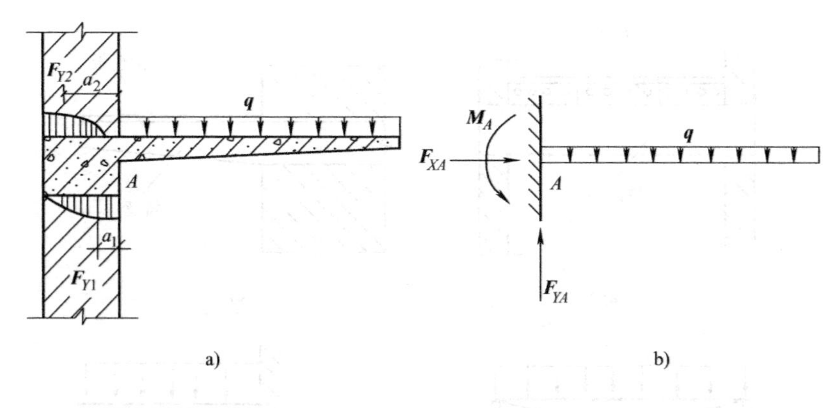

图 1-20　雨篷受力示意图

a）固定端支座　b）固定端支座简图及支座反力

2. 构件的受力状况

建筑结构的各个组成部分，如梁、柱、墙、楼板、屋架等称为构件。构件在不同形式的外力作用下产生的变形有几种基本形式：拉伸与压缩、剪切、扭转、弯曲。

（1）拉伸与压缩　在砌体结构中，砖柱往往是受重压力而产生压缩变形，多层砖混结构房屋的墙体，也受到各种荷载的作用而产生压缩变形。建筑工程中各种形式的钢筋混凝土简支梁中的钢筋往往是上部受压，下部受拉；而阳台或者雨篷在固定端处的钢筋则是

上部受拉，下部受压。钢筋砖过梁中的钢筋是受拉而产生拉伸的。

（2）剪切　砖墙面受风吹时，在砖墙的下端根部就会产生一个水平剪力，工程中常用的钢筋混凝土简支梁的两端和悬臂梁的固定端部的垂直剪力一般都比较大。

（3）扭转　砖混结构房屋中的雨篷梁是一个受扭转的构件。梁两端伸入墙中被卡住，而雨篷部分受到重力向下作用，因雨篷与雨篷梁连在一起形成一个整体，则雨篷梁就受到扭转力的作用产生扭曲变形。

（4）弯曲　弯曲是建筑结构中最常见的构件受力形式，如板和梁上部承受荷载后，就要产生弯曲变形。建筑工程中常见的钢筋混凝土简支梁和悬臂梁的弯曲变形如图 1-21a～d 所示。

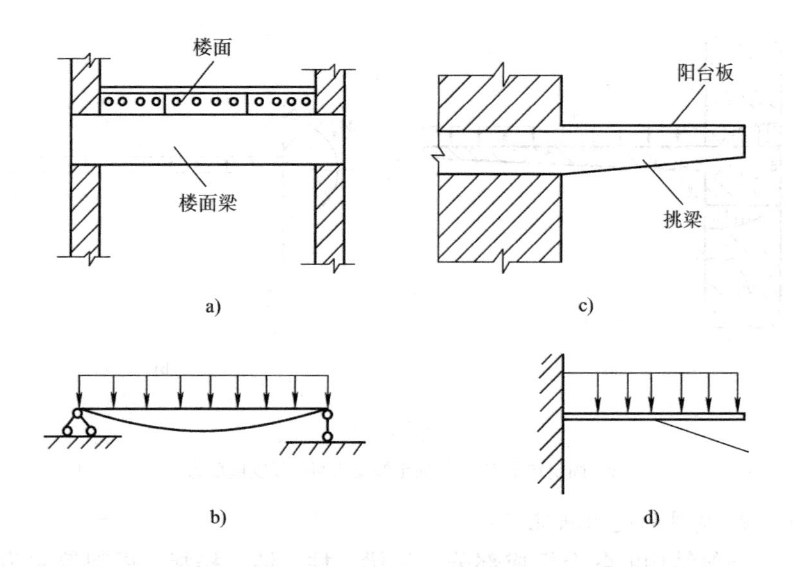

图 1-21　钢筋混凝土简支梁和悬臂梁的弯曲变形

a）简支梁　b）简支梁的弯曲变形　c）悬臂梁　d）悬臂梁的弯曲变形

在实际工程中，建筑构件的受力往往不是单一的，而是同时受到几种力的作用同时也产生几种变形的组合。比如阳台或者雨篷梁，有上部墙体重力作用而产生的弯曲变形和剪切变形，还有阳台或者雨篷板对它产生的扭转作用。

（5）柱的受力情况　柱子在正常的工作中，有以下几种受力状态须进行考虑：

1）轴心受压：柱子是房屋结构中常见的一种构件，在大多情况下，柱子的竖向荷载作用点在截面中间，当力的作用线和柱子中心线轴线重合时，称做轴心受压柱，如图 1-22a 所示。

2）偏心受压：当柱子所受到的压力不通过柱子的轴心线时，称为偏心受压。工程中真正受到压力作用的柱子基本上都是偏心受压，许多房屋建筑中的中柱，表面看是中心受压，事实上很多是偏心的。引起偏心的原因有柱两边的跨度的不同，荷载的不同等。如图 1-22b 所示，是一种最简单的偏心受压情况，它是一个带有牛腿的厂房边柱，当吊车梁传下来的力 $\boldsymbol{F}$ 作用在牛腿上时，$\boldsymbol{F}$ 对柱截面的轴心线有个距离 e（e 称为初始偏心距），这时柱子受 $\boldsymbol{F}$ 作用时外侧受拉，内侧受压。

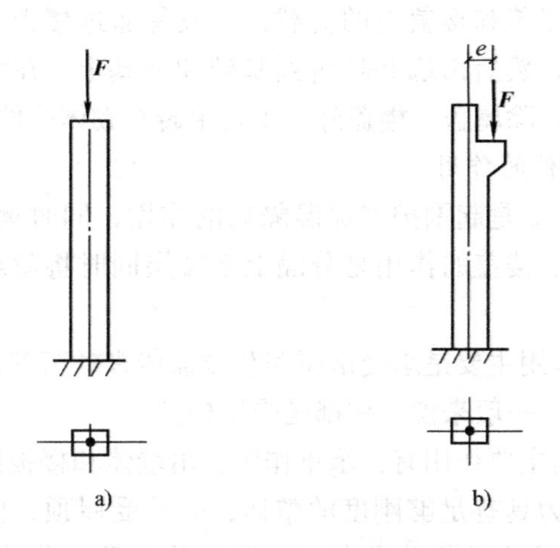

图 1-22　轴心受压柱和偏心受压柱

3）压杆的稳定：在实际工程中，柱或者杆的破坏，不仅与柱子的截面积大小有关，还与柱子的长度和两端用何种形式支承有关。比如一根短而粗的木杆，直立在地面上，底部固定不让它发生移动，当我们用一个力压在它的顶端时，我们要用很大的压力才能把它压坏，在整个受力过程中直至破坏，它也不会弯曲。但如果我们换用一根细长的木杆，固定方式与粗木杆一样，也在顶端加力，这时我

们会发现，即使加在细木杆顶端的压力不太大时，细木杆也可能发生较大的弯曲，甚至早早地折断，这个力甚至只有粗木杆所受力的几分之一，且杆越细这个力就越小，这就是杆件受压的稳定问题。我们把这种细长杆压弯折断的现象叫做压杆的失稳。

四、砌体的受力状态

由砖、石或其他人造块材与砂浆粘接而成的单个砌体称为砌体构件。学习和了解砖石砌体的物理力学性能、外力对砌体的影响及砌体在建筑物中的受力情况等知识，对砌筑人员在操作中处理和解决工程中的一些实际问题是非常有益的。

1. *砌体结构构件的种类*

房屋建筑结构一般是由三部分构件组成，即屋盖和楼盖、墙和柱、基础。而屋盖和楼盖上的荷载，一般是通过楼板、次梁和主梁传到墙和柱上，然后由墙和柱传到基础和地基上。在大多数混合结构房屋建筑中，除屋盖、楼盖外，主要由砖石砌体构件组成。

2. *砌体构件的作用*

1）屋盖主要是起围护和保温隔热的作用，同时承受并传递风、雨、雪的荷载。楼盖的作用是分隔上下楼层同时将荷载传递到墙或梁上。

2）柱的作用主要是承受由屋盖和楼盖传来的荷载，并把荷载传递到基础上去。一般来说，柱都是受压构件。

3）墙体的主要作用有：承重作用，由墙体和楼板组成的房屋骨架，使房屋成为具有足够刚度的整体，并承受屋顶、楼板等构件传下来的荷载，同时还承受风力、地震力及自重等荷载；围护作用，墙体可保护建筑物的内部不受风、雨、雪等的侵袭，并具有保温、隔声、隔热等作用，保证室内具有良好的生活和工作环境；分隔作用，房屋内的纵横墙把建筑物分隔成不同大小和不同用途的房间，以满足不同的使用要求。

4）砖、石基础是砖或石材通过砂浆粘接的柱基础或墙基础，其作用是把砖柱和砖墙传来的荷载传到地基上去，保证房屋的安全和稳定。

3. *砌体构件的受力*

常见的砖石构件主要承受的荷载有：均布荷载，它是均匀分布在楼板或墙身上的荷载，如墙和楼板及其他构件的自重、雨水、积雪等。集中荷载，是以集中于某一处的形式作用在墙体和楼板上的荷载，如一根大梁搁置在墙上某处，那么该处就受到这个梁传来的集中力。常见的受力构件如下。

（1）受压构件　房屋建筑中的墙和柱及基础等大部分都是受压构件，如果荷载通过柱横截面的中心，为轴心受压；如果荷载不是通过柱横截面的中心，而是有一个偏心距，则为偏心受压。

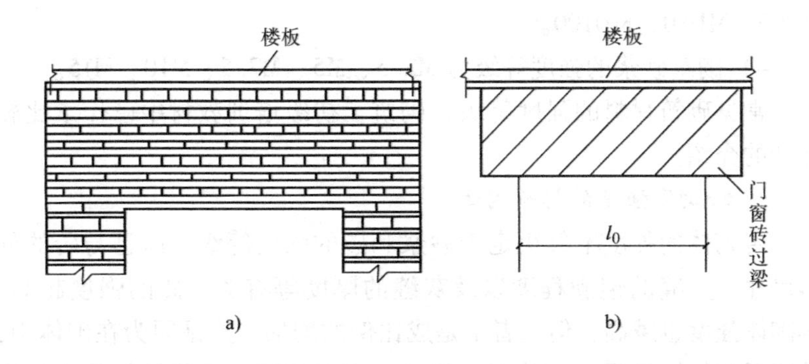

图 1-23　门窗过梁受力示意图

（2）受弯构件　砌体中的门窗砖过梁，如图 1-23a、b 所示，承受着楼板传来的荷载和砖过梁砌体本身自重。在这样的荷载作用下，砖过梁将产生弯矩及剪力。门窗砖过梁属于受弯砌体构件。

（3）局部受压构件　屋盖和楼盖的梁或屋架搁置在砖墙或砖柱上，其支座与墙、柱的接触面，只是墙、柱截面的一部分，如图 1-24 所示。这样，在砖墙、砖柱的接触面处就不是整个截面受压，而只是局部面积受压，称为局部受压。虽然砌体局部抗压强度比一般抗压强度提高了不少，但是，由于受压面积（即局部面积）小了许

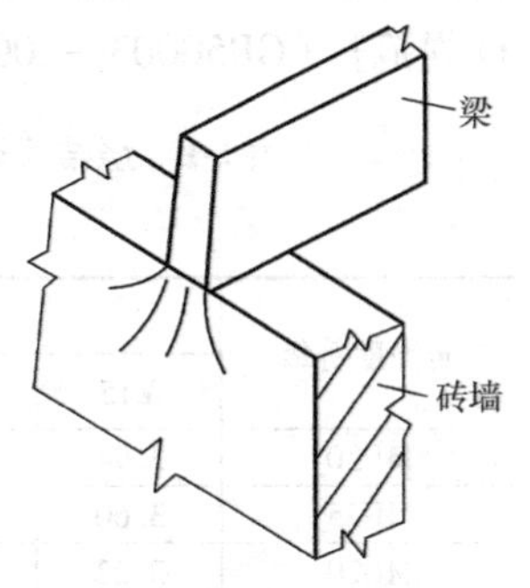

图 1-24　梁端的砖墙局部受力示意图

多，可能使砖砌体受压开裂破坏，在实际砌筑中，必须采取措施，防止局部受压构件的破坏。

五、砖石砌体的强度

1. 常见砌筑材料的强度等级

1）烧结普通砖、非烧结硅酸盐砖和承重粘土空心砖的强度等级，分为MU10、MU15、MU20、MU25、MU30几种。

2）砌块的强度等级为MU5、MU7.5、MU10、MU15、MU20。

3）砌筑用石材的强度等级为MU20、MU30、MU40、MU50、MU60、MU80、MU100。

4）砌筑砂浆的强度等级为M2.5、M5、M7.5、M10、M15。

常见砌筑材料的强度等级在砌筑工初级培训教材中已作了比较详细的介绍。

2. 砖砌体强度的影响因素

砖砌体的强度不仅决定于砂浆和砖的强度等级，而且与砖的外形尺寸、灰缝的饱满程度以及灰缝的厚度等有关。砖的强度越高，其砌体强度也越高，但二者不是成比例的增加。这是因为在砌体中，砂浆层不能铺设得非常均匀、饱满，密实的砖与砂浆材料的变形模量不同而造成。所以，灰缝的砂浆如不饱满，不仅影响砌体的抗压强度，而且也影响砌体的抗拉和抗剪强度。砖砌体的抗压强度设计值，见表1-1。其他砌筑用砖砌体的抗压强度设计值见《砌体结构设计规范》（GB50003—2001）。

表1-1 烧结普通砖和烧结多孔砖砌体抗压强度设计值

（单位：MPa）

砖强度等级	砂浆强度等级					砂浆强度
	M15	M10	M7.5	M5	M2.5	0
MU30	3.94	3.27	2.93	2.59	2.26	1.15
MU25	3.60	2.98	2.68	2.37	2.06	1.05
MU20	3.22	2.67	2.39	2.12	1.84	0.94
MU15	2.79	2.31	2.07	1.83	1.60	0.82
MU10	—	1.89	1.69	1.50	1.30	0.67

3. 砖砌体的抗压、抗拉、抗剪强度

（1）砖砌体的抗压强度　砖砌体的抗压能力以“抗压强度”表示。拉压强度是指砌体水平截面单位面积上所能承受的最大压力，用 N/mm 或称作兆帕斯卡（MPa）来表示。

砖砌体抗压强度的试验方法是：用一定强度等级的砖和一定强度等级的砂浆砌成砖柱体试件，如图 1-25 所示。普通砖砌体试件的尺寸应采用 240mm × 370mm × 720mm（厚度 × 宽度 × 高度），非普通砖砌体抗压试件的截面尺寸可稍作调整，高度应按高厚比等于 3 确定。试件厚度和宽度的制作允许误差为 ± 5mm。砖在砌筑前要适当浇水湿润，在铁垫板上铺 10mm 厚砂浆砌筑，砖层应上下错缝，满铺满挤，灰缝厚 10mm，砌完后将试件顶面用水泥砂浆抹平。然后将试件放在温度为 20℃ ± 3℃ 的室内条件下养护 28d，到期后及时在压力机上进行轴心抗压试验。在砌筑试件的同时，每组试件应至少做一组砂浆试块，并与砌体试件在相同条件下养护，以测定砂浆的实际强度。

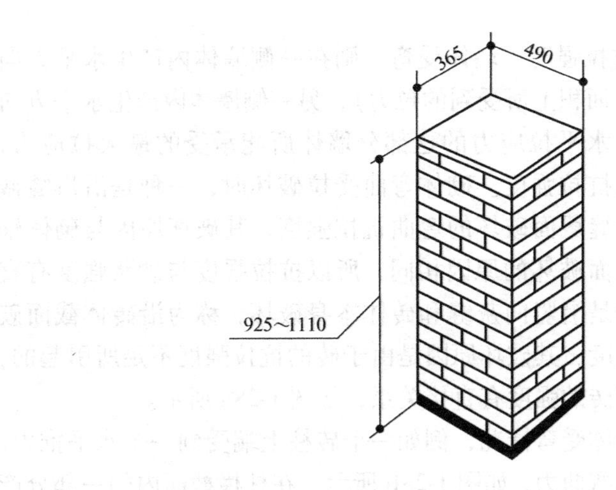

图 1-25　测试砖柱体的强度等级的试件

（2）砌体的轴心抗拉强度　当某一段砖砌墙体两端受到一个相同大小的拉力，在墙体受拉断裂时，墙体受拉截面内单位面积上所受的拉力，称为砌体的轴心抗拉强度。抗拉强度单位同砌体的抗压强度。凡砌体轴心受拉沿竖向和水平灰缝成锯齿形（或阶梯形）破坏时，称为砌体沿齿缝截面破坏，如图1-26所示。这种形式的破坏，是由于砖与砂浆之间粘接强度不足或砂浆层本身强度不足造成的。所以，沿齿缝截面破坏的轴心抗拉强度，并非由于砖的强度不足所引起，而是与砂浆的强度有着直接关系。另一种轴心受拉破坏是沿竖灰缝和砖体本身断裂，称为沿砖截面破坏，如图1-27所示。其原因是由于砖本身的抗拉强度不足而引起，常发生于砖的强度低于砂浆强度的情况下，所以，它与砖的强度有直接关系。在实际工程中，真正的轴心受拉的墙体是很少的，很多情况是由于基础的不均匀沉降及其他受力变形引起的。

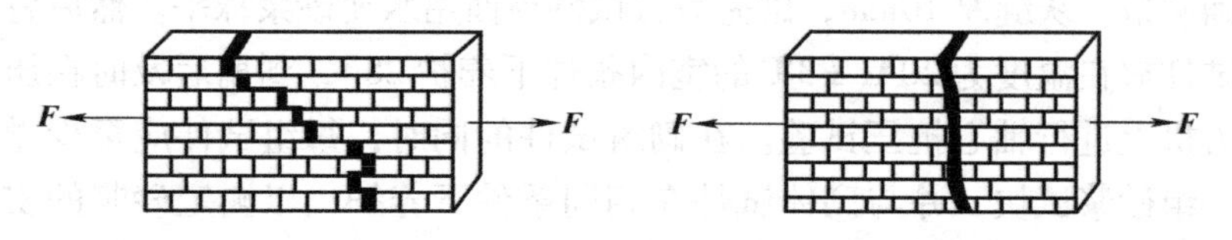

图1-26　砖与砂浆的粘接强度不足　　图1-27　砖的抗拉强度不足

（3）弯曲抗拉强度　墙体受弯，则在一侧墙体内产生水平方向的拉应力（单位面积上所受到的拉力），另一侧墙体内产生水平方向的压应力，产生水平拉应力的这部分墙体所能承受的最大拉应力，叫做砌体的弯曲抗拉强度。砌体弯曲受拉破坏时，一种是沿齿缝截面破坏，称沿齿缝截面破坏的弯曲抗拉强度，其破坏原因与砌体轴心受拉沿齿缝截面破坏的原因相同，所以抗拉强度与砂浆强度有直接关系；另一种是沿竖向灰缝和砖体本身破坏，称为沿砖体截面破坏的弯曲抗拉强度，其破坏原因是由于砖的抗拉强度不足所引起的，因此这种破坏与砖的强度有直接关系，如图1-28a所示。

还有一种砌体受弯情况，例如一个砖柱上端受到一个水平推力，则砖柱受到纵向弯曲力，如图1-28b所示，在柱横截面内的一部分产生拉应力，另一部分产生压应力。当拉应力超过砖与砂浆之间的粘接强度时，砖柱就会沿水平灰缝断裂。这种砖砌体的受拉破坏形式，叫做弯曲受拉沿通缝截面破坏，它的破坏强度称做沿通缝破坏的弯曲抗拉强度。如果砖柱的砂浆强度高于砖的强度，也可能是砖本身

破坏，而灰缝完好，这种破坏形式称为弯曲受拉沿砖体截面破坏，它的抗拉强度叫做沿砖体截面破坏的弯曲抗拉强度。

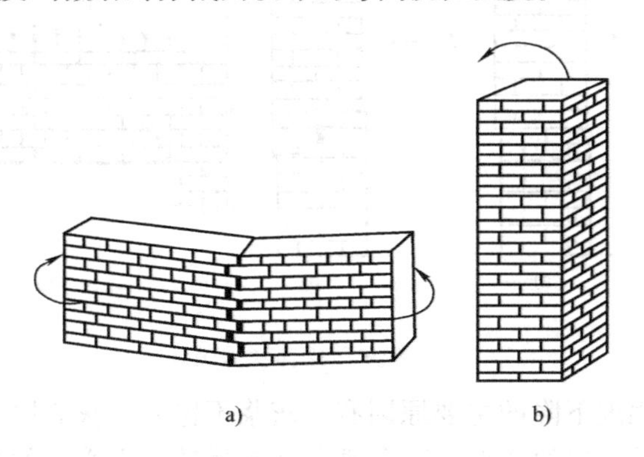

图 1-28　砖砌体的弯曲破坏

（4）抗剪强度　如有一个砖柱受到水平方向的外力 N，则在受力点以下的砌体受到水平的剪力。根据试验结果，砖砌体受剪的破坏特征按砌体的受剪情况可分为沿通缝截面破坏（图 1-29a）和沿灰缝成阶梯破坏（图 1-29b）。沿通缝截面的剪切破坏，是由于砖与砂浆之间的切向粘接力不足所引起的，所以沿通缝破坏的抗剪强度与砂浆的强度有直接关系，而不是因砖的强度不足所引起的。另外沿砌体阶梯形截面的剪切破坏，可以看作是水平灰缝抗剪强度与竖向灰缝抗剪强度之和不足而引起的，但砌体竖向灰缝的砂浆一般不够饱满，所以竖向灰缝的抗剪强度很低，可以忽略不予考虑。这样，沿阶梯形截面破坏的抗剪强度也与砂浆的强度有直接关系，而不是由于砖的强度不足所造成的。

还有一种情况是砌体在弯曲时发生剪切破坏，如钢筋砖过梁由于上部荷载的作用，在过梁的两端产生竖向剪力，这个剪力由砖砌体来承担，当荷载过大或砖砌体强度不足则会造成过梁的受剪破坏，它的破坏一般沿灰缝成阶梯形，如图 1-29c 所示。

砌体强度除与原材料质量有关外，还与砌筑质量有很大关系。实践证明，用同样原材料砌筑的砌体，由于砌筑质量的好坏不同，抗压强度能相差 50% 以上。所以，砌筑质量很重要。砌筑质量不好，

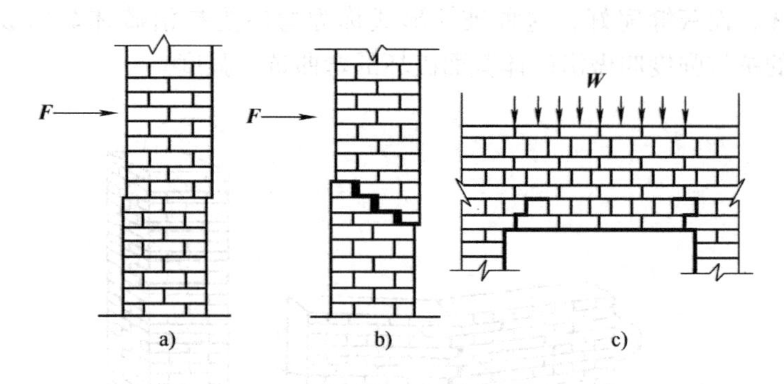

图 1-29　砖砌体受剪破坏

造成砌筑强度下降的主要原因有：灰浆不饱满、灰缝厚薄不均、上下层砖对缝、砖的含水量不合要求（普通砖、空心砖的含水率宜在10% ~15%，灰砂砖、粉煤灰砖的含水率宜为5% ~8%）、墙面不垂直和墙面不平整、砸墙等。总的说来，砌体的剪切破坏，主要与砂浆强度和饱满度有直接的关系。

六、梁、板、拱的受力状态

1. 梁的受力

梁的变形是工程结构中最常见的一种弯曲变形。梁在未受荷载之前，水平轴线是一条直线，受了荷载后，产生支座反力，形成力矩使梁受弯，轴线就变成一条曲线。在工程中这种变形要控制在允许范围之内，所以要对梁的受力进行计算。

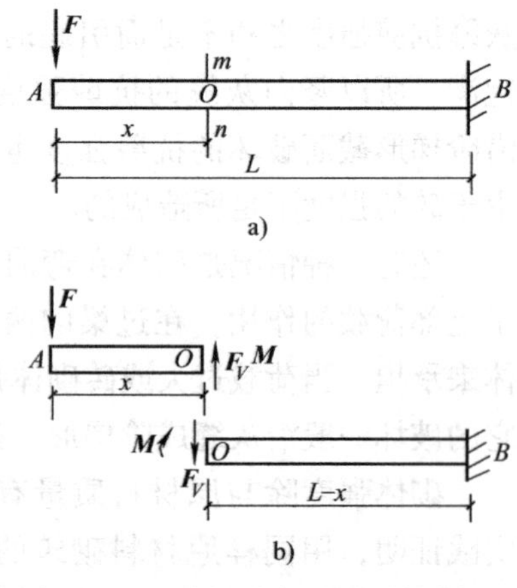

图 1-30　悬臂梁受力后的内力分析

（1）梁的内力　梁在外力作用下，梁的内部将产生内力。为了对梁的强度和刚度进行计算，必须了解在外力作用下梁各截面上的内力。以图 1-30a 的悬臂梁为例，由于外力 ***F*** 有使梁左段向下运动的趋

势，为了维持左段的平衡，在 mn 截面上必然有一个向上的内力 $\boldsymbol{F}_V$，它与外力 $\boldsymbol{F}$ 大小相等，方向相反，形成一对剪力，所以该内力又称为剪力。同样在外力 $\boldsymbol{F}$ 作用下，使梁的左段绕截面 mn 的形心 O 点转动，为了保持平衡，在 mn 截面上必然产生一个内力矩 $\boldsymbol{M}$，力矩的大小为力乘力臂，所以得到：$\boldsymbol{M}=\boldsymbol{F}\boldsymbol{x}$。力矩 $\boldsymbol{M}$ 的转动方向与力 $\boldsymbol{F}$ 使左段绕 O 点转动的方向相反。通过以上分析可以知道，梁的内力由剪力 $\boldsymbol{F}_V$ 和弯矩 $\boldsymbol{M}$ 组成。其规律是：梁构件某一个截面上的剪力 $\boldsymbol{F}_V$，在数值上等于这个截面以左（或以右）部分各外力（包括支座反力）的代数和；一个截面上的弯矩 M，在数值上等于这个截面以左（或以右）部分各外力对截面形心力矩的代数和（图 1-30b）。

（2）梁的内力图 为了使梁的受力状况比较明确，一般要绘制梁的内力图，即弯矩图和剪力图。梁受力弯曲以后，不同的截面上就产生不同的内力，在实际的工程中，内力最大的截面就是最容易破坏的截面。为了找出最大内力的截面位置，一般用横坐标表示沿梁轴线和截面位置，用纵坐标表示相应截面上内力的大小，画出一条曲线，这样的图形，就叫内力图。表示剪力的叫剪力图，表示弯矩的叫弯矩图。表 1-2 所示为常用的简支梁的最大弯矩、剪力和挠度（变形），表 1-3 所示为常用悬臂梁的最大弯矩、剪力和挠度。

表 1-2 简支梁的最大弯矩，最大剪力和最大挠度

	均布荷载	集中荷载	
荷载形式	q；A，B；L	F；L/2，l/2；A，B，C；L	L/3，F，L/3，F，L/3；A，B，C，D；L
弯矩（M）图	最大弯矩 $M_{max}=\frac{qL^2}{8}$	最大弯矩 $M_{max}=\frac{FL}{4}$	最大弯矩 $M_{max}=\frac{FL}{3}$
剪力（F_V）图			

（续）

	均 布 荷 载	集 中 荷 载	
支座反力（F_R）	$F_{RA}=\frac{qL}{2}$，$F_{RB}=\frac{qL}{2}$	$F_{RA}=\frac{F}{2}$，$F_{RC}=\frac{F}{2}$	$F_{RA}=F$，$F_{RD}=F$
剪力（F_V）	$F_{VA}=F_{RA}$，$F_{VB}=-F_{RB}$	$F_{VA}=F_{RA}$，$F_{VC}=-F_{RC}$	$F_{VA}=F_{RA}$，$F_{VD}=F_{RD}$
挠度（f）	$f_{\max}=\frac{5qL^4}{384EI}$	$f_{\max}=\frac{FL^3}{48EI}$	$f_{\max}=\frac{23FL^3}{648EI}$

表 1-3　悬臂梁的最大弯矩，最大剪力和最大挠度

	均 布 荷 载	集 中 荷 载
荷载形式	q　A　B　L	F　A　B　L
弯矩（M）图	$M_B=\frac{qL^2}{2}$	$M_B=-FL$
剪力（F_V）图		
支座反力（F_R）	$F_{RB}=qL$	$F_{RB}=F$
剪　　力（F_V）	$F_{VB}=-q\mathrm{L}$	$F_{VB}=-F$
挠　　度（f）	$f_A=\frac{qL^4}{8EI}$	$f_A=\frac{FL^3}{3EI}$

（3）梁的内力计算　如图1-31所示一简支梁，A端为固定支座，B端为可动支座，梁长5m，在距A端2m处作用有力100kN的集中荷载，请计算梁支座反力，并画处各截面上的剪力图和弯矩图。

解　1）计算梁支座反力

$$\boldsymbol{F}_{RA} = 100\text{kN} \times 3/5 = 60\text{kN}$$

$$\boldsymbol{F}_{RB} = 100\text{kN} \times 2/5 = 40\text{kN}$$

2）作剪力图（$\boldsymbol{F}_V$图）

从A点到集中荷载作用处这一段内剪力$\boldsymbol{F}_{Vx}$为一常数。

$$\boldsymbol{F}_{Vx} = \boldsymbol{F}_{RA} = 60\text{kN}$$

从集中荷载作用处到B点这一段内剪力$\boldsymbol{F}_{Vx}$同样为一常数。

$$\boldsymbol{F}_{Vx} = \boldsymbol{F}_{RA} - \boldsymbol{F} = 60 - 100 = -40\text{kN}（与前段剪力方向相反）$$

3）作弯矩图（$\boldsymbol{M}$图）

当$x=0$时　$\boldsymbol{M} = \boldsymbol{F}_{RA} \times x = 60\text{kN} \times 0\text{m} = 0$

当$x=2$时　$\boldsymbol{M} = \boldsymbol{F}_{RA} \times x = 60\text{kN} \times 2\text{m} = 120\text{kN} \cdot \text{m}$（最大值）

当$x=5$时　$\boldsymbol{M} = 60\text{kN} \times 5\text{m} - 100\text{kN} \times 3\text{m} = 0$

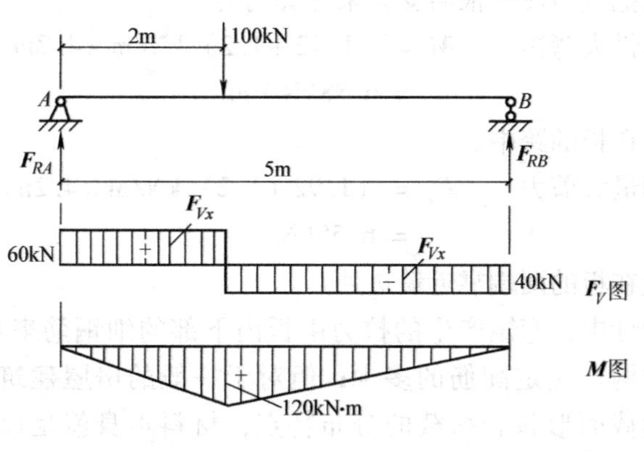

图1-31　简支梁的内力图

2. 板的受力

在砌体结构中，楼板一般是装配式预制钢筋混凝土空心板（孔有圆孔、方孔和长孔），局部为现浇钢筋混凝土板（多用在卫生间和厨房等多水的房间部位），我们以空心板受力为例来讨论板的受力情况。这些板都是以两端短边放置在墙体上，而两长侧边不能有一点搁置在墙中，否则受力不仅仅是变得复杂，而且还违背了预制板受力和传力方式，极易提前破坏，在工程中这一点是不容违反的。当板只有相对的两端放在墙体上时，板的受力状态就象是一根梁，只不过这根梁高度方面的尺寸比较小，宽度方面的尺寸比较大，支座就是墙体。板的受力与梁受力非常相似，在计算内力时，先将板宽度范围内的均布荷载简化成线荷载，将板看成是一条线状的杆件（即梁），按一般梁的计算方式计算板的内力。

例如，某楼房开间中心间距4.2m，用预制空心板铺盖，预制板宽为600mm，板上的恒载设计值为$3.2kN/m^2$（包括板的自重），板上的活荷载设计值为$2.0kN/m^2$，求空心板在此状态下的内力是多少?

解　先将楼面上均布荷载化成线荷载

恒载　$3.2kN/m^2 \times 0.6m = 1.92kN/m$（0.6m是板宽度，下同）

活载　$2.0kN/m^2 \times 0.6m = 1.2kN/m$

房间的开间中心距4.2m，我们近似取计算的跨度为4.2m，有了线荷载把板当成一根简支梁来计算内力。

板的最大弯矩　$\boldsymbol{M} = (1.92 + 1.2)\ kN/m \times 4.2m \times 4.2m/8 = 6.88kN \cdot m$

位置在板的跨中。

板的最大剪力　$\boldsymbol{F}_V = (1.92 + 1.2)\ kN/m \times 4.2m/2 = 6.55kN$

位置在板的两端靠近墙边处。

在设计中，弯矩产生的拉力由板内下部的细钢筋来承担，主要由计算和构造决定配筋的多少；但对于一般的房屋建筑楼盖屋盖，由于板的截面形状和荷载的分布特点，材料本身就足以承担剪力，可不必进行专门的抗剪计算。

3. 拱的受力

拱是一种十分古老而现代仍在大量应用的结构形式，它是以受轴向压力为主的结构，这对于混凝土、砖、石等材料是十分适宜的。拱充分利用了混凝土、砖、石等材料抗压强度高的特长，避免它们抗拉强度低的缺点。如古代的桥梁洞、城门洞多为拱形，现在的有

些屋盖也是拱形的，比如大跨度的体育馆顶盖等。

尽管这些屋盖不是用砖石材料，但充分利用拱结构的受力特点。

拱按结构的支承方式可分成三铰拱，两铰拱和无铰拱，如图1-32a～c所示。

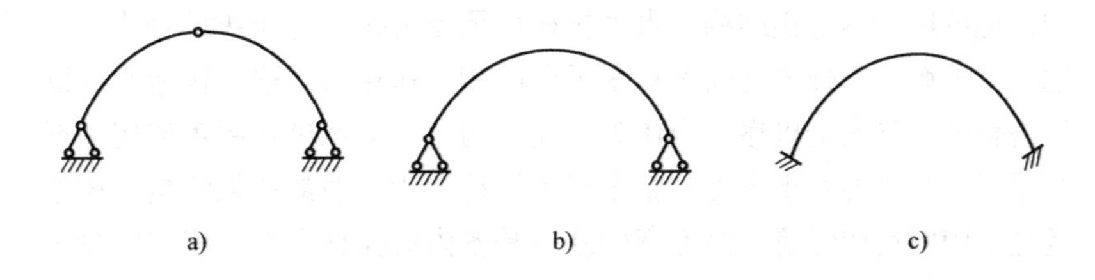

图 1-32　拱的计算简图
a）三铰拱　b）两铰拱　c）无铰拱

拱的受力计算比较复杂，作为砌筑人员必须了解并掌握拱的受力特性，拱在受力情况下最大的结构特点是：

1）在竖向荷载作用下，拱脚支座内将产生水平推力。

2）拱身截面内存在有较大的轴向压力，而简支梁中是没有轴力

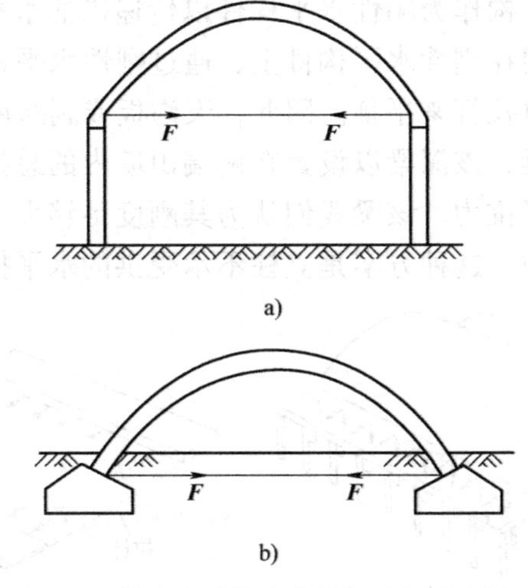

图 1-33　拱脚水平推力有拉杆承担示意图
a）带室内拉杆的拱形屋架　b）带地下拉杆的拱形屋盖

的。为了保证拱的可靠工作，必须采取有效的措施实现拱脚处水平推力的平衡。

工程中一般有以下四种方式来平衡拱脚处的水平推力：

（1）水平推力直接由拉杆承担 水平推力直接由拉杆承担这种结构方案的布置如图 1-33 所示。它既可用于搁置在墙、柱上的屋盖结构，也可用于落地拱结构。水平拉杆所承受的拉力等于拱的推力，两端自相平衡，与外界之间没有水平向的相互作用力。这种构造方式既经济合理，又安全可靠。当作为屋盖结构时，支承拱式屋盖的砖墙或柱子不承受拱的水平推力，整个房屋结构即为一般的排架结构，屋架及柱子用料均较经济。该方案的缺点是室内有拉杆存在，房屋内景欠佳，若设吊顶，则压低了建筑净高，浪费空间，如图 1-33a 所示。对于落地拱结构，拉杆常做在地坪以下，这可使基础受力简单，节省材料，当地质条件较差时，其优点尤为明显，如图 1-33b 所示。

水平拉杆的用料，可采用型钢（如工字钢、槽钢）或圆钢，视推力大小而定。也可采用预应力混凝土拉杆。

（2）水平推力通过刚性水平结构传递给总拉杆 这种结构方案的布置如图 1-34 所示。它需要有水平刚度很大、位于拱脚处的天沟板或副跨屋盖结构作为刚性水平构件以传递拱的水平推力。拱的水平推力首先作用在刚性水平构件上，通过刚性水平构件传给设置在两端山墙内的总拉杆来平衡。因此，天沟板或副跨屋盖可看成一根水平放置的深梁，该深梁以设置在两端山墙内的总拉杆为支座，承受拱脚处的水平推力。该梁我们认为其刚度足够大，则可认为柱子不承担水平推力。这种方案是立柱不承受拱的水平推力，柱内力较

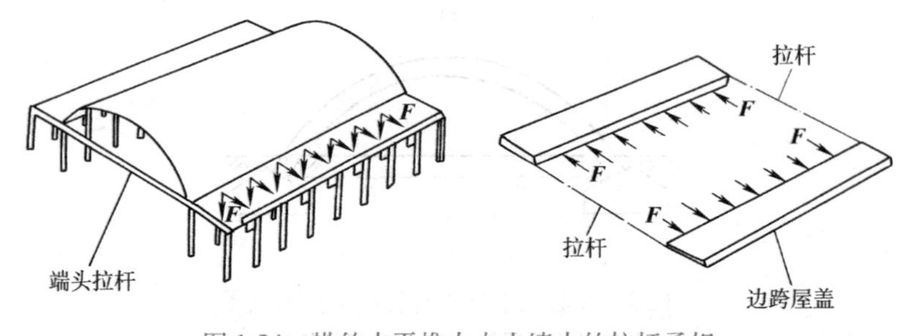

图 1-34 拱的水平推力由山墙内的拉杆承担

小，两端的总拉杆设置在房屋山墙内，可充分利用室内建筑空间，效果较好。

（3）水平推力由竖向承重结构承担　采用这种结构方案时，中跨拱式屋盖常为两铰拱或三铰拱结构，拱把水平推力和竖向荷载作用于竖向承重结构上。竖向承重结构可为斜柱墩或位于两侧副跨的框架结构。如图 1-35 所示，两铰拱拱脚支承于从基础斜挑的钢筋混凝土斜柱上。当拱脚荷载通过框架传递至地基时，要求两侧的副跨框架必须具有足够的刚度，框架结构在拱脚水平推力作用下的侧移极小，方可保证上部拱屋架的正常工作。同时，框架基础除受到偏心压力外，也将受到水平推力的作用。图 1-36 所示为拱脚的水平推力均由两侧副跨的框架结构承受的两铰拱示意图。

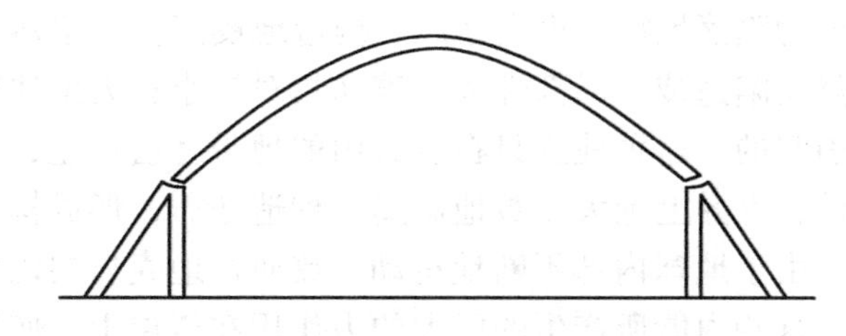

图 1-35　拱脚水平推力由斜柱墩承担

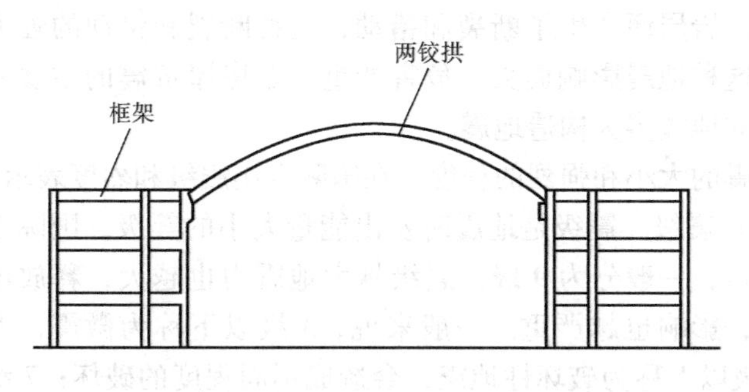

图 1-36　拱脚水平推力由侧边框架承担

（4）水平推力直接作用在基础上　对于落地拱，当地质条件较好或拱脚水平推力较小时，拱的水平推力可直接作用在基础上，通过基础传给地基。为了有效抵抗水平推力，防止基础滑移，也可将基础底面做成斜坡状，如图 1-37 所示。

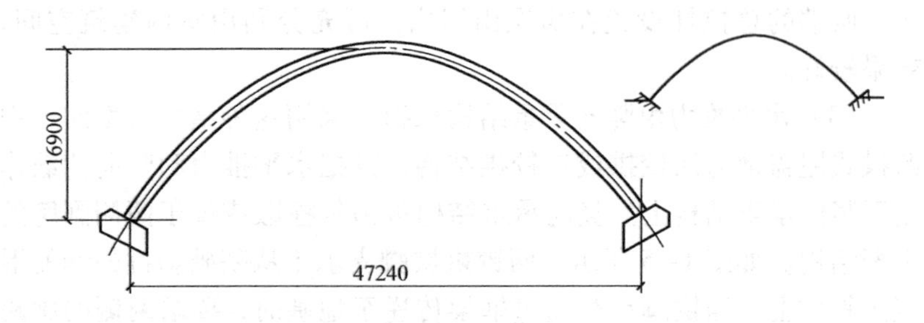

图 1-37 水平推力直接作用在基础上的落地拱示意图

七、抗震圈梁及构造柱

1. 地震的基本知识

地震分为陷落地震、火山地震、构造地震三类。陷落地震是因地下洞突然塌陷造成，局部性大，震动相对较小；火山地震是由火山爆发而引起的，这种地震只在有火山的地带才会产生，也具有地区的局限性；世界上绝大多数地震属于构造地震，形成构造地震的原因一般是由于地球内部不断地运动，致使在地壳岩层内积聚了大量的内能，这些内能所产生的巨大的力作用在岩层上，使原始水平状态的岩层发生变形，在岩层脆弱部分，当岩层承受不了强大力的作用时，岩层便产生了断裂和错动，这种断裂和错动的强大力就是地震，这种地震影响面大、危害严重，是房屋抗震的主要对象，我国发生的地震多为构造地震。

地震的大小和强烈的程度，在国际上用震级和烈度表示。

（1）震级 震级是地震时发出能量大小的等级，国际上用地震仪来测定，一般分为 9 级。震级越大地震力也越大，释放出的能量也越多，影响也越严重。一般来说，3 级以下称为微震，人们无感觉；5 级以上称为破坏性地震，会造成不同程度的破坏；7 级以上则被称为强烈地震。

（2）烈度 烈度是地震力使人产生的震动感受以及地面和各类建筑物遭受一次地震影响的强弱程度。一次地震由于各地区离震中距离不同，烈度也不相同。一般来说，距震中越远，地震影响越小，烈度就越低，距离震中越近，影响就越大，震中点的烈度称“震中

烈度”。所以地震烈度与震源深度、震中距等因素有关。目前我国将地震烈度划分为12个等级，现将中国地震烈度表摘录如下，见表1-4。一次地震会有很多个烈度区，对于浅源地震，震级与震中烈度大致成对应关系，见表1-5。

表1-4　中国地震烈度表

烈度	房屋及结构出现的破坏	其他现象
1度	无损坏	人无感觉，仅仪器可测到
2度	无损坏	个别非常敏感的，且在完全静止中的人感觉到
3度	无损坏	室内少数完全静止的人感到振动，悬挂物细心观察在摇动
4度	门、窗和纸糊的顶棚有时轻微作响	室内大多数人感到振动，室外少数人感觉悬挂物在摇动，紧靠在一起的不稳定器皿会作响
5度	门、窗、地板（木）、天花板和屋架木料轻微作响，开着的门窗摇动，尘土落下，粉饰的灰粉散落，粉刷层上可能有细小裂缝，结构无影响	室内的人都会感觉到，室外大多数人感觉到，大多数人从梦中惊醒，家畜不宁。悬挂物明显摆动，挂钟停摆，架上不稳定的器物落下翻倒
6度	简易土坯房，碎砖、毛石堆砌的墙，施工粗糙的房屋多数损坏，少数破坏。用低级灰浆砌的碎砖墙，无木柱和正规木架的房屋少数损坏，院墙轻微损坏	很多人从室内跑出，行动不稳，家畜从厩中跑出，架上的书、器物翻倒、坠落，锅中的水激烈动荡或溅出
7度	施工粗糙的棚舍，土房碎砖房大多数破坏，少数倒塌，不坚固的围墙少数破坏或倒塌，无抗震设施的老式木架住宅房屋及砖石房屋，大多数损坏，少数破坏，个别倒塌	人从室内仓惶逃出，驾驶汽车的人也能感觉到。悬挂物强烈摇摆，有的损坏坠落。轻的家具移动，书籍器皿用具坠落
8度	差的房屋、不够规格的房屋大多破坏，许多倾倒。老式民房，大多损坏，少数破坏。城墙有破坏，围墙有破坏，工厂烟囱损坏	人很难站立，有的房屋倒塌，人畜有伤亡，家具有移动，并有部分翻倒
9度	差的房屋多数倒塌，好的木架结构、旧民房、新的砖石房许多破坏，工厂烟囱头晃掉或少数倾倒	家具翻倒并损坏

（续）

烈度	房屋及结构出现的破坏	其他现象
10 度	大多数房屋倾倒，工厂烟囱大多倾倒，地下管道破裂，纪念碑翻倒	家具和室内用品大量损坏
11 度	房屋普遍毁坏	房屋倾倒、人畜死亡，许多财物埋入土中
12 度	广大地区房屋建筑物普遍毁坏	山崩、地裂、动植物都遭到毁灭

注：1. 损坏：指粉刷层有裂缝，砌体上有小裂缝，木架偶有轻微脱榫。
2. 破坏：粉刷层大片掉落，砌体裂缝很大，个别部分倒塌，木架脱榫。
3. 倾倒：指房屋大部分墙壁、顶、楼板倒塌，砌体严重变形，木架倾斜。

表 1-5　浅源地震震级与烈度近似对应表

震　级	2	3	4	5	6	7	8	8 以上
震中烈度	1 ~ 2	3	4 ~ 5	6 ~ 7	7 ~ 8	9 ~ 10	11	12

我们也可对表 1 –4 简单描述为：1 ~ 3 度，人无感觉；4 ~ 5 度，人有感觉，挂灯摇晃；6 度时建筑物可能发生损坏；7 度时，一般房屋大多数有轻微损坏；8 ~ 9 度时，房屋大多数损坏至破坏，少数倾倒；10 度时房屋倾倒较多；11 ~ 12 度时房屋普遍毁坏。

地震烈度在应用时又分为基本烈度和设防烈度。基本烈度是指某一地区在一定时间内可能普遍遇到的最大烈度；设防烈度则是指在设计时根据建筑物的重要性、永久性和修复的难易程度等因素，参照本地区的基本烈度，对某一特定的建筑物所确定的地震烈度。如一些特别重要的建筑物，设防烈度比基本烈度要高；而一般建筑物，设防烈度可以按基本烈度采用；对于一些临时设施和建筑物，可以不设防。

在日常生活中，人们往往把震级和烈度两者混同起来，这是不对的。为了弄清这两个不同的概念，我们用个比喻来说明。把地震的震级比作炸弹的炸药量（吨位），那么炸弹对不同地点的破坏程度好比烈度。每次地震只有一个震级，就好比炸弹只有一个吨位一样，是个常数。而烈度就有不同，就象炸弹炸开后，距离远近不同，遭到的破坏程度也不一样。

2. 地震对房屋的破坏作用

为什么地震能使房屋建筑遭受破坏呢？要详细解释，将是一个

复杂的问题。但我们可以简单形象地来说，例如当我们坐在车上时，车子突然开动或刹车时，我们都会感到有一种向前或向后的冲力，这种冲力在物理学中称为惯性力。惯性力与物体的质量和改变物体运动状态时的加速或减速的程度有关系。质量愈大，惯性力愈大；加速和减速的程度越大，惯性力越大。实践也证明，汽车起动得越猛或刹车越急，人的体重越大和身材越高，越不易保持平衡稳定。

地震时，地震波通过土层的震动传播，地震力给地壳竖向的震动力和横向的水平晃动力，由此引起建筑物产生上下颠动和左右晃动。这种对建筑物反复摇晃的惯性力，就叫地震力。也就是说，建筑物在地震时，受到了正常荷载作用以外的上下左右力的作用，这种震动力和建筑设计时考虑的受力情况完全不同，它是一种与建筑物本身的重量、高度、刚度有关的惯性力。地震突然发生时，建筑物受到这种惯性力的反复作用，当房屋建筑各部分不能承受这种地震力时候，重者遭到破坏，轻者产生裂缝，局部破坏。

砖石砌筑的房屋，往往是先由竖向震动力把砌体颠松，然后房屋在水平力晃动下破坏或倒塌。建筑物如果很高，在水平晃动时，上部的摆动就大，如果抗震设防不好或烈度很大，那么就容易在上部先破坏。反之，低矮且整体性好的房屋，就不容易发生破坏。房屋体形外的附加结构，如阳台、雨篷、女儿墙等，在地震晃动时给建筑物增加了一个附加惯性力，使房屋最容易在该处破坏。为了防止地震力的破坏，砖石结构房屋必须设置抗震构造措施，以减少地震对房屋的破坏。

地震力对砖结构的房屋建筑破坏特征有以下几方面：

1）墙体常出现交叉或斜向裂缝。当墙体本身受到的与墙体平行的水平剪切力超过砌体的抗剪强度时，墙体就会产生阶梯形的剪切破坏。

2）四个墙角容易外闪或倒塌。由于墙角处刚度大，特别是墙体上开窗过大时，墙角因为其较大的刚度，承担的地震力也较多，容易产生应力集中现象，所以在地震时破坏较严重。

3）屋顶或楼盖与墙体接触面上易产生错裂。在水平地震作用下，墙体与楼层（盖）彼此发生错动而产生错裂现象。

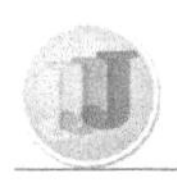

4）纵横墙交接处易开裂。与水平地震力方向垂直的外墙，由于地震力的反复作用，使外墙晃动，严重时外墙与内墙接槎处被拉开，使外墙向外倾倒。

5）墙的薄弱部位受垂直地震力作用被压酥而倒塌，钢筋混凝土预制楼板被颠裂。

6）局部突出屋面的女儿墙、高门脸和烟囱，在地震时晃动较大，比房屋主体部分的破坏要严重。

某些地区还存在木架结构房屋，这种房屋的震害主要表现是木架容易变形，围护墙体容易倒塌，如果接头不牢会造成房屋整个倒塌。

3. 建筑物抗震原则和要求

地震虽然是一种偶然发生的自然灾害，但只要做好房屋的抗震构造和措施，灾害是可以减轻的。一般措施如下：

1）房屋应建造在对抗震有利的场地和较好的地基土上。有利的场地是指不选择陡坡、峡谷、山包、深沟等地段建造房屋，因为这些地段在地震时会发生滑坡、沉陷等次生灾害，加剧房屋的破坏，要选择平缓地段，在稳定岩基或密实均匀的土层。选择良好的地基是指基础应埋置在粘土、砂砾土、稳定岩石、密实的碎石土等地质原土层上，避免房屋建在粉砂、淤泥、古河道、杂填土上，同时土质要求均匀一致，若遇到土质不同，一定要设置沉降缝与抗震缝一体的缝，把建筑物分成不同的单体。

具有较深的基础和地下室的房屋，由于地震时房屋四周有土体的约束，同时建筑物重心相对较低，对抗震有利。从唐山地震调查发现，具有地下室和半地下室的房屋很少全部破坏。所以在相对可能的情况下，可适当的将基础埋得深一点。

2）房屋的自重要轻。自重轻的房屋，地震时产生的惯性力就小，不要建造头重脚轻基础浅的房屋，这种房屋对抗震不利。同时从抗震角度出发，要避免建造突出屋面的塔楼、水箱、烟囱，也尽可能不做女儿墙、大挑檐等，以防地震时甩落伤人，在尽可能的情况下使建筑物的重心下降。如确需设置这类房屋体形外的附加结构，则应加强这些结构与房屋的整体连接。

3）建筑物的平面布置要力求形状整齐、刚度均匀对称，不要凹进凸出，参差不齐。立面上亦应避免高低起伏或局部凸出。如因使用上和立面处理上的要求，必须将平面设计得较为复杂时，应采用抗震缝，体长的多层建筑也要设置抗震缝。抗震缝把房屋分成若干个体型简单、具有均匀刚度的封闭单元，使各单元独立抗震，比整个房屋共同抗震有利得多。平面布置中另一个重要问题是墙体的布置，内外纵横墙的布置尽可能在同一条轴线上，并各自对齐贯通，避免转折。横墙间距宜密不宜疏，因为横墙对抗震起到很重要的作用。

4）增加砖石结构房屋的构造设置。由于砖石结构房屋是由松散的原材料组合而成的，为了提高抗震性能，目前普遍增加了构造柱和圈梁的设置。构造柱可以增强房屋的竖向整体刚度，一般设在墙角、纵横墙交接处、楼梯间等部位。其断面不应小于 180mm × 240mm，主筋一般采用 4ϕ12 以上钢筋，箍筋间距小于 250mm，墙与柱应沿墙高每 500mm 设 2ϕ6 钢筋连接，每边伸入墙内不应少于 1m。构造柱要与圈梁连接，对整个砖砌房屋起到箍套捆绑作用，以加强房屋的整体性，增加刚度，提高抗震能力。圈梁应沿墙顶做成连续封闭的形式，圈梁截面高度不应小于 120mm，配筋一般为 4ϕ12。

施工时对构造柱根部的砂浆杂物要清理干净，并浇水湿润，以保证结合牢固和上下连接的整体性好。唐山地震后调查发现，凡设置有钢筋混凝土构造柱的建筑，大多出现裂缝而不倾倒，所以说构造柱是砖石结构房屋抗震的有效措施。

5）提高砌筑砂浆的强度等级。抗震措施中重要的一点是提高砌体的抗剪强度，一般要用 M5 以上的砂浆。从实际试验中发现 M10 的砂浆比 M2.5 的砂浆的抗剪强度大一倍，所以提高砂浆强度是一项极有效的抗震措施。为此，施工时砂浆的配合比一定要准确，砌筑时砂浆要饱满，粘接力强。

6）加强墙体的交接与连接。当房屋有抗震要求时，不论房间大小，在房屋外墙转角处应沿墙高每 500mm（实心砖约 8 皮砖，普通多孔砖和空心砖约 5 皮），在水平灰缝中配置 3ϕ6 的钢筋，每边伸入墙内 1m 。砌墙时一定要用踏步斜槎接槎，非承重墙和承重墙连接处，应沿墙每500mm高配置2ϕ6拉结钢筋，伸入墙内1m，以保证房屋整体的抗震性能。

7）屋盖结构必须和下部砌体（砖墙或砖柱）很好地连接。不同屋盖采用不同的方法，如木屋架的端头要用锚固螺栓伸插埋入墙体中，并用混凝土灌注牢固；钢筋混凝土屋架必须在端头与墙顶或柱顶的预埋铁件焊接牢固，如图1-38所示。屋盖尽量要轻，整体性要好。

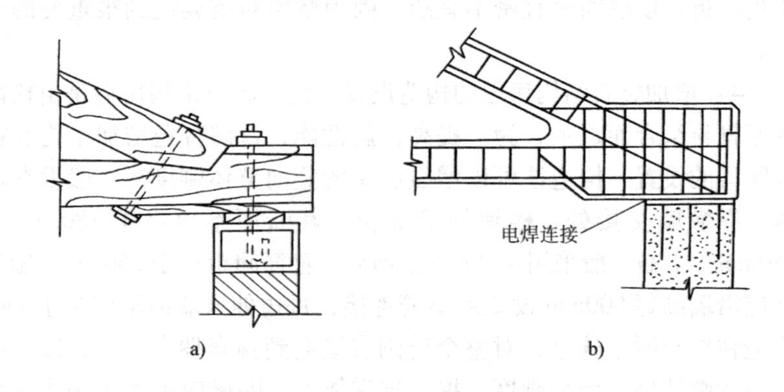

图1-38 屋架与支座连接示意

a）木屋架支点 b）钢筋混凝土屋架支点

8）地震区不能采用拱壳砖砌屋面，门窗上口不能用砖砌平拱代替过梁，承重窗间墙的宽度，是反映墙体抵抗水平地震力的能力的，因此不宜过小，并且承重窗间墙要尽可能等宽均匀布置。一般窗间墙的宽度要大于1m；承重外墙尽端至门窗洞口的边墙体，是最容易遭到地震破坏的部位，其宽度最少应大于1m。无锚固的女儿墙的最大高度不大于500mm，不应采用无筋砖砌栏板，预制多孔板在砖墙上的搁置长度不小于100mm，在梁上不少于80mm。楼梯间因为有错层，顶层常相当于一层半的墙体，所以刚度较差，容易遭到地震破坏，不宜布置在房屋建筑的尽端或转角处，也不宜将它凸出于房屋平面外边。较小的墙垛上不宜安装暗消防栓、配电盘、水电管道及留施工脚手眼。

9）砖砌烟囱和水塔筒身要有防震措施。由于烟囱和水塔都是高

耸构筑物，地震时最容易遭到破坏，因此地震区砖烟囱的高度都控制在50m以下。在砌筑时，要加入竖向钢筋，并每隔一定高度设置一道钢筋混凝土圈梁。要把竖向钢筋伸入圈梁之内，连接形成整体。砌筑砂浆应采用M10砂浆，砌时砂浆要饱满。水塔在地震区最好用钢筋混凝土支架，避免用砖筒体。如果用砖筒体承托上部水箱，那么也要和砖烟囱一样采取加强措施。

10）要确保墙体的设计强度和施工质量。内外承重墙要有一定的厚度，一般不小于240mm多层砖混结构的砖强度等级不应低于MU10，砂浆强度等级应在M5以上。

11）加强楼盖、楼梯的整体性连接。要在尽可能多的部位采用现浇楼板，无论是采用现浇或预制楼板，板在墙和梁上的支撑长度分别不少于100mm和80mm，为了加强预制楼板的整体性，可在板缝间设C20细石混凝土配筋带，或在板面上铺设一层现浇钢筋网混凝土面层。预制楼梯段应与平台梁有可靠的连接。

12）单层砖墙承重的平房，宜采用小开间横墙承重，尽量避免采用纵墙承重方案。木屋盖的屋架在墙上的搁置长度不宜小于240mm，并应用铁件与墙体锚固，檩条搁置在屋架上的搭接长度应尽量长些，并用扒钉与屋架钉牢。檩条搁置在山墙和檩横墙时，搁置长度不宜小于180mm和120mm，并应用铁件或镀锌铁丝将檩条与砖墙锚固。门窗过梁不宜采用砖过梁，应采用钢筋混凝土过梁或木过梁。砖挑檐要用M5砂浆砌筑，挑出长度不宜大于180mm。

13）空斗墙平房，由于砌体的抗压抗拉抗剪能力都比实心墙要差，因此，除应采取与实心墙一样的有关抗震措施外，还要采取以下几项措施：不宜采用灰砂砖砌空斗墙；外墙转角处均应有一砖和一砖半二进二出的卧砖实心垛；内外墙连接处应有实心砖垛；门窗口应有至少半砖和一砖二进二出的卧砖实心周边；层中1.3m高度处，应有不少于两行砖的实心砖带；梁端或屋架下应有不小于四行砖的实心砌体；砂浆强度等级应不低于M1，砖柱和配筋砖带的砂浆强度等级不低于M5。

14）木骨架承重平房，除采取与砖房相同的有关抗震措施外，还应有以下几项措施：柱与柱脚垫石要相互锚固，这样一来可以防止地震时柱从柱脚垫石上滑下来造成破坏；在梁或屋架与立柱之间加斜撑，屋架间加剪刀撑，可以增强木骨架的横向稳定，防止在地震力作用下，节点扭转变形，避免木骨架倒塌；不宜将檩条直接搁置在山墙上，这样容易造成山墙倒塌，最好在山墙处做排山木骨架；增砌横墙隔断，并与木柱拉结，上端与梁底顶紧，这样可以限制因横向水平地震力所引起木骨架倾斜变形；围护墙与木柱之间，也应用二三道铁件或镀锌铁丝拉结，以限制木骨架的侧向倾斜变形。

4. 抗震圈梁及构造柱的知识

设置钢筋混凝土抗震圈梁，能将纵横墙和楼盖连成一体，提高砖墙的抗剪能力，限制墙面开裂，并能减轻由于地震引起的基础不均匀沉陷所造成的震害。

1）多层砖房装配式钢筋混凝土楼盖或木楼盖的房屋，应按表1-6的规定设置圈梁。圈梁应闭合，并不得被洞口截断。圈梁宜与预制板设在同一标高处或紧靠楼板设置。

表1-6 圈梁设置要求及配筋

圈梁设置及配筋	设计烈度		
	7度	8度	9度
沿外墙及内纵墙圈梁设置	屋盖处必须设置，楼盖处隔层设置	屋盖及每层楼盖处设置	
沿内横墙圈梁设置	屋盖处必须设置，间距不大于7m，楼盖处隔层设置，间距不大于15m	屋盖及每层楼盖处设置，屋盖处间距不大于7m，楼盖处间距不大于11m	屋盖及每层楼盖处设置，屋盖处沿所有横墙，楼盖处间距不大于7m
配筋	4ϕ8	4ϕ10	4ϕ12

注：1. 180mm承重墙房屋，应在屋盖及每层楼盖处沿所有内外墙设置圈梁。
2. 纵墙承重房屋，每层均应设置圈梁，此时，抗震横墙上的圈梁，还应比上表适当加密。

2）多层砖房的高度超过表1-7规定时，可采用钢筋混凝土构造柱加强。

当房屋高度超过表1-7的规定3m以上时，每隔8m左右在内外墙交接处及外墙转角处宜设构造柱，当超过6m以上时，每隔4m左右在内外墙交接处（或外墙垛处）及外墙转角处宜设构造柱。钢筋

混凝土构造柱必须先砌墙后浇柱。房屋最大高宽比应满足表 1-8 的规定。

表 1-7　多层砌体房屋的总高度和层数限制

砌体类别	最小墙厚/m	烈度							
		6		7		8		9	
		高度/m	层数	高度/m	层数	高度/m	层数	高度/m	层数
粘土砖	0.24	24	8	21	7	18	6	12	4
混凝土小砌块	0.19	21	7	18	6	15	5	不宜采用	
混凝土中砌块	0.20	18	6	15	5	9	3		
粉煤灰中砌块	0.24	18	6	15	5	9	3		

注：1. 房屋的高度指室外地面到檐口的高度，半地下室可从地下室室内地面算起。
2. 医院、学校等横墙少的房屋高度限值应比表中数值低 3m。
3. 房屋层高不宜超过 4m。
4. 砖的强度等级不宜低于 MU7.5，砂浆的强度等级不宜低于 M2.5。

表 1-8　房屋最大高宽比

烈　度	6	7	8	9
最大高宽比	2.5	2.5	2.0	1.5

注：单面走廊房屋的总宽度不包括走廊宽度。

3）构造柱的钢筋一般采用Ⅰ级钢筋，混凝土不宜低于 C15。混凝土骨料的最大粒径不宜超过 200mm。

4）为了便于对构造柱混凝土浇筑质量进行检查，应沿构造柱全高留出一定的混凝土外露面。若柱身外露有困难时，可利用马牙槎作为混凝土外露面，如图 1-39 所示。

5）墙与构造柱连接。当设计烈度为 8 度、9 度时，砖墙应砌成大马牙槎，每一大马牙槎沿高度方向的尺寸不宜超过 300mm，如图 1-40 所示。

6）构造柱必须与圈梁连接，在柱与圈梁相交的节点处应适当加密柱的箍筋，加密范围在圈梁上、下均不应小于 1/6 层高或 450mm，箍筋间距不宜大于 100mm。

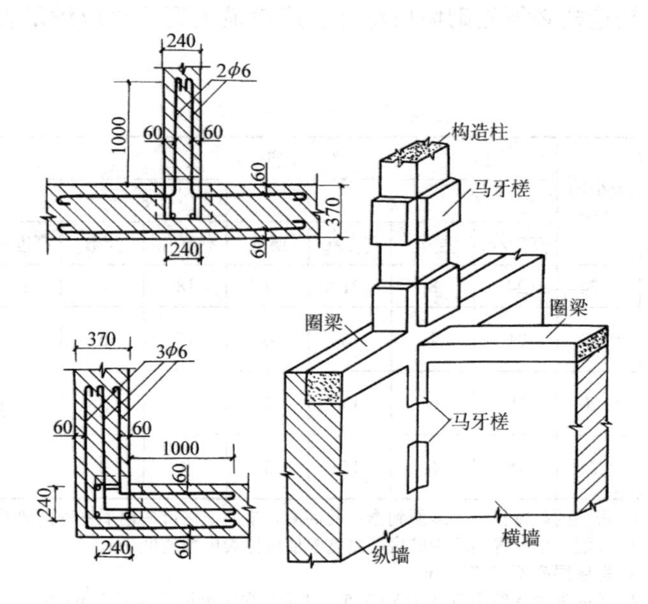

图 1-39　构造柱示意图

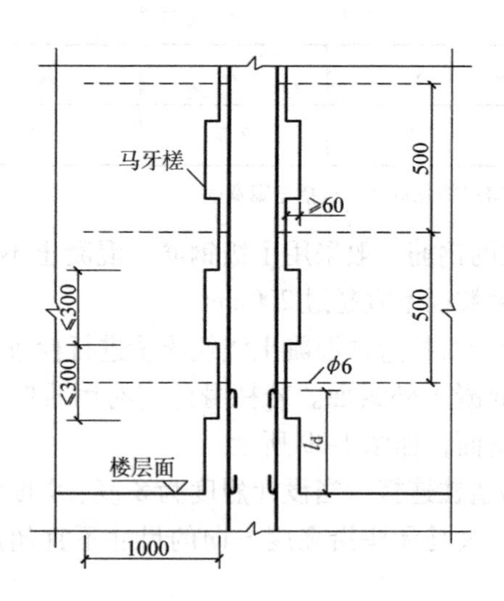

图 1-40　拉结筋布置及马牙槎示意图

7）构造柱一般不必单独设置柱基或扩大基础面积，做法可参见图1-41a、b。

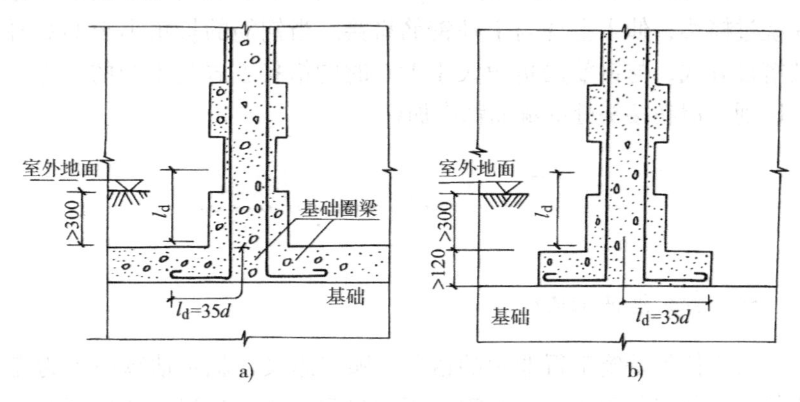

图1-41　构造柱根部示意图

a）构造柱设在基础圈梁内　b）构造柱设在基础上

8）当构造柱设置在无横墙的外墙垛处时，应将构造柱与横梁（现浇混凝土横梁、预制装配式横梁、预制装配式叠合梁）连接，其节点构造施工时按相应的构造要求进行。

9）对于纵墙承重的多层砖房屋，当需在无横墙处的纵墙中设置构造柱时，应在相应构造柱位置的楼板处预留一定宽度的板缝，做成现浇混凝土带。板缝宽度不宜小于构造柱的宽度，现浇混凝土带

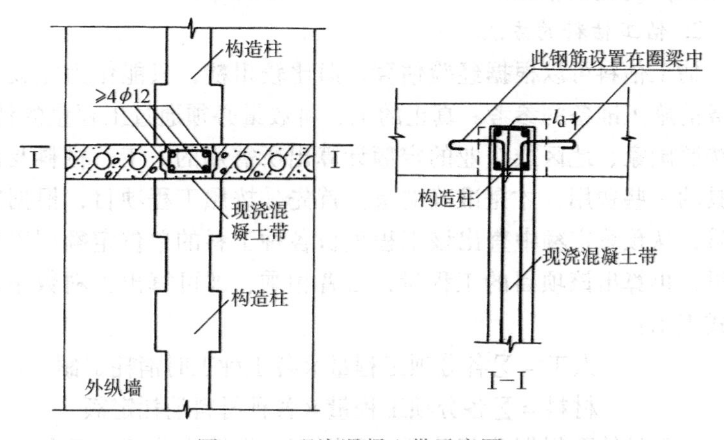

图1-42　现浇混凝土带示意图

的钢筋不应少于4ϕ12，如图1-42所示。

10）当预制横梁的宽度大于180mm时，构造柱的纵向钢筋可弯曲绕过横梁，伸入上柱与上柱钢筋搭接。当钢筋的折角小于1∶6时的搭接方式，与钢筋的折角大于1∶6时的搭接方式是不同的，应注意区别，但在接头处的箍筋都应加密。

第二节　估工估料的基本知识

一、什么是估工估料

估工估料是施工行业中的俗称，顾名思义，就是估算一下为完成某一个分部分项工程，所需人工和材料消耗量情况。从预算的角度讲，估工估料又叫做工料分析。估工估料对于砌筑工种的中、高级工也是应该掌握的一项技能。

1. 估工估料的作用

估工估料就是通过人工、材料消耗量的分析，编制单位工程劳动计划和材料供应计划，使班组对完成某工程项目做到心中有数，同时使开展班组经济核算有了具体数字指标，有了明确方向。它是下达任务和考核人工、材料消耗情况，进行两算（施工图预算与施工预算）对比的依据。

2. 估工估料的方法

估工估料可以根据经验估算，但比较粗糙，只能作为完成工程任务前施工准备的参考。真正的工、料数量必须通过工程量的计算，并按照国家、地区或企业的定额计算出所需用的人工、材料及机械工具的一些费用，才是准确的量。首先是按照工程项目，根据定额编号，从预算定额中查出该工程项目各种工料的单位定额用工用料数量，再算出该项目的工程量，二者相乘，即可算出工料数量。用公式表示：

$$人工 = \sum 各分项工程量 \times 各工种工时消耗定额$$

$$材料 = \sum 各分项工程量 \times 各种材料消耗定额$$

工料计算要根据分部分项工程顺序，先算出分部工程各自消耗

的材料和人工数量，再按每一分部工程汇总，得出每一分部工程中各种材料和各工种以及综合工日的消耗总数量。凡在实际工作过程中，所用的人工或材料的量超过以上计算所得的量，则所做的工作是负效益，即班组亏损。凡已投入的人工或材料的量低于以上计算所得的量，或低于以上的计算出的量折算成的费用总和，则为正效益，班组盈利。

3. 估工估料的分类

估工估料根据用途的不同分预算定额工料分析和施工定额工料分析（即劳动定额、材料消耗定额和机械台班使用定额工料分析）。

（1）预算定额工料分析　首先按计算规则计算出工程量，然而套用预算定额中规定的单位定额需用人工、材料、机械的数量，便得人工、材料、机械需要量。这是一般企业用来核算单位工程成本的依据。

（2）劳动定额、材料消耗定额和机械台班使用定额工料分析　计算方法也是相同的，只是套用的定额不同，应套劳动定额、材料消耗定额和机械台班使用定额，这样算出的人工和材料量要小些。这主要是因为定额中已考虑了有一部分损耗量，为在施工中做到节约，就要加强管理，减少浪费。目前有些企业可能定额不全，人工套用全国建筑安装工程统一劳动定额、材料和机械仍套用预算定额，再打一定比例的折扣下达给施工队组。

二、定额的基本知识

在建筑工程施工生产过程中，为了完成某一建筑工程项目或某一结构构件的生产，就必须要消耗一定数量的人力、物力和财力，这些资源的消耗量随着生产条件的发展而变化。而定额是在正常施工条件下完成一定计量单位分项工程的合格产品所必需的人工、材料和施工机具设备台班及其资金消耗的标准数量。在定额中还规定了它的工作内容、质量和安全要求。

定额是一种标准，是编制施工图预算、确定工程造价的依据，也是编制施工预算用工、用料及施工机械台班需用量的依据。凡经国家或授权机关颁发的定额，是具有法令性的一种指标，不能任意修改，

同时具有相对的稳定性。但是，定额也不是不能变的，随着施工生产的发展，先进技术的采用、机械化水平的提高，突破了原定额的水平，这就要求制定符合新的生产水平的定额，就要对原定额进行修改或补充，目前全国各省都有自己制定的定额。定额所规定的人工、材料、机械台班的消耗标准称为定额水平。定额水平应按照客观规律办事，从实际出发，反映正常条件下施工企业的生产技术和管理水平，并留有余地。在编制与确定定额水平时，不仅要正确、及时地反映先进的建筑技术和施工管理水平，而且要促进新技术不断推广和提高。所以制定定额水平的原则是平均先进、经济合理、简单全面、细而不繁。定额的种类很多，有概算指标、概算定额、预算定额、施工定额、工期定额，还有劳动定额、材料消耗定额和机械设备使用定额等。不同的定额在使用中的作用也不完全一样，它们各有各的内容和用途。在施工过程中常接触到的定额有预算定额和劳动定额。而对砖瓦工班组里的骨干力量——中级工来说，学习了解定额很有用处，特别是学习了解预算定额和劳动定额更有必要，能做到用工用料心中有数，为开展班组经济核算提供依据。

1. 预算定额

建筑工程预算定额是编制施工图预算，计算工程造价的一种定额，是建筑工程拨付款的依据，也是建设单位与施工单位签订合同、竣工决算的依据。预算定额的法令性质保证了建筑工程有统一的造价与核算尺度，也使预算定额在基本建设投资中，能合理地确定工程造价，控制投资规模，实行计划管理，促进企业经济核算。下面举个实例说明预算定额的内容和用法，预算定额见表1-9和表1-10。

以上是某省砌砖工程预算定额摘录，现选定砌一砖内墙的内容加以介绍：

1）工作内容：在定额左上角已经写明，就是定额内已经包括的要求做的工作内容。

2）定额编号：是按分部分项子目来编写的，所选用的砌砖是定额的第四分部第一分项第三子目，所以定额编号Ⅳ-1-3，有的为了翻查方便，还编写成页数号，如43-4。

表 1-9　预算定额摘录：砖基础、砖砌内墙

工作内容：1）清理地槽，递砖，调制砂浆，砌砖。

2）砌砖过梁，砌平拱，模板制作，安装，拆除。

3）安放钢筋，预制过梁板，垫块。

定额编号			1	2	3	4	5	6
项目		单位	砖基础	砖砌内墙				
				一砖以上	一砖	3/4 砖	1/2 砖	1/4 砖
基价		元	40	41.46/40.76	41.37/40.63	42.38/41.36	41.72/40.88	42.26/41.61
其中	人工费	元	2.27	2.44/2.73	2.5/2.79	3/3.3	3.07/3.26	4.1/4.48
	材料费	元	37.5	36.88	36.69	36.69	36.55	36.09
	机械费	元	0.23	2.14/1.15	2.18/1.15	2.69/1.37	2.1/1.07	2.07/1.04
人工	瓦工	工日	0.89	0.96/1.1	0.99/1.13	1.24/1.38	1.28/1.38	1.8/1.98
	木工	工日		0.01/0.01	0.01/0.01			
	其他工	工日	0.32	0.33/0.34	0.33/0.34	0.35/0.37	0.34/0.35	0.37/0.39
	合计	工日	1.21	1.3/1.45	1.33/1.48	1.59/1.75	1.62/1.73	2.17/2.37
	工资等级	级	3.2	3.2	3.2	3.2	3.2	3.2

表 1-10　预算定额摘录：砖基础、砖砌内墙（材料及机械消耗量标准）

定额编号			1	2	3	4	5	6
项目		单位	砖基础	砖砌内墙				
				一砖以上	一砖	3/4 砖	1/2 砖	1/4 砖
材料	砂浆	m^3	0.237	0.24	0.233	0.213	0.194	0.118
	标准砖	百块	5.27	5.26	5.28	5.44	5.58	6.1
	水泥32.5号	kg		0.3	0.3	0.3		
	木模	m^3		0.0002	0.0002	0.0002		
	圆钉	kg		0.002	0.002	0.002		
	水	m^3	0.104	0.105	0.106	0.109	0.112	0.122
机械	砂浆搅拌机 200kg	台班	0.047	0.048	0.047	0.043	0.03	0.024
	塔式起重机/卷扬机(带塔)	台班		0.043/0.054	0.044/0.055	0.056/0.069	0.044/0.055	0.044/0.055

3）基价单位为元，从表中查出每砌 $1m^3$ 一砖内墙为 41.37 元，也就是每砌 $1m^3$ 一砖内墙直接费为 41.37 元，其中人工费 2.5 元，材料费 36.69 元，机械费 2.18 元。

4）人工分析：砖瓦工 0.99 工日、木工 0.01 工日，其他工 0.33 工日、合计 1.33 工日。工资等级 3.2 级。

5）材料分析：砂浆 $0.233m^3$（砂浆强度等级按设计要求）、标准砖 5.28 百块（即 528 块）、水泥 32.5 号 0.3kg（零星用）、木模 $0.0002m^3$、圆钉 0.002kg、水 $0.106m^3$。

6）机械台班：砂浆搅拌机（$0.20m^3$）0.047 台班，塔式起重机 0.044 台班。

7）说明：子目中有分子、分母，分子为采用塔式起重机数值，分母为采用卷扬机数值，用人工代替机械垂直运输者，一律套用卷扬机定额。

2. 劳动定额

劳动定额是直接下达到施工班组单位产量用工的依据。劳动定额也称人工定额，它反映了建筑工人在正常的施工条件下，按合理的劳动生产水平，为完成单位合格产品所规定的必要劳动消耗量的标准。劳动定额由于表示形式的不同，可分为时间定额和产量定额两种。

（1）时间定额　就是某种专业、某种技术等级工人班组或个人在合理的劳动组织与合理使用材料，在正常工作的条件下，完成单位合格产品所需要的工作时间。它包括：准备与结束时间、基本生产时间、辅助生产时间，不可避免的中断时间及工人必需的休息时间。时间定额以工日为单位，每一工日按 8h 计算，其计算方法如下

单位产品时间定额（工日）= 1 / 每工产量

或　单位产品时间定额（工日）= 小组成员工日数的总和 / 台班产量

（2）产量定额　就是在合理的劳动组织与合理使用材料的条件下，某种专业、某种技术等级的工人班组或个人，在单位工日中所应完成的合格产品数量。其计算方法如下：

每工产量 = 1 / 单位产品时间定额（工日）

或　每工产量 = 小组成员工日数的总和 / 单位产品时间定额（工日）

产量定额的计量单位，以单位时间的产品计量单位表示，如立方米、平方米、吨、块、件等。时间定额与产量定额互成倒数，知道了时间定额就可以很容易求得产量定额，反之亦然。

$$时间定额 \times 产量定额 = 1$$

$$时间定额 = 1 / 产量定额$$

或

$$产量定额 = 1 / 时间定额$$

劳动定额的形式见表1-11。这是砖石工程砌砖墙的定额摘录，现以一砖混水内墙为例，假定垂直运输采用塔式起重机，砌一砖混水内墙，时间定额每立方米综合用工0.972工日，其中：砌砖0.458工日、运输0.418工日、调制砂浆0.096工日。再看砌一砖混水内墙产量定额，综合产量每工日1.03m^3，其中：砌砖2.18m^3、运输1.61m^3，调制砂浆10.04m^3。小组成员技术平均等级为技工4.4级、普工3.3级。它的工作内容包括：砌垛、平碹、艺术形式墙面、安放60kg以内的混凝土预制构件等。

由于时间定额和产量定额互为倒数，如上数据：

$$0.972 \times 1.030 = 1$$

$$0.458 \times 2.180 = 1$$

$$0.418 \times 2.390 = 1$$

$$0.096 \times 10.40 = 1$$

表1-11　每立方米砌体的劳动定额

项目		混水内墙				
		0.25砖	0.5砖	0.75砖	1砖	1.5砖及以上
综合	塔吊	$\frac{2.050}{0.488}$	$\frac{1.320}{0.758}$	$\frac{1.270}{0.787}$	$\frac{0.972}{1.030}$	$\frac{0.945}{1.060}$
	机吊	$\frac{2.260}{0.442}$	$\frac{1.510}{0.662}$	$\frac{1.470}{0.680}$	$\frac{1.180}{0.847}$	$\frac{1.150}{0.870}$
砌砖		$\frac{1.540}{0.550}$	$\frac{0.822}{1.220}$	$\frac{0.774}{1.290}$	$\frac{0.458}{2.180}$	$\frac{0.426}{2.350}$

（续）

项目		混水内墙				
		0.25 砖	0.5 砖	0.75 砖	1 砖	1.5 砖及以上
运输	塔吊	$\frac{0.439}{2.310}$	$\frac{0.412}{2.430}$	$\frac{0.415}{2.410}$	$\frac{0.418}{2.390}$	$\frac{0.418}{2.390}$
	机吊	$\frac{0.640}{1.660}$	$\frac{0.610}{1.640}$	$\frac{0.613}{1.630}$	$\frac{0.621}{1.610}$	$\frac{0.621}{1.610}$
调制砂浆		$\frac{0.081}{12.30}$	$\frac{0.081}{12.30}$	$\frac{0.086}{11.80}$	$\frac{0.096}{10.40}$	$\frac{0.101}{9.900}$
编号		13	14	15	16	17

三、工程量的计算

要进行估工估料，首先要计算出工程量，工程量是编制预算的原始数据，也是预算的关键，是一项工作量很大又十分细致繁琐的工作。编制预算要具有一定的施工经验和编制预算的经验，工程量计算的精确程度和快慢直接影响着预算编制的质量与速度。工程量计算的依据是设计图样规定的各个分部分项工程的尺寸、数量，以及构（配）件设备明细表等，其计量单位应与定额相一致，计算出各个具体工程和结构配件的数量。

1. 砌体工程工程量计算的一般规则

1）砖石基础与墙身的划分以设计室内地坪为界，如墙基与墙身的砌体不同，墙基上表面高出室内地坪不大于 300mm，可按不同砌体的交接处为界。

2）砖砌体采用标准砖时计算厚度应按表 1-12 的规定。

表 1-12 标准砖砌体计算厚度表

砌体厚	1/4 砖	1/2 砖	3/4 砖	1 砖	3/2 砖	2 砖	5/2 砖	3 砖
计算厚度/mm	53	115	180	240	365	490	615	740

3）外墙基础长度按外墙中心线长度计算，内墙基础长度按内墙净长度计算。

4）基础大放脚 T 形接头处重叠计算的体积不扣除，墙垛处基础大放脚宽出的部分不增加。如基础高度已算到室内地坪以上 300mm

以内时，门洞口所占的体积不扣除，该部分体积可在计算墙身工程量时一并扣除。由于墙基大于墙身的厚度而出现门洞口体积的量差不再找补。

5）外墙长度按外墙中心线计算，高度按图示尺寸计算。如设计有檐口顶棚，墙高不到顶，又未注明高度尺寸者，其高度算到屋架下弦底再加200mm。

6）内墙长度按内墙净长度计算，高度按图示尺寸计算。如设计有顶棚，墙高不到顶又未注明其高度尺寸者，其高度算到顶棚底面再加120mm。

7）各楼层砌墙用砖或主体砂浆强度等级不同者，应分别计算其工程量，但同一楼层内的砖垛、窗间墙、腰线、挑檐、砖拱、砖过梁、门窗套、窗台线等，使用砂浆强度等级与主墙不同者，其工程量不另计算。

8）山尖的工程量计算后可并入所在的墙内，女儿墙的工程量计算后可并入外墙内。

9）计算砌墙工程量时应扣除门窗（以门窗框外围尺寸为准）洞口、嵌入墙内的钢筋混凝土柱、梁、圈梁、过梁的体积，但梁头、板头、垫块、木墙筋等小型体积不予扣除；出墙面的腰线、挑檐、压顶、窗台线、窗台虎头砖、门窗套、泛水槽、凹进墙内的管槽、烟囱孔、壁橱、暖气片槽、消火栓箱、开关箱所占的体积均不增减。

10）砖垛、附墙烟囱突出墙面的体积计算后并入所依附的墙身工程量内。砖柱工程量按立方米计算，标准砖砌的拱顶按实体积计算。

11）嵌入砌体内的型钢、钢筋、铁件、墙基防潮层所占的体积和小于0.3m^3的窗孔洞不予扣除。

12）砖石墙勾缝按勾缝的墙面的垂直投影面积计算，扣除墙裙抹灰的面积，不扣除门窗套、窗盘、腰线等局部去灰和门窗洞口所占的面积，但门窗洞口的侧壁和墙垛侧面勾缝的面积亦不增加。独立砖柱、房上烟囱勾缝按柱身、烟囱身四面垂直投影面积之和计算。

2. 砌砖工程工程量计算的一般方法

（1）按顺时针方向计算外墙　如图1-43所示，房间从图样左上角开始，依顺时针方向依次计算，外墙从左上角开始，依箭头指示的次序计算，转回到左上角为止。

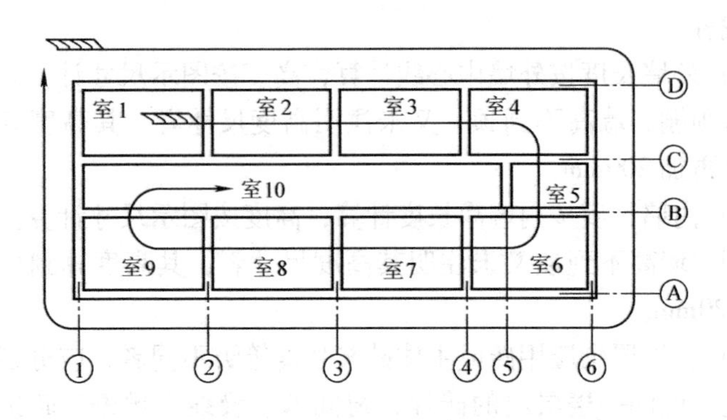

图1-43 顺时针方向计算外墙工程量

(2) 按“先横后直”计算内墙 内墙计算在图样上按“先横后直、从上而下、从左到右”的原则进行，如图1-44所示，对图中的内墙，先计算横线上的，从上而下，在同一横线上的则先左后右，即先算墙2再算墙3；先算墙4再算墙5。横线上的墙算好后，继续算直线上的，从左到右，在同一直线上的则先上后下，即先算墙6再算墙7，这样依次计算，从墙1一直算到墙11为止。

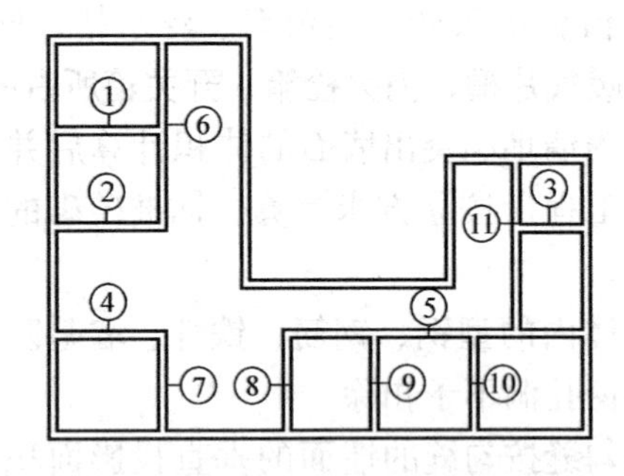

图1-44 先横后直计算内墙工程量

(3) 按轴线编号计算工程量 根据建筑平面图上的定位轴线编号顺序，从左而右及从下而上进行计算。如图1-45所示，墙的工程量可以从轴线1算到轴线7，再从轴线A算到轴线D。在计算时，图中各墙要进行标记，例如甲墙标记为：“坐标D，起讫1~7”，乙墙标记为“坐标 C，起讫 1～7”，丙墙标记为“坐标 5，起讫 C～D”。

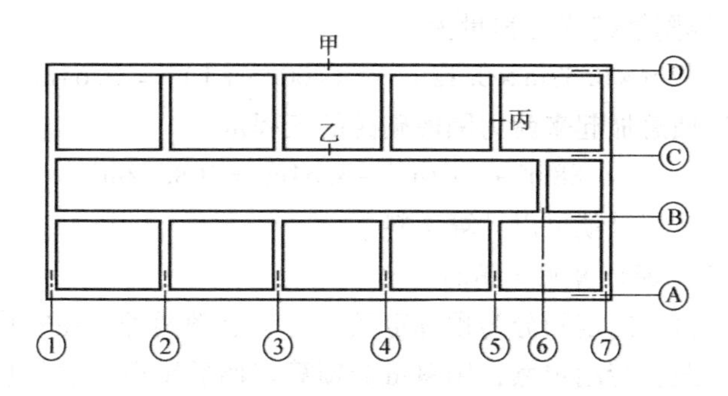

图 1-45　按轴线编号计算工程量

以上介绍的是砌体工程工程量计算的一般规定，在具体计算时，还要结合当地的定额中规定的一些工程量计算规则。工程量计算要有计算书并列出计算式，按工程量计算的一般方法来计算，以便于工程量的校对和审核。

四、估工估料方法示例（套定额方法）

在进行工料计算之前，首先根据施工图算出工程量。根据算出的工程量，套用相应的定额才能得出需用的工种工日量和需用的各种材料、构件、半成品量。因此，在接到任务之后，先要学习了解施工图，了解结构情况。广义地说就是要把全工程的各个分项工程的工程量计算出来，狭义地说就是仅对本工种有关的工程量进行计算。下面举一个最简单的例子，说明如何计算工料。

假设有一道高 2m、厚 240mm、长 200m 的围墙，其中间每 5m 有一个宽 370mm、厚 120mm、高 2m 的附墙砖垛。墙顶有二层宽 370mm 的压顶。问该围墙要用多少砖瓦工工日、普工工日？用多少砖、水泥、砂子、石灰膏？

1. 计算工程量

工程量可以按墙的断面分开计算。

1）算上面两皮砖的压顶，其工程量为

$$0.37\text{m}\times0.12\text{m}\times200\text{m}=8.88\text{m}^3$$

2）算墙身总量为

$$2m \times 0.24m \times 200m = 96.00m^3$$

3）算附墙砖垛工程量为

$$2m \times 0.37m \times 0.12m \times (200/5+1) = 3.64m^3$$

将三项总加起来就为围墙砌砖的工程量

$$8.88m^3 + 96.0m^3 + 3.64m^3 = 108.52m^3$$

有了工程量就可以计算工料了。

2. 套定额计算用工用料

由于目前的定额分为预算定额和劳动定额两种。在安排计划时，用工量一般套劳动定额，用料量套预算定额后乘以一定的折扣取得。现根据上面的工程量，分别计算需用工日和材料。

（1）计算用工　现套用原城乡建设环境保护部颁发的《全国建筑安装工程统一劳动定额》第四册《砖石工程》中§44“砖墙”中第8页“混水外墙”项中一砖部分，查得砌砖每立方米用技工为0.522工日，普工为0.514工日，因此需用技工工日为

$$108.52m^3 \times 0.522\text{工日}/m^3 = 56.65\text{工日}$$

普工工日为

$$108.52m^3 \times 0.514\text{工日}/m^3 = 55.78\text{工日}$$

（2）计算用料　以某省建筑工程预算定额第四部分《砖砌外墙》中定额编号为“8”一项，查得每立方米需用标准砖532块，砂浆$0.229m^3$。假如所用砂浆为M5混合砂浆，每立方米砂浆用180kg水泥、150kg石灰膏、1460kg砂子。那么需用的料分别如下

用砖量为

$$108.52m^3 \times 532\text{块}/m^3 = 57733\text{块}$$

32.5号水泥为

$$180kg/m^3 \times 0.229 \times 108.52m^3 = 4473kg$$

石灰膏为

$$150kg/m^3 \times 0.229 \times 108.52m^3 = 3728kg$$

砂子（中砂）为

$$1460kg/m^3 \times 0.229 \times 108.52m^3 = 36283kg$$

以上算出的是预算定额数，在实际使用中为了减少浪费，下达限额用料时，要打0.95折扣，比较合理。这在各地情况不同，只要

懂得计算原理就可以了。

第三节　施工测量的基本知识

施工测量放线是利用各种仪器和工具，对建筑场地上地面点的位置进行度量和测定的工作，将施工图上设计好的建筑物测设到地面上。砖瓦工在施工操作中要了解定位放线的一些初浅知识和学会抄平，检查放线，认识龙门板桩、轴线等。

一、施工测量的仪器和工具

1. 水准仪

水准仪是进行水准测量的仪器。在施工中称为抄平用的仪器，它是用一条水平视线来测定各点的高差。目前在使用的有微倾式水准仪和万能自动安平水准仪，如图 1-46 所示，水准仪由望远镜、水准管、圆水准器、对光调节螺旋、转轴、基座和三脚架等部分组成。图 1-47 所示为微倾式水准仪。

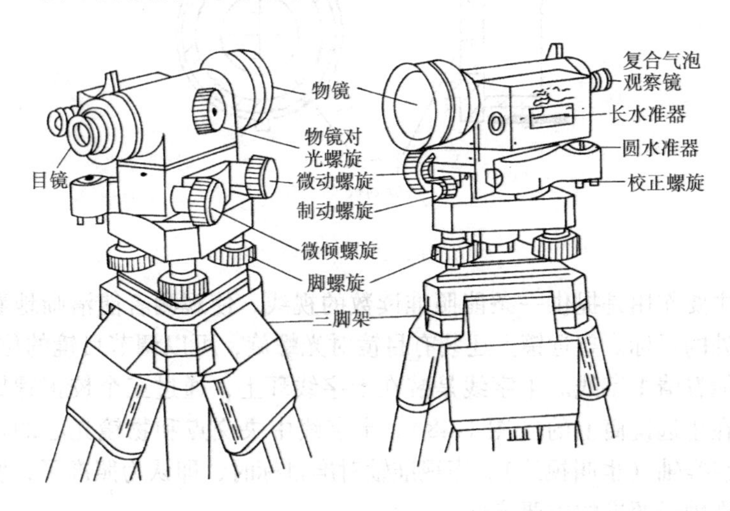

图 1-46　水准仪

（1）望远镜　望远镜由物镜、目镜和十字线三个主要部分组成，

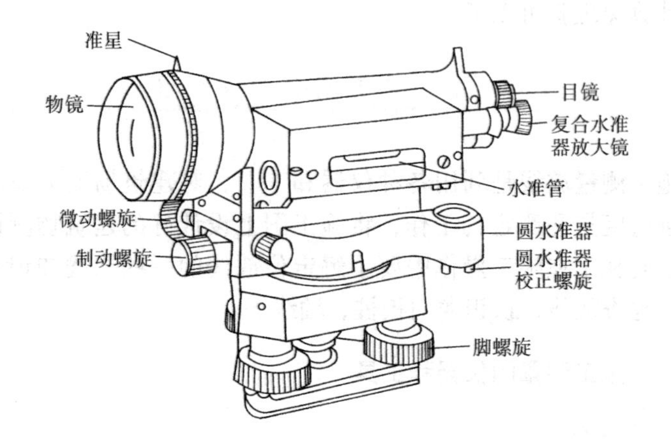

图 1-47　微倾式水准仪

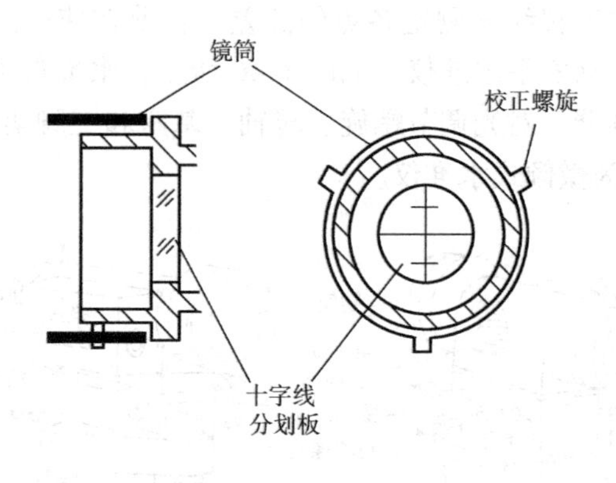

图 1-48　十字线

其主要作用是提供一条能照准读数的视线，使观测者能清晰地看清远处的目标。望远镜上还装有目镜对光螺旋，可以调节目镜的位置，使能看清十字线。十字线是装在十字线环上，通过三个校正螺旋固定在望远镜筒上的（图 1-48）。十字线中央交点和物镜光心的连线叫视准轴（也叫视线）。当视准轴对准目标时，即认为照准了，所以视准轴是照准的主要依据。

通过望远镜照准目标的读数，是指望远镜十字线中的横线所指示的数值。当目标的像恰好落在十字线平面上时，眼睛要在目镜端上下

晃动，如十字线交点总是指在物像的一个固定位置，表示没有视差；如果有错动现象，说明有视差，会影响读数。消灭视差的办法是继续仔细对光，直到没有错动现象为止。为了控制望远镜的左右转动，使视准轴对准目标，需要用水准仪上装有的制动螺旋和微动螺旋进行调节和控制，其操作程序是：先利用望远镜上的准星概略照准目标，拧紧制动螺旋，然后再利用微动螺旋调节，精确地照准目标。

（2）水准器　水准器有两种，一种叫水准管（图 1-49a、b），一种叫水准盒（图 1-50）。利用水准器可以把仪器上某些轴线调置到水平位置或铅垂线位置。

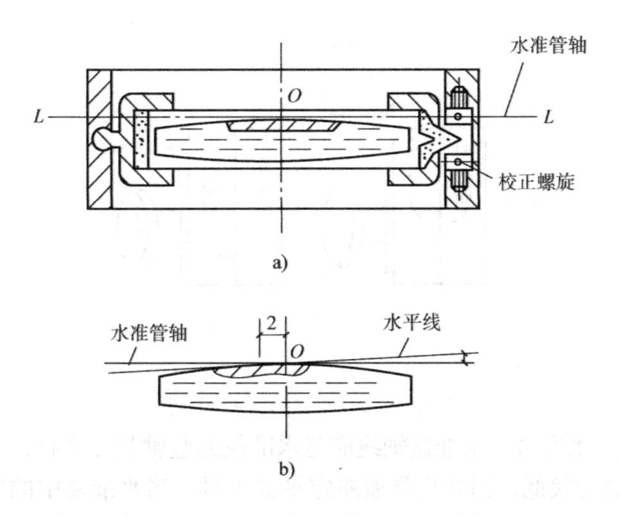

图 1-49　水准管

水准仪上的水准管轴与视准轴相互平行是构造上应具备的最重要条件，水准管上两端刻划的中点叫水准管零点。通过零点与水准管圆弧相切的直线叫水准管轴线，如图 1-49 中 *LL* 线。当水准管气泡居中时，水准管轴即水平，视准轴也就处于水平位置了。

采用调节微倾螺旋，使气泡两端点的像吻合（图 1-51a），这时气泡就居中了，水准管轴即达水平，视准轴也处于水平的位置。当气泡偏离中点，气泡的两端点相互错开时（图 1-51b），水准管气泡示意表示气泡没有居中，说明水准管轴和视准轴均未水平。

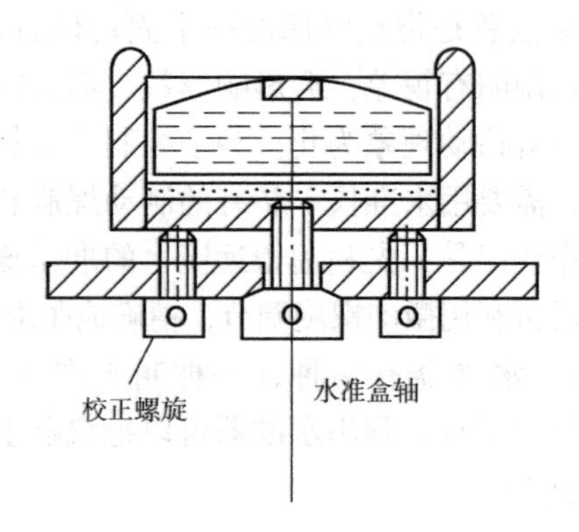

图 1-50 水准盒

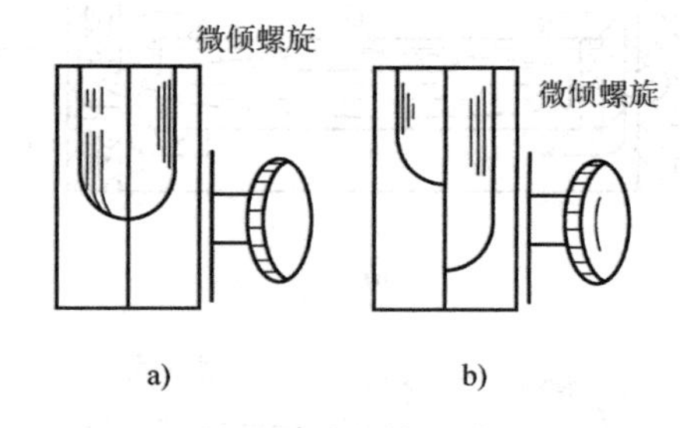

图 1-51 水准管气泡示意图

（3）水准盒 水准盒轴线应与水准仪的竖轴相互平行，由于水准盒的灵敏度较低，因此它是概略定平的工具。当水准盒中的气泡居中时，竖轴也就处于铅垂位置（图 1-50），也可以说水准仪已概略定平了。观察水准盒中的气泡是否居中，主要调节基座上的定平螺旋。

（4）基座 基座主要由轴座、定平螺旋和连接板组成，它的用途主要是起支承仪器上部和与三脚架连接的作用。

2. 水准尺

水准尺是配合水准仪进行水准测量的工具。它的式样很多，常用的有塔尺和板尺两种，前者用于一般水准测量中，后者多用于较精密的水准测量中（图 1-52a、b）。使用水准尺时，读尺对于初学的人来说是一个难点，如要读准确，在读尺之前要弄清水准尺的刻度和注字规律，要做到能准确迅速地读出该点的尺读数。一般尺上的

刻度最小至5mm，可以估计到1mm。

水准尺的零点一般都是尺的底部，尺的刻划是黑白格相间，每一个黑格或白格都是1cm或0.5cm，尺上每10cm处注有数字，每10cm的准确位置以字顶或字底为准，也有其他形式的，使用前要仔细认清注字和刻划的特点。注字有正字和倒字两种。超过1m的注记加红点，如在视镜中看到读数是6，但6的头上有一个大红点，就表示是1.6m，也有用1.6表示的；如6头上有两个大红点，则表示是2.6m。

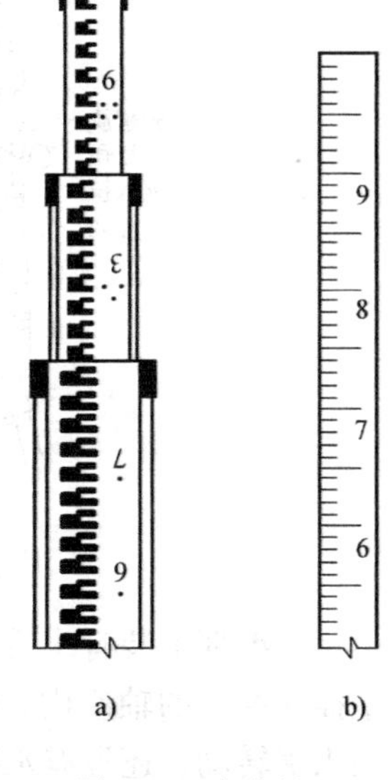

图1-52　水准尺

塔尺一般长4m或5m，多由零点起的单面刻划（图1-52a），也有正字与倒字两面刻划的。使用塔尺时必须注意接口位置是否准确。板尺一般长3m，多为两面刻划，一面是由零点起的黑色刻划，另一面是由4.687或4.787起的红色刻划（图1-52b）。

通过水准仪望远镜在水准尺上的读数，是读十字线中横线指示的数值。读数时要注意尺上注字的顺序，并依次读出米、分米、厘米并估读毫米。

3. 经纬仪

经纬仪是用来测量角度、平面定位和竖向垂直度观测的仪器，是施工测量中重要的仪器。目前常用的是光学经纬仪，它是由望远镜，底盘部分和基座部分组成，如图1-53所示。

（1）照准部分　主要有望远镜、测微器和竖轴组成。望远镜是照准目标的部件，它与横轴垂直固定连接在一起，放在支架上。为了控制望远镜上下转动，设有望远镜制动螺旋和微调螺旋。当望远镜绕横轴上下旋转时，则视准轴线扫出一个竖直面。为了测量竖直角，在望远镜横轴的一端装有竖直度盘。测微器的分划尺是在水平度盘上精确地读取读数的设备。通过棱镜折光，可以在望远镜旁的读数显微镜内看到读数。

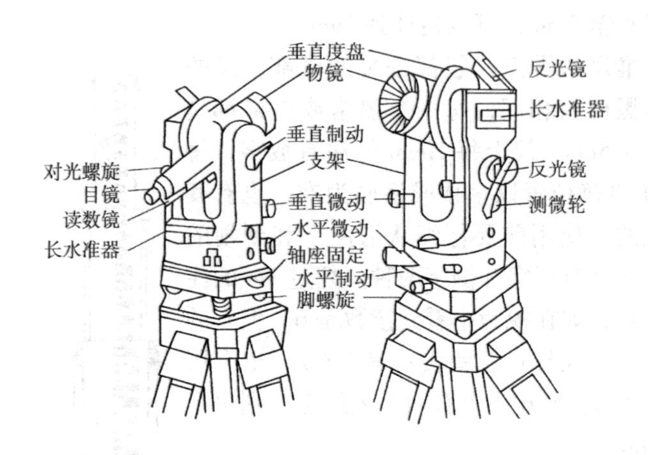

图1-53　经纬仪

照准部上装有水准器，以指示度盘是否水平；照准部下面的竖轴插在筒状的轴座内，可使整个照准部绕竖轴做水平转动。为了控制水平转动，还设有水平制动螺旋和微调螺旋。

（2）度盘部分　主要是一个玻璃的精密刻度盘。度盘下面的套轴套在筒状的轴座外面。度盘与照准部分的离合关系是由装置在照准部上的度盘离合器（又称复测机构）来控制。当离合器的按钮扳下时，度盘和照准部就结合在一起，此时若松开水平制动螺旋，则度盘和照准部一起转动；当按钮扳上时，度盘和照准部就离开，此时若松开水平制动螺旋，照准部则单独转动。

度盘上相邻两分划线间弧长所对的圆心角，叫做度盘分划值。度盘按顺时针方向每度注有数字，根据注字即可判定度盘分划值。小于度盘分划值的读数，则是用测微器来测定的。

（3）基座部分　基座是支撑仪器的底座，主要有轴座、定平螺旋和连接板。转动定平螺旋可使照准部上的水准管气泡居中，从而使水平度盘水平，即竖轴铅垂。将三脚架头上的连接螺旋旋进基座连接板，仪器就与三脚架连接在一起。连接螺旋上悬挂的垂球在水平度盘的中心位置，这样，借助垂球可将水平度盘中心安置在所测角顶的铅垂线上。光学经纬仪多装有直角棱镜的光学对中器，它比垂球具有精度高和不受风吹的优点。

4. 其他工具

（1）钢卷尺　钢卷尺一般有 30m 和 50m 长两种，尺上刻划到毫米。钢卷尺主要用来丈量距离，在放线中，量轴线尺寸、房屋开间、竖直高度等。

（2）线锤（又称锤线球）　在放线中，线锤是必不可少的工具。在吊垂直、经纬仪对中以及地不平时，就必须一头悬挂线锤使尺水平而量得距离，如图 1-54 所示。

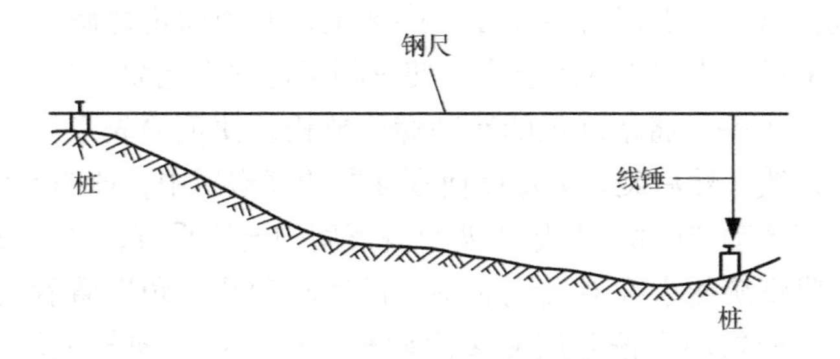

图 1-54　用线锤测量不平地面的距离

（3）小线板　在放线过程中，长距离的拉中线或放基础拉边线时都要用小线板，如图 1-55 所示。

（4）墨斗和竹笔　墨斗和竹笔主要是弹墨线时用，也是目前放线中常用的工具，如图 1-56 所示。使用墨斗时墨水不宜过多，墨水过多弹线时线弹得很粗，或线边有花点，造成线不准确。

（5）其他工具　放线时还要用其他工具，如斧子、大锤、小钉、红蓝铅笔、木桩等。

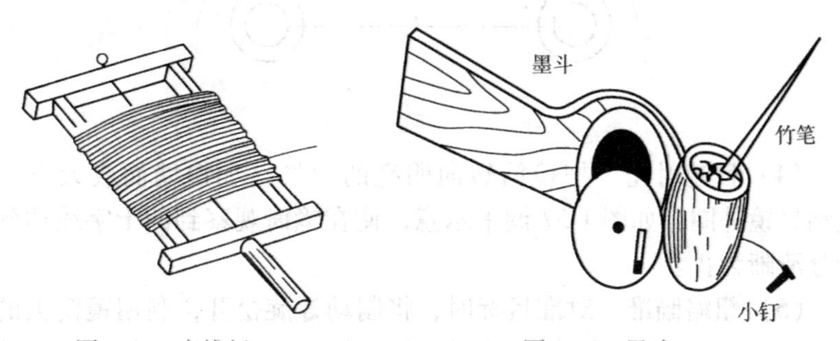

图 1-55　小线板　　图 1-56　墨斗

二、水准仪的使用

1. 仪器的安置

（1）支架 先将支架支放在行人少、震动小、地面坚实的地方。支架高度以放上仪器之后人测视合适为宜。放支架时应注意三个角大致相等，支架面大致水平。

（2）安架仪器 从仪器箱中取出水准仪时，要用手托出，不要随意地拎出。取出仪器后放在三脚架上，并用固定螺旋与仪器连接拧牢，最后将支架尖踩入土中，使三脚架稳固于地面。

（3）调平 将水准仪的制动螺旋放松，使镜筒先平行于两个脚螺旋的连线，然后旋动脚螺旋使水准器的气泡居中，如图 1-57 所示，再将镜筒转动 90°角，与原来两个脚螺旋的连线垂直，这时仅需转动第三个脚螺旋使水准器气泡居中，最后转动几个角度看看气泡是否都居中，如果还有偏差则应多次调整，达到各方向气泡居中为止。观测时再利用复合棱镜观测镜观察及调节微动螺旋，使气泡两端的像重合，而使镜筒达到较精确的水平位置。

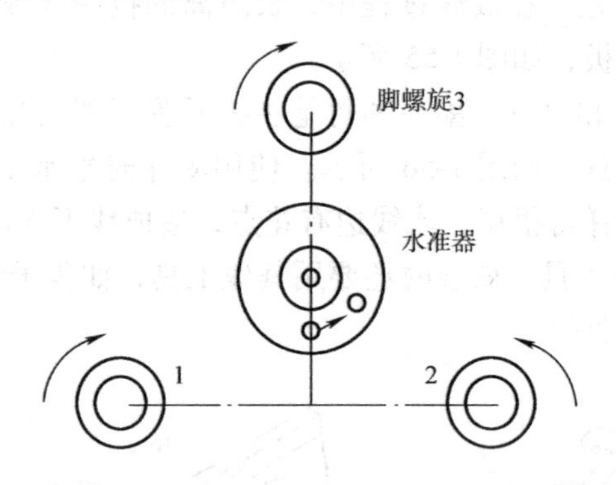

图 1-57 调平示意图

（4）目镜对光 把镜筒转向明亮的背景（如白墙面或天空），旋动目镜外圈，如图 1-57 调平示意，使在镜筒观察到的十字线达到十分清晰为止。

（5）粗略瞄准 对准目标时，将制动螺旋松开，利用镜筒上的准星和缺口大致瞄准目标，然后再用目镜去观察目标，并固定制动

螺旋。

（6）物镜对光 转动对光螺旋，使目标在镜中十分清楚，再转动微动螺旋，使十字线中心对准目标中心，并要求物像和十字线都十分清楚，在没有视差的情况下物像恰好落在十字线的平面内，此时可以开始进行抄平。这中间需要说明的是，做好对光的标准是没有视觉上的误差，也就是物像恰好落在十字线的平面内，如图1-58a所示。检验的方法是用眼睛在目镜端头上下晃动，看到十字线交点总是指在物像的一个固定位置，这就表示没有视差，反之如有物像错动现象，这就表示有视差（图1-58b）。有视差会影响读数的精确度，这时候必须对光，直到没有错动为止。

以上六步是统一连贯完成的，只要操作熟练并不需要花很多的时间。在调节过程中一定要注意拧螺旋时必须轻轻旋转，不能硬拧或拧过头，造成仪器的破坏。

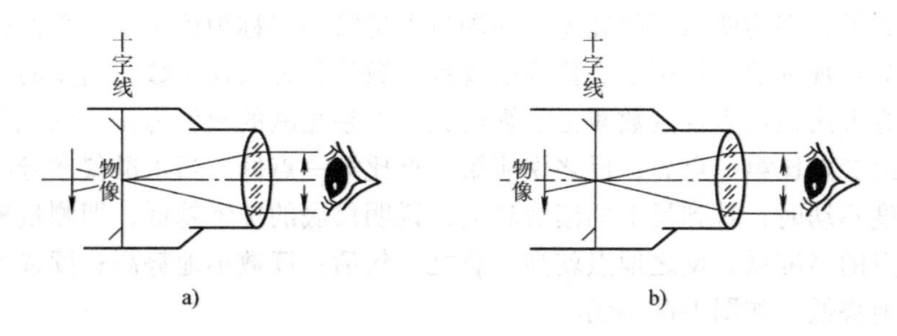

图1-58 调视差示意图
a）没有视差现象 b）有视差现象

2. 水准测量

水准仪安好后，可进行水准测量（即高差的测量），俗称抄平。抄平就是测定建筑物各点的标高。房屋施工中的抄平一般是根据引进的已知标高，用水准仪测出所需点的标高，如测出挖土的深度，或给出室内一定高度的水平线等。抄平时主要是用水准仪来读取水准尺的读数，经过计算测出高差而确定另一点的标高。如要测定两个不同点的高差，首先将水准尺放到第一点的位置上，用望远镜照准，通过望远镜中十字线的横线所指示的读数，取得第一点的

测点数值。在读数之前应注意两点：一是先看一下镜筒边上的复合棱镜观察镜中的气泡两端是否吻合，如不吻合则应旋动一下微倾螺旋使之吻合，然后才能读数。二是读数时要注意尺上注字的顺序，并依次读出米（m）、分米（dm）、厘米（cm），估读出毫米（mm），如图1-59所示，正确读数是1.545m，而不能读成1.655m。

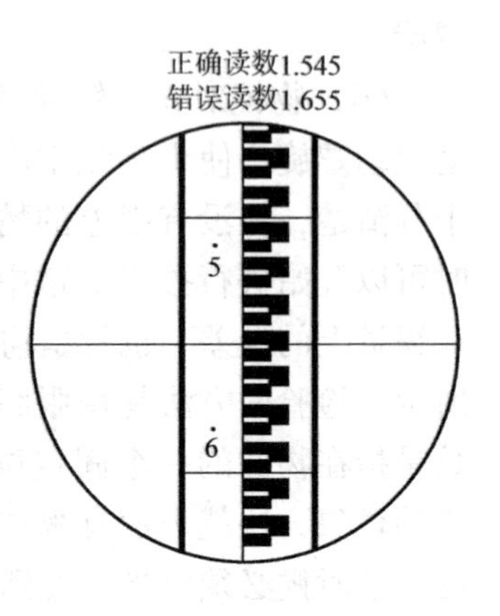

图1-59　望眼镜中水准尺读数

读得准确读数之后，记下第一点观测所读的数值，随后转动水准仪，对准第二点处并在该处立尺，用观测第一点的方法读得第二点的数值。这两点数值之差，即为两点间的高差。在测量上把第一点称为后视点，数值称为后视读数，把第二点称为前视点，数值称为前视读数。高差的计算方法是用后视读数减去前视读数，如果相减的数值为正，则说明第二点比第一点高；反之说明第二点比第一点低。当水准仪本身高度不动时，看到尺上的读数越大，说明尺底的位置越低，即测量地点的高度低，反之地点就高，总之一句话：读数小地势高；读数大地势低。如图1-60所示。

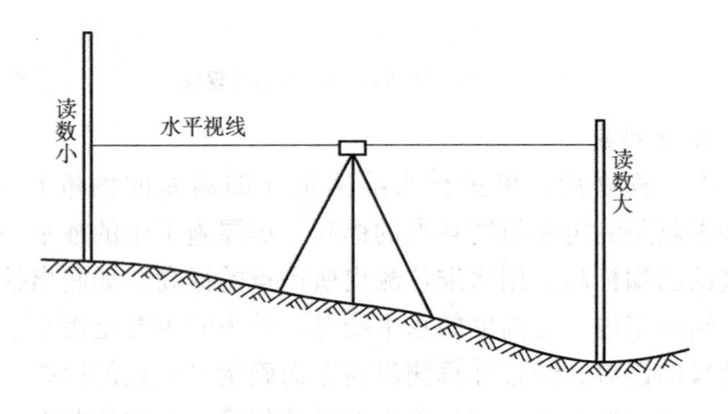

图1-60　测视高差

如图 1-61 所示，已知 A 点高程为 H_A，如能求得 B 点对 A 点的高差 h_{AB}，则 B 点的高程 H_B 就可以求出。为了求出高差 h_{AB}，先在 AB 两点间安置水准仪，在 AB 两点分别立水准尺，然后利用水平视线，读出 A 点水准尺上的读数 a 和 B 点水准尺上的读数 b。则：

B 点对 A 点的高差　　$h_{AB} = a - b$

欲求 B 点的高程　　$H_B = H_A + h_{AB}$

式中　a——已知高程点（始点）上的水准读数，称为后视读数；

b——欲求高程点（终点）上的水准读数，称为前视读数；

“+”号表示代数和。

视线水平时在水准尺上的读数称为水准读数。

用后视读数减前视读数所得到高差的正或负值，是表示以后视点为准，前视点对后视点的高低关系。当后视读数大于前视读数时，如图 1-61a 所示，则高差为正，说明前视点 B 高于后视点 A；反之，当后视读数小于前视读数时，如图 1-61b 所示，则高差为负，说明前视点 B 低于后视点 A。

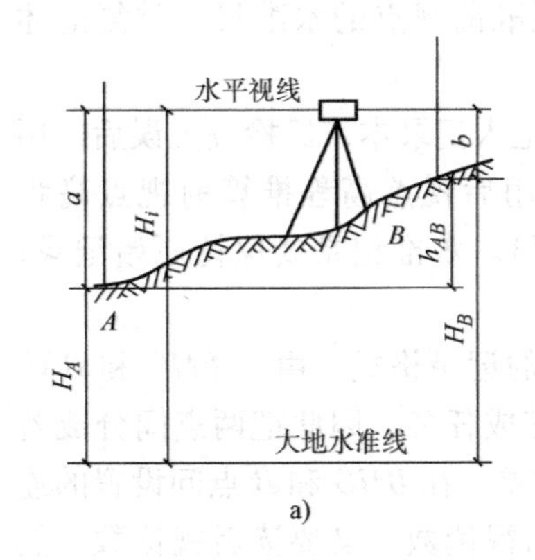

a)

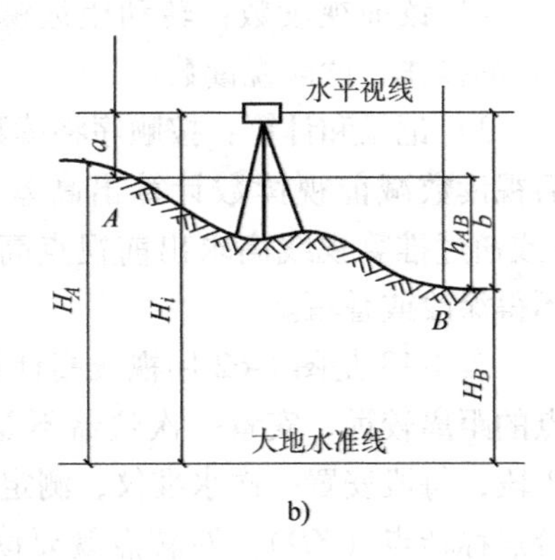

b)

图 1-61　水准测量示意图

在工程测量中，常需要安置一次仪器测出很多点的高程，为了计算上的方便，可以先求出水准仪的视线高程，即视线高，然后再分别计算各点高程。从图 1-61 中可以看出

视线高　　$H_i = H_A + a$

欲求点 B 的高程 $H_B = H_i - b$

用水准仪测量地面点的高程时，水准仪安置的位置和高低可以任意选择，但是，水准仪的视线必须水平。如果视线不水平，利用上述公式所计算出的高差和高程将发生错误。所以，在水准测量中要求视线水平是最重要的，也是最基本的要求。

为了统一全国高程测量系统和满足全国各种测量的需要，国家在各地埋设了很多固定的高程标志，称为水准点（简记为 *BM*），作为各地进行水准测量时引测的依据。水准点的高程是由专业测量单位测定的。

（1）水准测量的基本工作　测算两点间高差的工作是水准测量的基本工作，当水准仪安置水平后，它的主要工作步骤如下：

1）读后视读数：将望远镜照准后视点的水准尺，经过对光并消除视差后，用微倾螺旋定平水准管，使视准轴水平，读后视读数。读数后还应检查水准管气泡是否仍居中，如有偏离应重新定平，重新读数。

2）读前视读数：转动望远镜照准前视点的水准尺，重复前述1）的操作，读前视读数。

3）记录和计算：按顺序将读数记入记录本，经检查无误后，用后视读数减前视读数计算出高差，用后视点高程推算前视点高程（或通过推算视线高求出前视点高程）。水准记录要保持原始记录，不得涂改或誊写。

表1-13是图1-62用视线高计算的记录格式。由于 *BMO* 和 *B* 两点的距离较远，安置一次仪器不能完成任务，因此把两点间分成若干段，每段安置一次水准仪，测定高差。在 *BMO* 和 *B* 点间设置的连接点称转点（*ZD*）。对转点既要读前视读数，又要读后视读数。然后用以下公式计算校核

$$\sum a\text{（后视总和）} - \sum b\text{(前视总和)} = \sum h\text{(各段高差总和)}$$
$$= \sum\text{（终点高程）} - \sum\text{（始点高程）}$$

表 1-13 水准测量记录 （单位：m）

水准测量手簿 第 1 页

工程名称：*BMO*～*B* 日期：1975. 7. 11 观测：王××

仪器型号：S_3-722295 天气：晴，微风 记录：张××

测点（桩号）	后视读数	视线高	前视读数		高程	备注
			特点	中间点		
BMO	1.625	50.678			49.053	×楼前
ZD_1	1.784	51.465	0.997		49.681	
ZD_2	0.660	50.914	1.211		50.254	
ZD_3	1.444	51.387	0.971		49.943	
B			1.002		50.385	×路北口界碑
$\sum$	5.513 −4.181		4.181	$H_终$ $H_始$	50.385 −49.053	
$\sum a-\sum b$	+1.332			$\sum h$	+1.332	

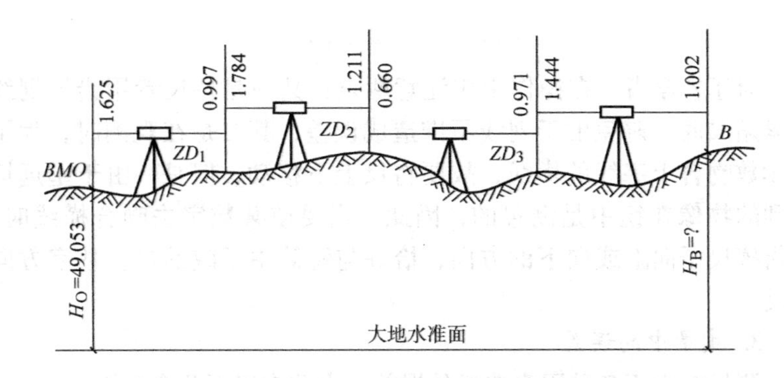

图 1-62 水准测量例图（单位：m）

（2）房屋高差（抄平）测量 在房屋抄平中，往往第一点的标高为已知，如选的点为室内 ±0.000 标高点，因此要确定另一点时，只需加上应提高或降低的数值，即可确定第二点的标高位置。如将水准尺放在 ±0.000 标高位置上，读得水准尺上读数为 1.67m，而这时候要抄室内 500mm 高的水平线，就先计算假设将尺底放在 500mm 高处的水准尺在测量时的读数：

$$1.67\text{m} - 0.50\text{m} = 1.17\text{m}$$

这时持尺者只要将尺放到抄平的地方，由观测者在望远镜中读数，指挥拿尺的人上下移动尺子，当看到目镜中的横线正好压在1.17m的时候，则尺的下端点即为高500mm水平线的标高位置。持尺者只要在尺底处的墙上用红蓝铅笔划一道短线作为记号，当各点都测完后用墨斗弹出黑色水平线，如图1-63所示。

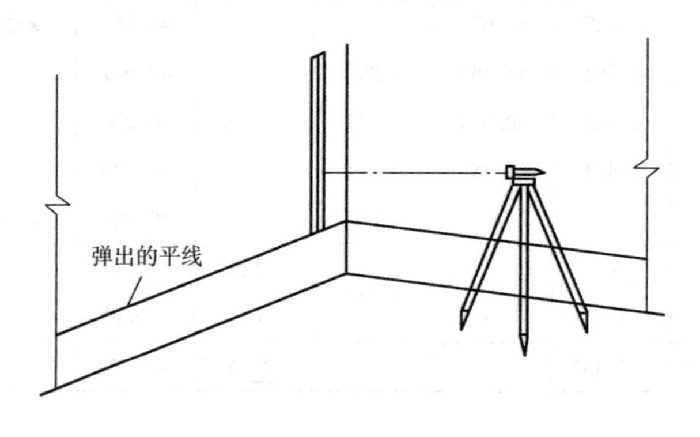

图1-63　抄平弹线示意图

对于初学者，在操作中应注意两点：其一是持尺者用铅笔划线要紧贴尺底，避免由于划线不准造成误差；其二是在观测时，为了使读数吻合十字线的横线，故要将尺上下移动，但是，由于望远镜看到的物像在镜中是倒置的，因此，当要使某数字去吻合横线时，手指挥尺子向上或向下的方向，恰好与镜筒中反映的尺上数字方向相反。

3. 测量中的误差

测量时由于各种因素造成的误差，大致有以下几个方面：

（1）仪器引起的误差　如水准仪的视准轴和水准管轴互相不平行所引起的误差，这是主要的误差，只有通过对仪器的检验和校正才能解决问题。

（2）自然环境引起的误差　如气候变化引起观测不准，或有时支架放在松软的土上，时间长了引起仪器支架的下沉或倾斜等。克服的办法是，支架必须放置在土质坚硬、行人稀少、震动较少的地方。同时注意时间上的问题，测量时应将仪器放在阴凉处，或打伞

来遮挡阳光的强烈照射，且支架高出地坪最少500mm，以减少地面上的水蒸汽上升对视线的影响。最好在中午前后视线容易跳动的阶段，停止观测，室外测量工作应尽量选在无风雨的天气进行。

(3) 操作引起的误差　如太大意时连初平没准确调好就测量，大多数时是匆忙中，没调好精平（现在也有很多工地用的是自精平水准仪，就不会有此情况了）就开始测量记录了，还有扶尺不直，仪器被碰动，读数读错或不准，还有时在测量中持尺者在尺下端的划痕不准有偏差，观测者因观测时间太长，引起眼睛的疲劳，视线上下跳动等引起的误差。

4. 注意事项

由于水准测量的连续性很强，只要一个环节出现问题，就容易出现错误或误差。为了防止错误和减少误差，以保证测量的正确性，必须注意以下事项。

(1) 观测

1) 仪器应安置在所测两点的等距离处（即前、后视线要等长），以消除因水准管轴不平行视准轴所产生的误差。

2) 仪器要安稳。要选择在土质比较坚实的地方安置仪器。三脚架要踩牢，尽量减少在仪器附近走动，以免因风吹和震动使仪器下沉。

3) 气泡要居中。读数前要定平水准管，读数后要检查水准管气泡是否仍保持居中，以保证视线在读数过程中的水平。在强阳光下测量时，要打伞遮住仪器，避免气泡不稳定。

4) 读数要准确。读数时要仔细对光消除视差，避免视线晃动造成读数不准。要认清水准的刻划特点，防止读错。

5) 迁站要慎重。未读转点前视读数，不得移动仪器，以防测量中间脱节，造成全部返工。

(2) 扶尺

1) 使用前要检查水准尺刻划是否准确，塔尺衔接是否严密，如果发现误差过大应更换。在使用过程中要经常清除尺底泥土和防止塔尺二、三节下滑。

2) 转点要牢靠。转点要选在坚实有突起的地方，尺垫（图1-

64）要踩牢。观测未读后视读数前不得碰动。中间停测时，选稳固易找的固定点作为转点，并应做好标志。

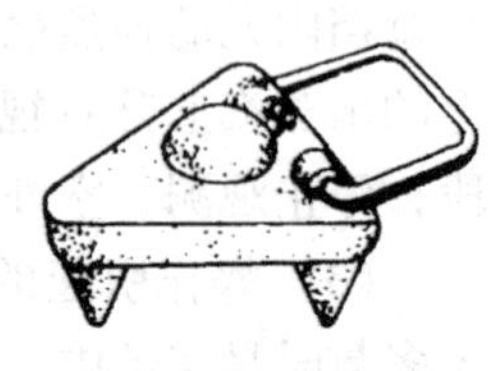

图 1-64　尺垫

3）扶尺要铅直，扶尺人员要站正，双手扶尺，保证把尺铅垂立正。特别要防止水准尺前后倾斜（观测人员不易发现）。扶尺的手不要遮掩尺面，以免妨碍读数。

4）起、终点要用同一根尺。

（3）记录

1）记录要原始。记录要当场及时填写清楚，不要先草记后再誊写，以免抄错。记错或算错的数字，不得擦去重写或涂改描写。应在错字上画一斜线，将正确数字写在错数上方。

2）记录要复核。观测数据填入记录表格后，要及时向观测人员回读所记数字作为校核，防止听错或记错。

3）记录要清楚。不能遗漏，不能颠倒。

4）计算要及时。记录过程中的简单计算（如加、减、取平均值等），应在现场及时做好，并做好校核。

5. 水准仪的检验和校正

用水准仪抄平时，水准仪必须提供一条水平视线，如果仪器出现了毛病，提供的水准线就会有误差，抄平就不会很准确。视平线是否水平，是根据水准管的气泡是否居中来判断的。因此首先要求水准仪必须满足水准器轴平行于视准轴，这是仪器必须具备的主要条件。其次，在竖直方向上也要求圆水准器轴平行于仪器的竖轴。再有是仪器的十字线的横线要垂直于竖轴。只有这三个条件都具备了，才说明仪器提供的视线是水平的。所以发现有误差的仪器和使用多年的仪器，应作校正。

仪器检验、校正应尽量选择无风天气进行，并应尽量安置在阴凉处，要避免震动或其他干扰。每架仪器的各项检验、校正工作，必须按规定的次序进行，不得任意颠倒，以避免未校正部分的误差对检校工作的影响，每项校正一般均需反复几次完成。

（1）水准盒（圆水准器）的检验和校正

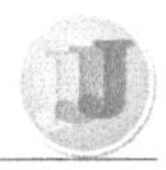

1）检校目的：检验水准盒轴是否平行于仪器的竖轴。如果是平行的，当水准盒气泡居中时，仪器的竖轴就处于铅垂位置。如果不平行，气泡虽然居中，但竖轴并不处于垂直位置，抄平时观察面就不是水平面，这就会产生误差。

2）检验方法：安置仪器后，转动定平螺旋使水准盒气泡居中（图 1-65a），然后使望远镜绕竖轴转 180°，如果气泡仍居中，说明水准盒轴平行于竖轴；如果气泡中点偏离零点，则说明两轴不平行（图 1-65b），这时就需要校正。

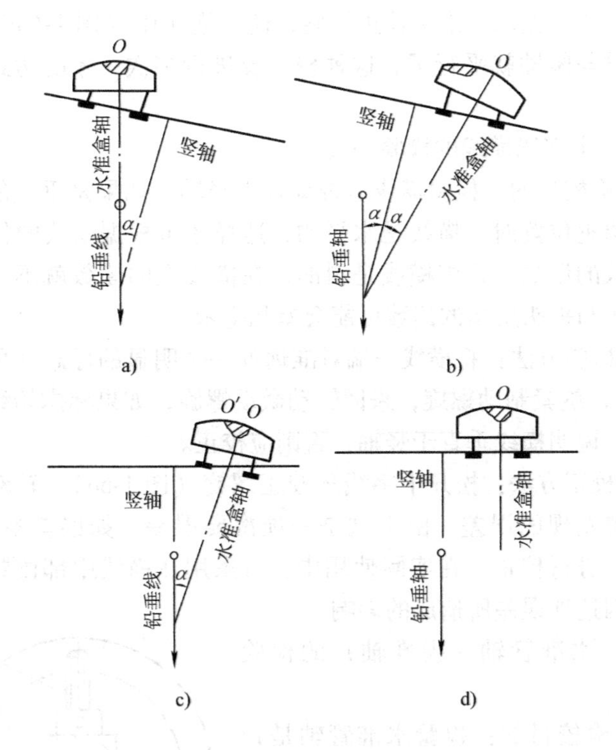

图 1-65　校验水准器盒

3）校正方法：校正的目的是为了找出竖轴应处的正确位置。从图 1-65a 可以看出，由于两轴不平行，实际上竖轴对铅垂线倾斜了 α 角，这就是两轴不平行的误差。当望远镜竖轴转 180°后，由于竖轴仍处于倾斜 α 角位置，但水准盒轴却从竖轴左侧转到竖轴右侧，这

样，水准盒轴就倾斜了两倍 α 角，造成气泡中点偏离零点。也就是说两轴不平行误差 α 角的两倍，由气泡偏离的大小反映出来了。这时，如果转动定平螺旋，使气泡中点退回偏离零点的一半，那么竖轴就正处于铅垂位置。这样就给校正水准盒轴找到了标准（图1-65c)，余下的偏离部分就是水准盒轴的误差。因此，具体的校正方法是：

第一步：在检验的基础上，用定平螺旋使气泡中点退回偏离零点的一半，达到 O' 的位置，如图1-65c所示。

第二步：拨动水准盒校正螺旋，使气泡居中（图1-65d)，这时水准盒轴与竖轴就平行了，这种校验要进行多次，才能达到足够精度。

（2）十字线横线的检验和校正

1）检校目的：检验横线是否垂直于竖轴。如果是垂直的，当竖轴处于铅垂位置时，横线是水平的，这样才可根据横线的任何部位读出一致的读数。否则横线是斜的，在横线上的读数就不一致，横线的这头与那头所指的读数可能会差几毫米。

2）检验方法：将横线一端对准远处一个明显的标志（可以是一个小点)，旋紧制动螺旋，来回转动微动螺旋，如果标志始终在横线上移动，说明横线垂直于竖轴，否则应校正。

3）校正方法：松开十字线环校正螺旋（图1-66)，转动十字线环，调整发现的误差。由于这是一项次要误差，如误差不明显时，一般不必进行校正，在实际使用中，可采用在横线中部读数，就可以减少因这项误差所造成的影响。

（3）水准管轴（视准轴）的检验和校正

1）检校目的：检验水准管轴是否平行于视准轴。如果是平行的，当水准管气泡居中时，视准轴是水平的。否则就要校正，而且是主要校正。

2）检验方法：如果视准轴平行于水准管轴，将仪器安置在两固定点之间

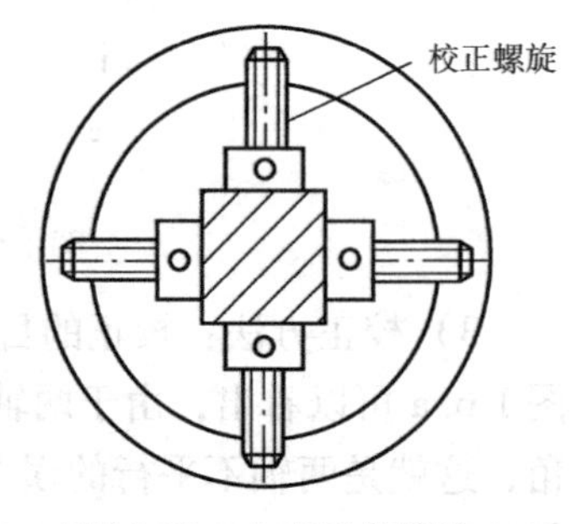

图1-66 十字线的校验

任何位置，所测两点高差值都应该是一致的。如果两轴不平行，仪器安置位置不同（距两点有远有近），在远、近两尺上的读数就有不同的误差，所测两点高差也有误差。因此，检验的方法主要是在不同的位置安置两次仪器，比较两次测得的高差，就可以发现两轴是否平行。具体做法如下：

第一步：将仪器安置在 A 和 B 两点相距 75～100m 中间，该两点应地坪坚硬，互相能通视，用步测取两点之中（即距离两点各 50m 左右），将仪器安在此处，如图 1-67a 所示。

第二步：测出两点的高差。为了防止错误和提高精度，一般应采用不同的仪器观测两次，如两次高差值之差小于 2mm 时，取平均数作为正确高差 h。

第三步：移动仪器接近于 A 点（或 B 点），如图 1-67b，使目镜距尺 1～2cm，用物镜端观测近尺读数 a_2，然后计算当视准轴水平时远尺的正确读数应为：$b_2 = (a_2 - h)$，式中两点高差值 h 是已知的，a_2 又刚测得，所以 b_2 就很方便计算出来。这样将视准轴对准 B 点处尺子，观察目镜中与横线相交的读数是否为 b_2，如果是，则视准轴就处于水平位置，此时如果水准管气泡居中，说明两轴线互相平行，否则应进行校正。

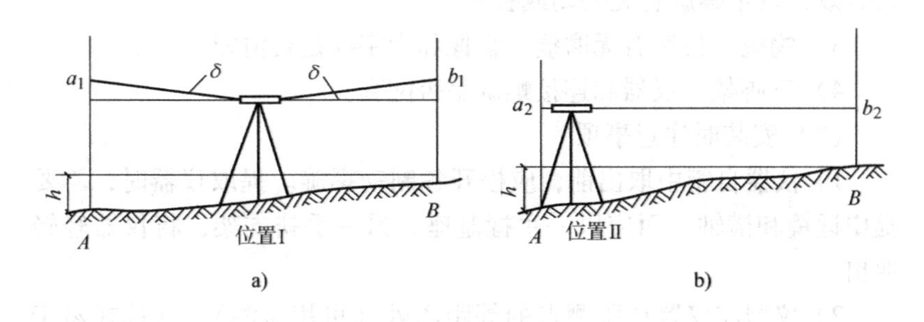

图 1-67　水准管轴的校验

3）校正方法：当视准轴对准 B 尺上正确读数 b_2 时，视准轴已处于水平位置，但水准管气泡偏离中央，说明水准管轴不水平，拨动水准管的校正螺旋（图 1-66），使气泡居中，这样水准管轴也处于水平位置，从而达到两轴相互平行的条件，拨动水准管轴校正螺旋时，应注意先松后紧，以免损坏螺旋，这项校正工作要进行几次才能精确。在检校仪器时，如因锈蚀、污腻造成拨动螺旋有困难时，可先注以少量煤油或汽油，待片刻后，再慢慢拨动，切不可强力扳扭。

以上几项是水准仪检验与校正的主要内容，其检验和校正的次序不能颠倒。要细致地反复校验多次才可以完成，达到精度要求。为了避免和减少由于校正不完善的残留误差的影响，在抄平中一般要求视线距离前后相等或基本相等。此外，当仪器各项校正完毕后，应依次重新检验一遍，以作校核，并将残留误差的方向和大小，记入检校记录中，供使用时参考。

6. 水准仪的使用、维护注意事项

水准仪是比较贵重的仪器，平时在使用和保养中应注意以下提到的几个方面。

（1）领用仪器时应注意事项　领用仪器时应对仪器及其附件进行全面检查，确认仪器性能完好后，才能领用。检查的主要内容是：

1）仪器各部位安装是否正确，附件是否齐全、适用，仪器有无碰撞或损坏痕迹。

2）各轴系是否严密，转动是否灵活，有无杂音。各操作螺旋是否有效，校正螺旋有无松动或丢失。

3）物镜、目镜有无磨痕，物像和十字线是否清晰。

4）三脚架、仪器和连接螺旋是否配套。

（2）安装时注意事项

1）仪器自箱中取出前，应松开各制动螺旋。提取仪器时，不要提望远镜和横轴，而应以一手握基座，另一手扶支架，将仪器轻轻取出。

2）仪器应安置在所测点的等距离处（可用步测），并选在易于踩牢三脚架、行人车辆少、能保证仪器安全的地方。

3）支设三脚架应使架高与观测者身高相适应，架首要概略水平。

4）仪器放在架头上应立即旋紧连接螺旋，仪器和三脚架经检查确实连接牢固后，手方可离开仪器。

5）仪器安置后必须有人看护，不得离开。在街市、道路或施工现场观测时，除观测者外，宜另设专人看护，以防行人，车辆或施工作业人员不慎而损坏仪器。

（3）操作和观测前应注意事项　操作和观测前应熟悉仪器构造、性能及各操作螺旋的部位和作用，并应注意以下几个问题：

1）观测读数前要定平水准管，使气泡居中，读数后要检查水准管气泡是否仍居中，以保证视线在读数过程中水平。

2）使用定平螺旋时，应尽量保持等高，旋转要均匀，松紧要适当，切不可过紧。

3）制动螺旋应松紧适当，不可过松，尤其不可过紧。微动时，应尽量保持微动螺旋在微动卡中间一段移动，不可旋转过度，使弹簧完全压缩，或完全伸展弹出，以保持微动效用和弹簧的弹性。

4）转动仪器前，必须先松开相应的制动螺旋，并用手轻扶支架（不得扶望远镜），使仪器平稳旋转。当仪器旋转失灵或出现杂音时，应查明原因，妥善处置，严禁强力扳扭或拆卸、锤击，以免损伤仪器。

5）操作中应避免用手触及物镜、目镜。镜上有灰尘时，应用软毛刷轻轻弹去，切不可用手指、手帕等物擦拭。观测结束时，应及时戴上物镜帽。

6）仪器应避免日晒、雨淋，烈日下或雨雪天应撑伞遮挡。

（4）用毕仪器后应注意事项　在观测结束仪器入箱前，应先将仪器的定平螺旋和微动螺旋退回至正常位置，并用软毛刷除去仪器表面灰尘，再按出箱时原样入箱就位。如观测中遇零星雨点，应以软布擦净。箱盖关闭前应将各制动螺旋拧紧。野外施测过程中，短距离迁站时，可将仪器连同三脚架一起搬动。迁站前，应将各部制动螺旋微微拧紧。迁站时，脚架合拢后，一手持脚架于肋下，一手紧握基座置仪器于胸前，切不可单手提携或肩扛，以免碰坏仪器。长途运输仪器时，要切实做好防震、防潮工作。仪器应存放在干燥、通风、温度稳定的房间里，切忌靠近火炉和暖气片。

仪器除日常的维护、保养外，应根据使用情况定期（一般每隔1~2年），由专门人员或送维修部门进行检修和全面拆擦清洗。

三、房屋定位的一般知识

1. 房屋平面的定位

施工现场房屋定位的基本方法一般有四种：依据总平面图建筑方格网定位；依据建筑红线定位；依据建筑的相互关系定位；依据现有道路中心线定位。

（1）依据建筑方格网定位　场地上的施工控制测量，常用的控制方法为建筑方格网法。方格网由设计院总平面图设计时一并作出，每个方格边长100～200m，有正方形或长方形两种。方格网的坐标编号，一般以 x 表示纵坐标，以 y 表示横坐标，如图1-68所示。在图1-68的总平面图上查得新建筑物 $ABCD$ 轴线各交点的坐标 x 及 y。A 点纵坐标 x 为 $3A+20.000$，横坐标 y 为 $3B+35.000$，A 点确定后其他三点亦可用坐标确定位置或根据建筑的尺寸确定 B、C、D 点。这就是依据建筑方格网定位。

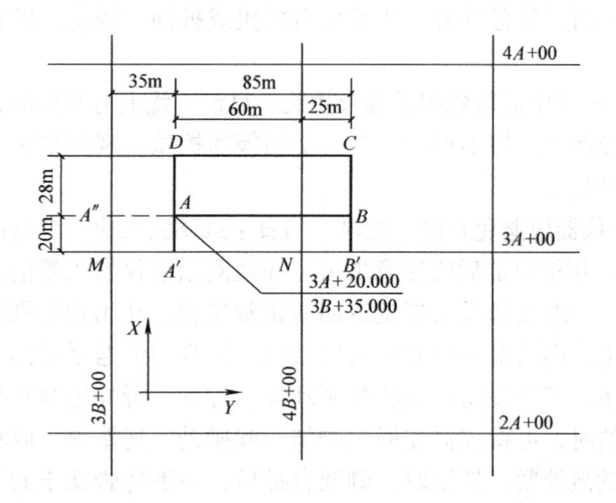

图1-68　方格网定位示意图

（2）依据建筑红线定位　在城市建设中，新建一幢或一群建筑物，均由城市规划部门给设计和施工单位规定建筑物的边界线，该边界线称为建筑红线。建筑红线一般与道路中心线平行，有了建筑

红线建筑物才能定位放线，如图 1-69 所示。*MN* 为建筑红线，*EFGH* 为已有建筑物，欲放出新建筑 *ABCD* 的位置，先在设计总平面图中查得该建筑物与红线的距离 *d* 及有关数据 *a*、*b*、*c*，便可如图放出 *ABCD* 建筑物的位置。

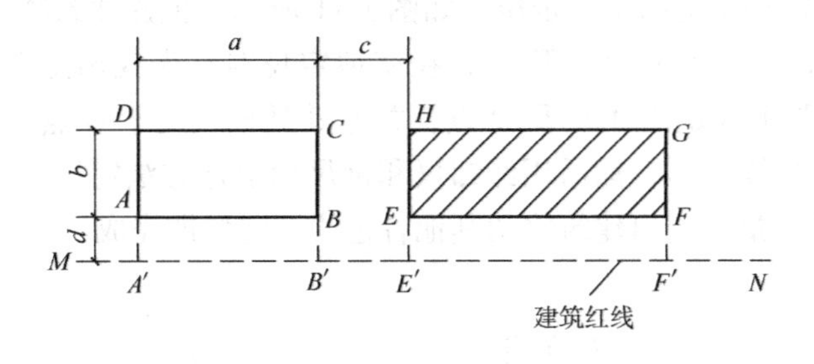

图 1-69 红线定位

（3）根据和已有建筑的相互关系定位 在一个建筑群中新建一栋房屋，而且与红线无关系，这时只要按照施工总平面图中所标出的与已有建筑关系尺寸进行定位，采用该方法定位一般有平行线法及延长线法两种，如图 1-70 所示。

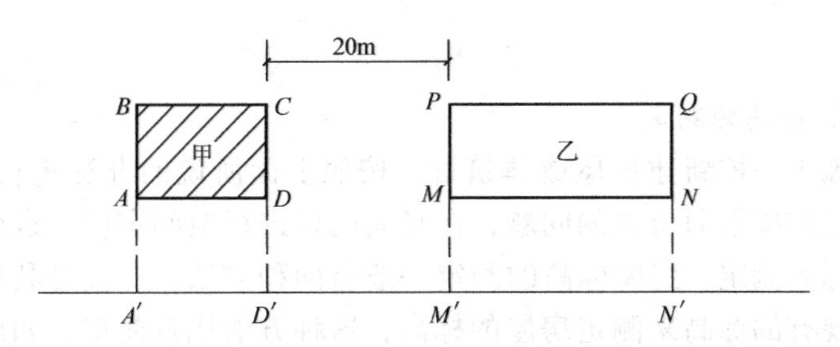

图 1-70 利用与原有的建筑物关系定位

图中阴影线所表示的原有建筑物甲与拟建建筑物乙在同一直线上，并相距 20m，在实地定位时，以已有建筑物甲为基准，用平行线法和延长线法相结合定出新建筑物乙的位置，其步骤为：

1）用小线顺 *BA* 及 *CD* 墙边延长到 *A′*及 *D′*，*A′*及 *D′*离 *A*、*D* 的距离相等。

2）将经纬仪安置在 *D′*点，照准 *A′*点后倒镜按设计图样要求的距离丈量 20m 定出 M' 及 N' 点，然后将经纬仪安置到 M' 点，照准 A' 点转 90°角，用平行线法得到：$MM' = AA'$，并量得 M 点延长线上得 P 点，同样再定出 N 点和 Q 点。有了 MN 及 MP 这个十字坐标，则这栋新建建筑物的位置也就确定了。

（4）利用道路中线定位　如图 1-71 所示，拟建建筑物与道路中心线平行，其距离为 L 及 L_1，在实地定位时，先找出道路中心线，并在道路中线定出 A 点及 O 点，并作其延长线交于 C 点，使 AC 等于 L，OC 等于 L_1，然后用经纬仪和钢尺用上述方法定出 CD，使 CD 平行 AB，最后定出建筑物的其他各边线，定位即完成。

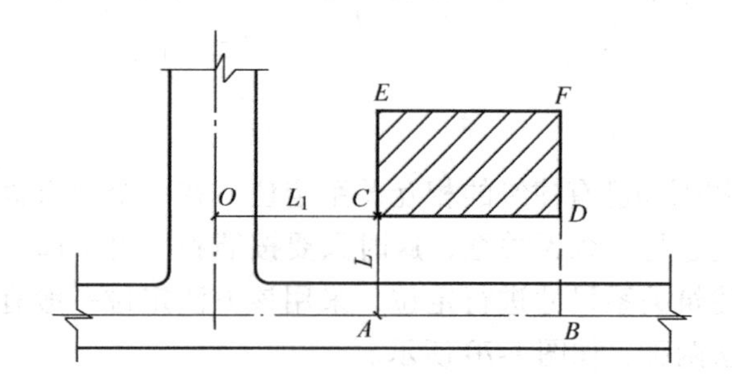

图 1-71　利用道路中线定位

2. 标高的测定

施工一栋新建房屋或建筑群，按照上面所说的办法进行定位，这只是解决平面位置的问题，在竖向则要进行空间定位，也就是要进行标高测定。房屋标高的测定一般有两种方法：一种是利用周围地段现有的标高来测定房屋的标高，这种方法比较简单，如前面所讲的水准仪高差测量一样；另一种是引进水准基点来测定房屋的标高，这一种方法过程较多，现将此法做简单介绍。

一栋新建房屋，在设计时根据地形资料一般在图样上定出了房屋 ±0.000 标高的绝对标高值，如果在新建筑周围地段无标高依据可找时，就需要从给定的水准基点引进绝对标高，用来确定所建房屋处的自然地坪高程，及房屋 ±0.000 标高处的实际高度。引进标高的过程就是抄平工作的第一步。

如图 1-72 所示，该新建房屋所定 ±0.000 的绝对标高为

60.50m，而离建筑最近的水准基点绝对标高为59.413m，中间又有障碍，距离又较远，这时就要周折几次才能将标高引测到建筑物附近，其步骤为：

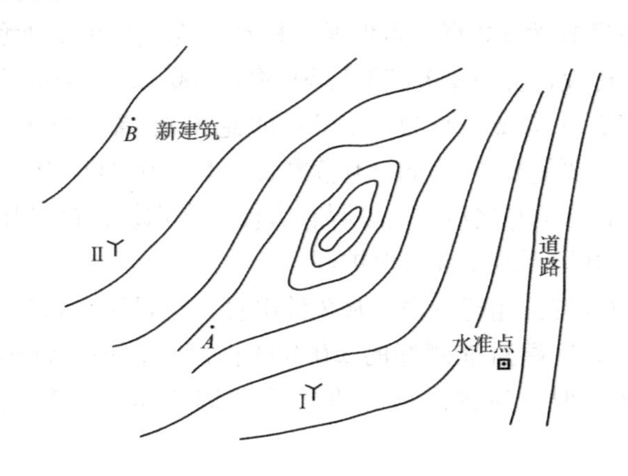

图1-72 引进绝对标高

1）将水准仪支放在Ⅰ的位置，距离水准基点约50～100m，中间能直接看到观测点并无障碍。先将水准仪按前面所讲的步骤和要求进行调平，持尺人将尺立在水准基点的金属球面上，尺子一定要扶得垂直。假设水准仪读得水准尺读数为1.47m，然后转动水准仪对准前视中转 点 A，如读得水准尺读数为1.31m，拿出纸笔计算用后视读数减前视读数的结果

$$1.47\text{m}-1.31\text{m}=0.16\text{m}$$

这说明 A 点比水准点高16cm，得到 A 点绝对标高值为

$$59.413+0.16=59.573\text{cm}$$

2）将水准点移到Ⅱ点，并使它与选择的第二个中转点 B 及 A 点的距离大致相等，先观察后视 A 点读数，如读得读数为1.56m，再观察前视 B 点读数，如读得读数为0.88m。按上面所述计算，求得两者高差为0.68m，为正值，可知 B 点的绝对标高比 A 点高，这时又得到 B 点绝对标高值为

$$59.573+0.68=60.253\text{m}$$

假如 B 点已在建筑物附近，这时在该处不碍事的地方打一木桩，

高出地面50~60cm，随后持尺者将尺靠着木桩上下移动，使观察者读得读数为0.633m，并在尺下端的木桩壁上划一红铅笔痕，这道红痕即为新建筑物±0.000标高，以后房屋的抄平即可以此为准。为什么读得0.633即为±0.000高程呢？其原理是因为B点处绝对标高为60.253m，比设计标高±0.000低60.50m－60.253m＝0.247m，所以将该点提高24.7cm，即为60.50m的绝对标高。因B点读数是0.88m，等于要提高24.7cm，其读数即0.88－0.247＝0.633。

3）标高测定好之后，为了寻找方便应在木桩标高处用红色油漆刷出标记，并用混凝土浇筑保护好。

如果附近有已建建筑物或永久性电杆，也可用一根有刻度的2m长的木尺，将底端对准测好的±0.000标高线，将尺钉牢或固定其上。以后抄平时，后视点就可直接看此固定木尺读得读数，如图1-73所示。

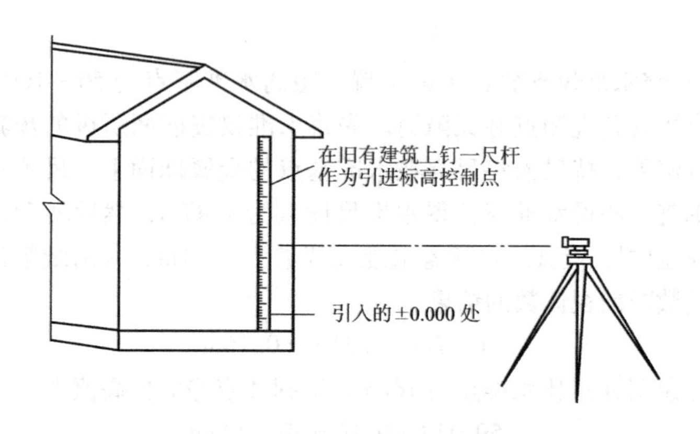

图1-73　固定现场水准点示意图

此外，为了计算方便，抄平时可采用抄平记录表格纸，其形式见表1-14。

3. 龙门板和控制桩

由于基槽开挖时，轴线桩要被挖掉，因此在建筑施工测量定位时，不但要定出轴线桩，而且同时还要设置龙门板与控制桩，以便在基础及底层施工时控制建筑物轴线位置。因此在建筑物的四角及外墙凸凹处，基槽开挖边线以外1~1.5m的地方设置龙门板，龙门板要钉得竖直、牢固，其板面应与基槽轴线平行，其顶面最好为底层室内地坪标高（图1-74a、b）。测量定位时，用经纬仪将轴线投到龙门板顶面上，并钉上小钉，此钉即为轴线钉。用钢尺沿龙门板顶面检查轴线钉间距，经检验认为无误后，即可以轴线钉为准，将墙厚、基槽宽标在龙门板上，准备放灰钱用。

表1-14　抄平记录表格示意

测点	后视读数	前视读数	高差	高程	备注
O	1.47			59.413	
A	1.56	1.31	0.16	59.573	Ⅰ点
B	0.88	0.88	0.68	60.253	Ⅱ点
C		0.633	0.88~0.247	60.50	Ⅲ点

为了防止龙门板被碰动而找不到轴线，一般在龙门板外侧还设有控制桩。当建筑物平面形状或构造简单时，也可单独用控制桩而

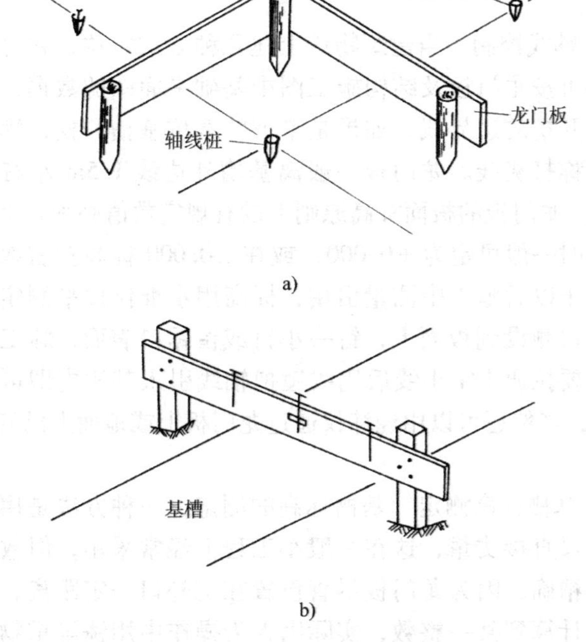

图1-74　龙门板示意图

a）四角处龙门板　b）中间处龙门板

不用龙门板，控制桩应打在基槽边线外 2~5m 的地方，并应加以围护。如就近有建筑物时，也可将轴线投到建筑物墙面上去，并加以标志。控制桩应在建筑物定位时，和轴线桩同时测设，不要先定轴线桩，后补控制桩。

4. 基槽放线施工

放线施工的目的归纳起来就是按照施工图样上的数据，在地面上定出房屋建筑各部位的施工尺寸，从总体上讲定出房屋的位置尺寸，从局部上讲定出基础、柱子、墙、门窗、屋架等施工尺寸位置，这些尺寸就是被建房屋的平面位置与竖向标高。在放线施工过程中，从底到上基本步骤和操作方法是一样的，但都由基础开始，在房屋构成中基础是房屋的重要分部，同样在测量作业中，基础的放线是整个房屋放线关键中的关键。所以我们这里就重点介绍基础测量放线，这一步懂了，其余楼层的放线也就很清楚了。基础放线施工一般注重在三项工作上，即轴线控制、基槽标高测定、把轴线和标高引入基础。

（1）轴线控制　当建筑物按上述几种方式定位，并钉立龙门板桩之后，可按龙门板及结构施工图中基础平面图的数据，用白石灰划出基槽开挖的边界线，如果是带坡的基坑基槽开挖，洒的是上口槽宽，俗称打灰线。龙门板一般离基槽外边线 1.5m 左右，如图 1-75a 所示。龙门板的板面标高原则上没有规定数值必须是多少，但在实际施工时一般可定为 ±0.000，或在 ±0.000 标高左右取用一个整数值，便于以后施工中测量引用，标高用水准仪抄平测定。基础轴线用经纬仪测设到板面上，钉一小钉或留锯口表面，施工基础及基墙时，只要拉通十字小线后用线锤把轴线引入基槽内即可，如图 1-75b 所示，当然还可以用经纬仪通过龙门板上或地面上已知的轴线点引测。

（2）基槽标高测定　基槽标高的测定，一种方法是用龙门板拉通小线用尺直接丈量，这在一般小工程上经常采用，但数值有时可能不是很精确，因为龙门板尽管设置在坑外口一定距离，在理论上标高可以计算到某一整数，实际因人为操作中用锤等重物固定板桩时多多少少是有误差的，标高面不太好控制到我们计算好的那个数

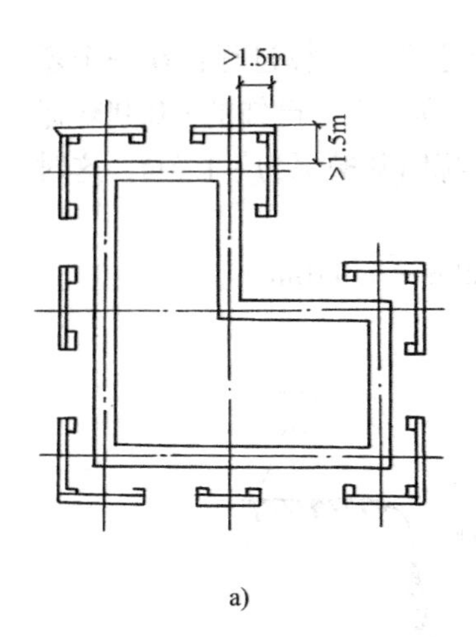

a)

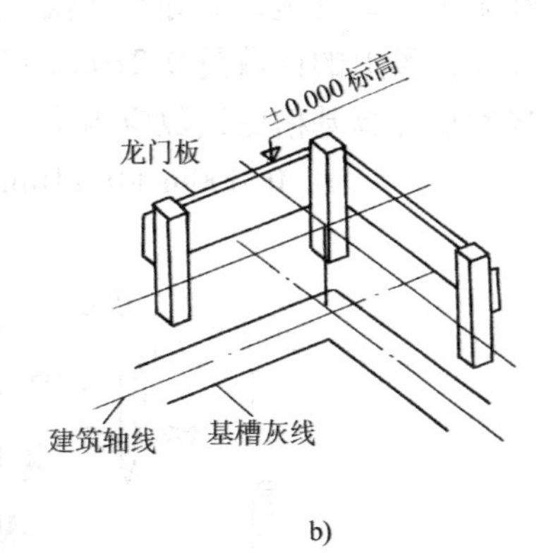

b)

图 1-75 基础放线引线示意图

a）基础放线 b）基础引线

值。另一种是在基槽内用水准仪测设水平桩，这是在工程中普遍采用的方法。水平桩的用材随地可取，可用竹签打入，也可用钢筋头、木工的木材边角料。步骤是：凭观察在基槽挖到差不多要到设计深度时将水准仪架好调平，一个人拿水准尺将尺底先站立在 ±0.000 标高处（或其他已知标高处），读出一个数值后记下来，计算一下基槽在本次测量中基底面的标高反映在尺上的读数应为多少。然后将尺子移到基槽里测定，看尺面上的读数是否小于或等于计算出的数值，如小于则继续开挖，如等于就说明已达设计深度要求了，立即停止作业，不能再向下挖了。（工程中对基础是不允许超挖的，如超挖要对地基进行专门处理很麻烦）。这里提醒一点，实际工作中，我们用水准仪抄平基槽时，往往不是真的盯在设计基槽标高上，而是取用高出设计的基槽底面上 300～500mm 处来测量基底标高的开挖是否达要求了，在这高出的 300～500mm 处打水平控制桩。这种方法不仅有效控制标高的数值，在施工过程中，还可以提醒施工人员，开挖时要小心了，水平桩向下开挖的深度不是很大，最多只有几十厘米，防止超挖现象的发生。将水平桩一般测定在距设计槽底 0.3～0.5m 处的槽壁上，每 2～4m 钉设一个水平桩。

以图 1-76 所示为例说明基槽标高测定数值计算过程：在一个还在施工的基槽边，立好水准仪，这时将水准尺立在已知的 ±0.000 标高处，尺上的读数是 0.210m，而图样上标明基槽深为 -1.5m，这时候我们计算基槽底读数应当是

$$0.000\text{m} + 0.210\text{m} + 1.500\text{m} = 1.710\text{m}$$

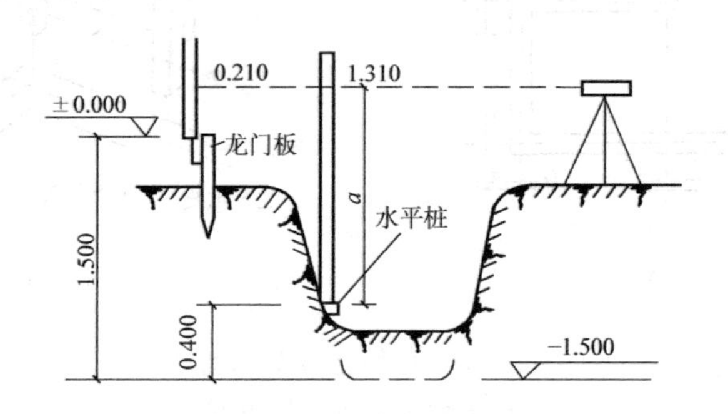

图 1-76　基槽标高的测定示意图（单位：m）

如果我们控制的标高线不在槽底，而是取在槽底上 40cm 处，则取用的尺子读数应是

1.710m -0.400m =1.310m（因为 400mm 是高出的，所以要减去）

这个 1.310m 就是这次测量我们所要的结果，让工人将尺子移到基槽里，水准仪当然还在原地不能动，通过目镜指挥工人上下移动尺子，当镜头中的横线正好压在尺上读数 1.310m，让尺子不要动，在紧贴尺底处插上标志，这点就是控制水平桩的位置，同样方法，工人再移到另外的点，做标志，具体水平桩的数量由工程情况决定。这样施工工人向桩下再挖 400mm 就应停止工作，这 400mm 到时用钢卷尺来量就可以了。

（3）把轴线、标高引上基础墙　基础砌完之后，应根据龙门板将墙的轴线，利用经纬仪反测到基础上，如图 1-77 所示，并用墨线弹出墙轴线，标出轴线号或“中”字形式，即确定了上部砖墙的轴线位置。至此，龙门板就失去了存在的必要，可以拆除。同时，用水准仪在基础露出自然地坪的墙身上，抄出水平标高线（一般测定为 -0.15m）并在墙的四周弹出墨线，作为以后砌上部墙身时控制

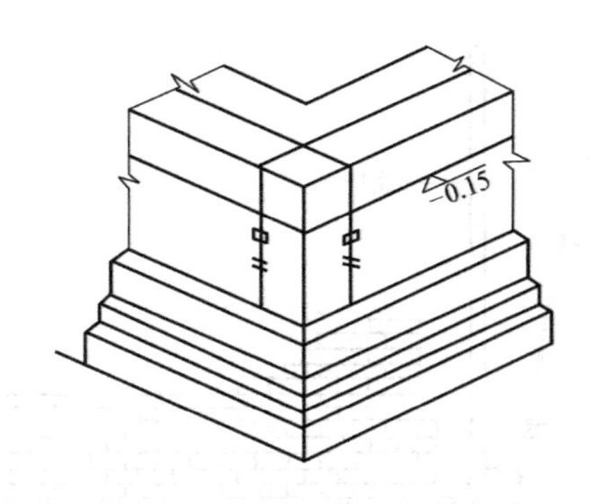

图 1-77　轴线与标高引到基础墙上示意图

标高的依据。

5. *砖瓦工如何检查放线和按线施工*

1）基槽垫层上有了轴线之后，砖瓦工应用钢尺对轴线尺寸检查一遍，看有无差错，经检查无误后，才可以按图上所标出的基础大放脚的宽度，由轴线向两侧量出尺寸逐个弹线，在弹线时同时把附墙砖垛、管道穿墙孔洞位置一起弹出线来，以便砌砖，如图 1-78 所示。

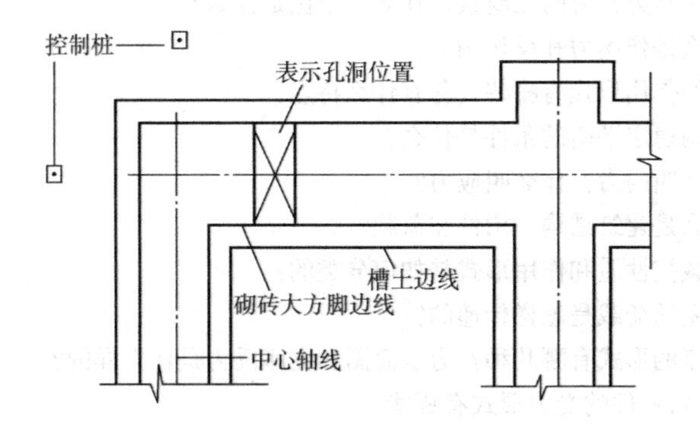

图 1-78　槽底弹线示意图

2）用水准仪抄平，在预先埋好的木桩上抄出皮数杆下端的水平线，并在木桩上划一道红痕。钉皮数杆时，只要将皮数杆的下端水平线和木桩上抄好的水平线重合钉牢即可，如图 1-79 所示。

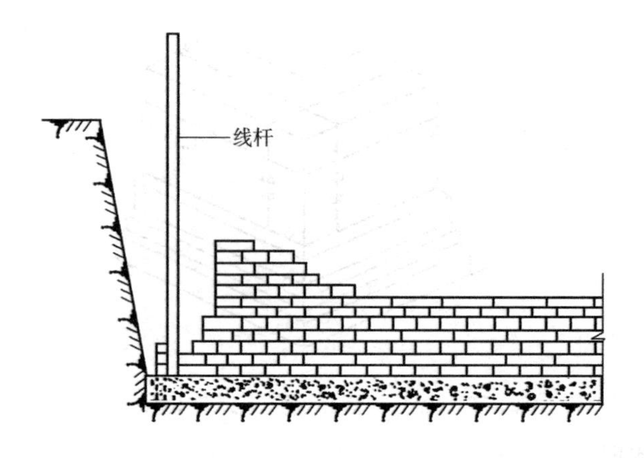

图 1-79　钉皮数杆示意图

3）有了轴线、大放脚线和皮数杆，砖瓦工即可排砖撂底砌筑基础。上部墙身的查线查皮数杆也是相同的道理。

复习思考题

1. 什么是力？力的三要素是什么？单位是什么？
2. 什么是作用力和反作用力？
3. 力的作用形式有哪些，各有什么特点？
4. 结构稳定平衡的条件是什么？
5. 什么叫内力？什么叫应力？
6. 什么是建筑结构、构件和荷载？
7. 荷载按性质和作用形式是如何分类的？
8. 房屋的荷载是怎样传递的？
9. 支座的形式有哪几种？力学简图和支座反力是什么样的？
10. 建筑构件的受力形式有哪些？
11. 砌体常见的有哪几种受力状态？有哪几方面的强度？
12. 拱的受力特点是什么？
13. 砌体的抗压强度主要与哪些因素有关？
14. 砌体结构的震害常出现在哪些部位？
15. 砌体结构的抗震原则和要求有哪些？
16. 估工估料的作用是什么？

17. 什么是预算定额？什么是劳动定额？
18. 砌体工程工程量计算的一般规则是什么？
19. 进行工程量计算时应注意哪些问题？常用的一般方法有哪些？
20. 套用定额时要注意哪些问题？
21. 水准仪应用的具体步骤有哪些？
22. 影响水准仪误差的常见因素的有几方面？
23. 房屋定位的方法有几种？
24. 基础放线的步骤是怎样的？要注意些什么？
25. 一般情况下在放好轴线后，瓦工砌筑前应该做哪几方面的事情？

第二章

复杂砖石基础的砌筑

培训学习目标 通过本章的学习，了解复杂砖石基础的构造形式，掌握复杂砖石基础的砌筑步骤、砌筑要求、砌筑质量检查标准等知识。通过基本技能的训练，能独立完成复杂砖、石墙和柱基础的排砖摆底及砌筑，能预控复杂砖石基础砌筑中的质量和安全问题。

第一节 复杂砖石基础的基本知识

一、砖基础的构造

砖石基础都属于刚性基础，即抗压强度较高，抗拉强度较低，因此要求基础的高度 H 与基础挑出的宽度 L 之比不小于 1.5～2.0（即 $H/L \geqslant 1.5 \sim 2.0$），也就是说 α 角不小于某一数值，如图 2-1a 所示，α 角称为刚性角或压力分布角。

如果基础的每一阶梯都能满足上面所说的刚性要求，则强度才能得到保证，不会发生破裂现象。如果上部荷载较大，而地基承载能力又很弱时，采用刚性基础就需要加大基础底面宽度来满足单位面积的承压力。但由于受高宽比的限制，势必要将基础做得很大、很厚，这样会给施工带来很多困难。如果基础不加高，只增加宽度（即加宽基础两翼宽度），由于两翼宽度超过了压力分布角的范围，就会在地基反力作用下，使两翼向上弯翘起，造成基础底部受拉而

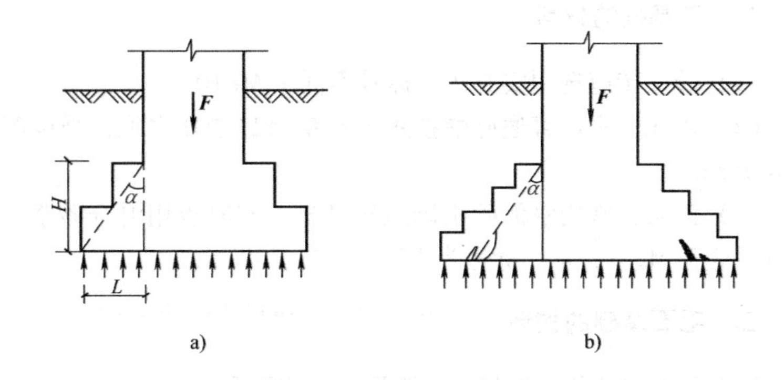

图 2-1　基础刚性角示意图

a）压力分布角范围内刚性基础受力　b）超过压力分布角基础拉开破坏情况

开裂（图 2-1b）。在这种情况下，采用刚性基础已不能确保工程质量，因此必须考虑采用抗拉和抗压强度都很高的柔性基础，如钢筋混凝土基础。所以，砖基础必须采用阶梯形式，又称“大放脚”，砖基础大放脚一般采取等高式或间隔式。等高式大放脚每两皮砖高一收，每次收进 1/4 砖（60mm），其 $H/L=2$，如图 2-2a 所示；间隔式大放脚是第一个台阶两皮砖一收，第二个台阶一皮砖一收，每次收进 1/4 砖（60mm），其 $H/L=1.5$，如图 2-2b 所示。如此循环向上砌筑，同时基础的顶面要比墙每边宽出 60mm。

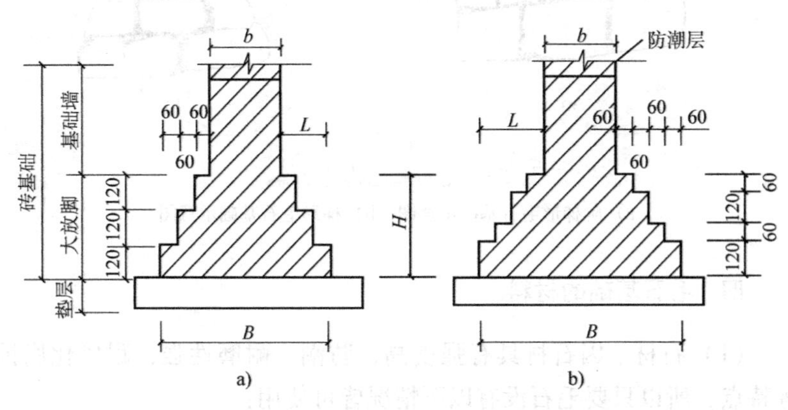

图 2-2　砖基础的砌筑形式示意图

a）等高式大放脚　b）间隔式大放脚

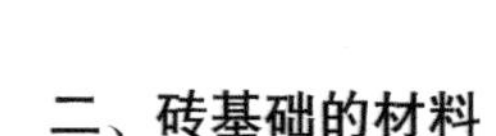

二、砖基础的材料

（1）砖　砖应选用实心砖，标号不低于 MU10。

（2）水泥　常用普通硅酸盐水泥和矿渣硅酸盐水泥，强度等级不低于 32.5。

（3）砂浆：常用水泥砂浆砌筑砖基础，有时也用混合砂浆，标号应不低于 M2.5，常用标号为 M2.5、M5、M7.5。

三、毛石基础的构造

毛石基础与砖基础的构造是不同的。

毛石基础按其截面形状分有矩形、阶梯形及梯形（图 2-3a、b）。各部尺寸由设计确定，但其顶面两侧最小宽度应比墙厚大 100mm。阶梯形截面的阶梯高宽比不小于 1∶1，每一阶内的毛石至少为两层，每阶高不小于 300mm，宜为 300～500mm，每阶伸出的宽度不宜大于 200mm。如毛石砌到室内地坪以下 50mm 处，则在其上应设置防潮层；如砌至窗台底或更高时，因石料吸水率小，防潮性能好，可不做防潮层。

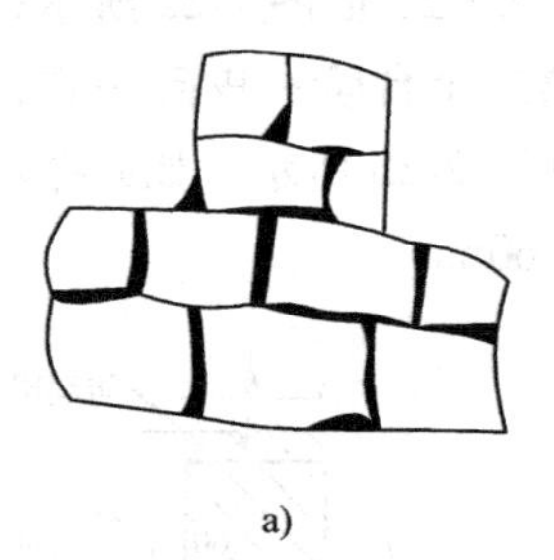

a)

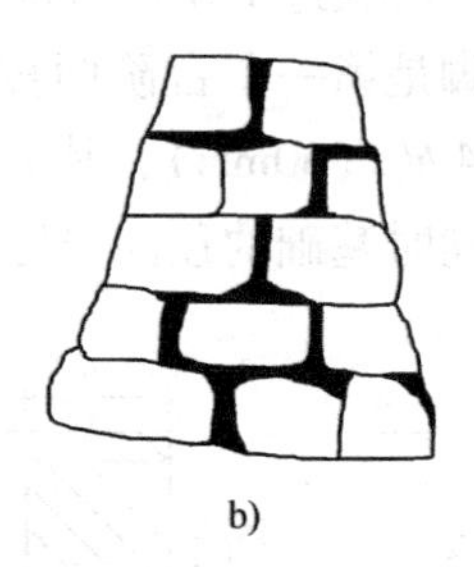

b)

图 2-3　毛石基础构造示意图

a）阶梯形毛石基础示意图　b）梯形毛石基础示意图

四、毛石基础的材料

（1）石材　因石材具有强度高，防潮，耐磨性强，耐风化腐蚀等特点，所以只要毛石没有以下情况皆可使用：

1）明显的风化剥落、龟裂。

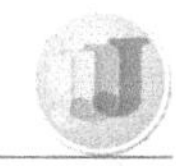

2）形状过于细长、扁薄、尖锥。

3）质地酥松，敲击时有“壳壳壳”之声。

4）中部厚度小于200mm。

（2）砂浆　常用标号为M2.5、M5、M7.5。

第二节　复杂砖基础的砌筑

一、砌筑准备

1. 材料准备

（1）砖　砖的品种、强度等级、规格尺寸等必须符合设计要求。

在常温施工时，砌砖前一天或半天（视气温情况而定），应将砖浇水湿润，湿润程度以将砖砍断时还有15～20mm干心为宜。一般不宜用干砖砌筑，因为干砖在与砂浆接触时，过多吸收砂浆中的水分，使砂浆流动性降低，影响粘接力，增加砌筑困难，同时不能满足水泥硬化时所需要的水分，影响砌体的强度。用水浇砖还能把砖面上的粉尘、泥土冲掉，有利于砖与砂浆的粘接。但浇水不宜过多，如砖浇得过湿，在表面会形成一层水膜，这些水膜影响砂浆与砖的粘接，使流动性增大，会出现砖浮滑、不稳和坠灰现象，使灰缝不平整，墙面不宜平直。冬期施工时，由于砖浇水后会在砖面冻结成冰膜，影响与砂浆的粘接，故一般情况下不宜浇水。

（2）砂子　中砂应提前过5mm筛孔的筛。因砂中往往含有石粒，用混有石粒的砂子砌墙，灰缝不易控制均匀，砂浆中的石粒会顶住砖，不能同灰缝同时压缩，造成砖局部受压，容易断裂，影响砌体强度。配制M5以下的砂浆，砂中泥的质量分数不超过10%；M5以上的砂浆，砂中泥的质量分数不超过5%。砂中不得含有草根等杂物。

（3）水泥　一般采用强度等级为32.5的普通硅酸盐水泥或矿渣硅酸盐水泥。

（4）掺和料　指石灰膏、电石膏、粉煤灰和磨细生石灰粉等。石灰膏应在砌筑前一周淋好，使其充分熟化（不少于7d）。

（5）其他材料　如拉结钢筋、预埋件、木砖（刷防腐剂）、防水粉等。

2. 工具准备

砌筑常用的工具，如大铲、瓦刀、砖夹子、靠尺板、筛子、小推车、灰桶、小线等，应事先准备齐全。

3. 作业条件准备

作业条件准备是直接为操作者服务的，因此，应予以足够的重视，并应该充分准备就绪，主要从以下几点方面进行核查是否完成：

1）基槽开挖及灰土或混凝土垫层已完成，并经验收合格，办完隐蔽验收手续。

2）已放好基础轴线和边线，立好皮数杆（一般间距为15～20m，转角处均应设立），并办完预检手续。皮数杆是瓦工砌砖的主要依据之一，用50mm×70mm木方做成，它表示砌体的层数（包括灰缝厚度）和建筑物各种洞口、构件、梁板、加筋等的高度，是竖向尺寸的标志。

皮数杆的画法：在画之前，从进场的各砖堆中抽取10块砖样，量出它的总厚度，取其平均值，作为画砖层厚度的依据，再加灰缝厚度，就可画出砖灰层的皮数。常温施工下可用厚度为10mm的灰缝，冬季施工时可用厚度为8mm灰缝。灰缝厚度一般只允许在8～12mm范围内取值。如果楼层高度与砖层皮数不相吻合时，就可以从灰缝厚薄中调整。

基础部分皮数杆是由±0.000标高处往下画，一直到基础垫层面为止。基础以上部分以±0.000标高处由下端向上画，一般楼房画到第二层楼地面（即第一层楼顶板面）标高为止，平房画到前后檐口为止。画完后，在杆上标上5、10、15等层数及各种洞口、构件的标高位置。

3）根据皮数杆最下面一层砖的标高，拉线检查基础垫层表面标高是否合适。如第一层砖的水平灰缝大于20mm时，应先用细石混凝土找平，严禁在砌筑砂浆中掺细石处理或用砂浆垫平，更不允许砍砖包合子找平。

4）检查砂浆搅拌机是否运转正常，称量器具是否齐全、准确。

5）对基槽中的积水，应予排除。

6）砂浆配合比是否已经由试验室确定好，现场搅拌机旁是否已按配比单挂牌写出，同时要准备好砂浆试模。

二、复杂砖基础大放脚的摆底

排砖摆底的顺序一般为：检查放线→垫层标高修正→摆底→收退。

排砖摆底就是按照基底尺寸线和已定的组砌方式，不用砂浆，把砖在一段长度内整个干摆一层，排砖时应考虑竖直灰缝的宽度，要求山墙摆成丁砖，檐墙摆成顺砖，即所谓“山丁檐跑”。因为建筑设计尺寸一般是以100为模数，而大多数砖的尺寸则不是以100为模数，两者之间尺寸就有了矛盾，这个矛盾要通过排砖来解决。在排砖中要把转角、墙垛、洞口、交接处等不同部位排得既合砖的尺寸模数，又要符合设计的尺寸模数，这就要求不仅组砌接槎合理，还得注意要操作方便。排砖就是通过调整砖与砖之间的竖向灰缝大小来解决设计模数和砖模数不统一这个矛盾的。排砖结束后，用砂浆把干摆的砖砌起来，就叫摆底。对摆底的要求，一是不能够使已排好的砖在平面位置走动，要一铲灰一块砖地砌筑；二是必须严格与皮数杆标准砌平。偏差过大的应在准备阶段处理完毕，但10mm左右的偏差可以通过调整砂浆灰缝厚度来解决。所以，必须先在大角处按皮数杆砌好，拉紧准线，才能使摆底工作全面铺开。

1. 检查放线

砖基础大放脚摆底前，应先检查基槽尺寸、垫层的厚度和标高，及时修正基槽边坡的偏差和垫层标高的偏差。其次检查垫层上弹好的墨线是否正确，皮数杆是否已经立在相应的位置，如龙门板已经拆除，则在基槽的边坡上应弹有中心线。砖基础应根据中心线，弹出基础大放脚的边线，基础皮数杆上均应该标明大放脚收退的要求及防潮层的位置等，然后依次摆底。

2. 垫层标高修正

基础大放脚垫层标高要利用已经立好的皮数杆来拉线，检查垫层水平标高是否正确，如果高度偏低数值比较大的话，则要用C10

细石混凝土找平，严禁在砂浆中加细石及砍砖来修正，如果偏差的数值比较小，可在砌筑过程中逐皮慢慢修正。找平层修正的宽度两边应比大放脚的宽度尺寸大50mm，找平层应平整，以保证上部砖大放脚首皮砖为整砖，且控制水平灰缝的厚度在10mm左右。

3. 基础摆底

基础大放脚的摆底，关键要处理好大放脚的转角，处理好檐墙和山墙相交接槎部位。为满足大放脚上下皮错缝要求，基础大放脚的转角处要放七分头，七分头应在山墙和檐墙两处分层交替放置，不管底下多宽，其规律总是如此，一直退到实墙为止，再按墙的排砌法砌筑。

等高式大放脚是每两皮一收，每次收进1/4砖（60mm），其高宽比为2.0，间隔式大放脚是两皮一收及一皮一收交错进行，每次收60mm，其高宽比为1.5，如图2-2所示，也有少数基础墙一边收一边不收，但方法基本相同，所以施工前要看清图样。

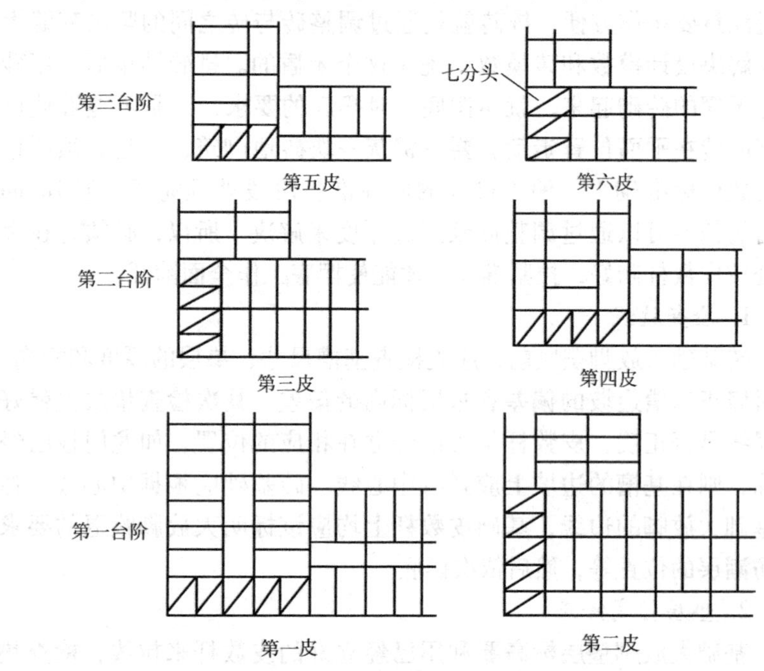

图2-4　六皮三收大放脚等高式台阶排砖方法

4. 常见的复杂基础大放脚的排砖摆底

常见的几种方法见图 2-4、图 2-5、图 2-6、图 2-7。

（1）一砖墙身六皮三收等高式大放脚的做法　此种大放脚共有三个台阶，每个台阶的宽度为 1/4 砖长，即 60mm，按公式 $B=b+2L$ 进行计算，得到基底宽度为 $B=240\text{mm}+2\times180\text{mm}=600\text{mm}$，考虑到竖缝后实际应为 615mm，即两砖半宽。其组砌方式如图 2-4 所示。

（2）一砖墙身六皮四收等高式大放脚的做法　根据公式 $B=b+2L$ 进行计算，$B=240\text{mm}+60\text{mm}\times4\times2=720\text{mm}$，考虑竖缝后实际应为 740mm。其组砌方式如图 2-5 所示。

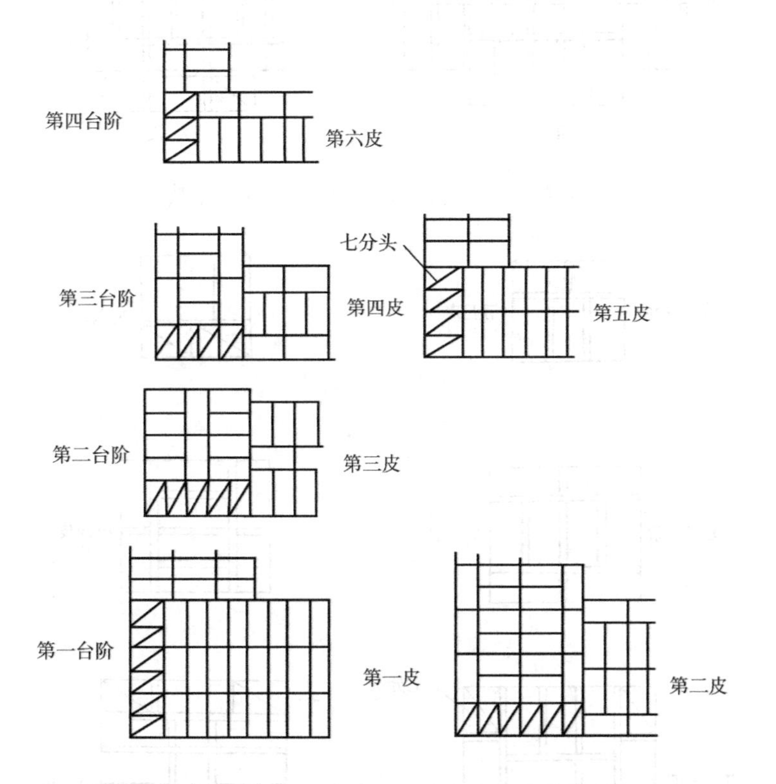

图 2-5　六皮四收等高式大放脚台阶排砖方法

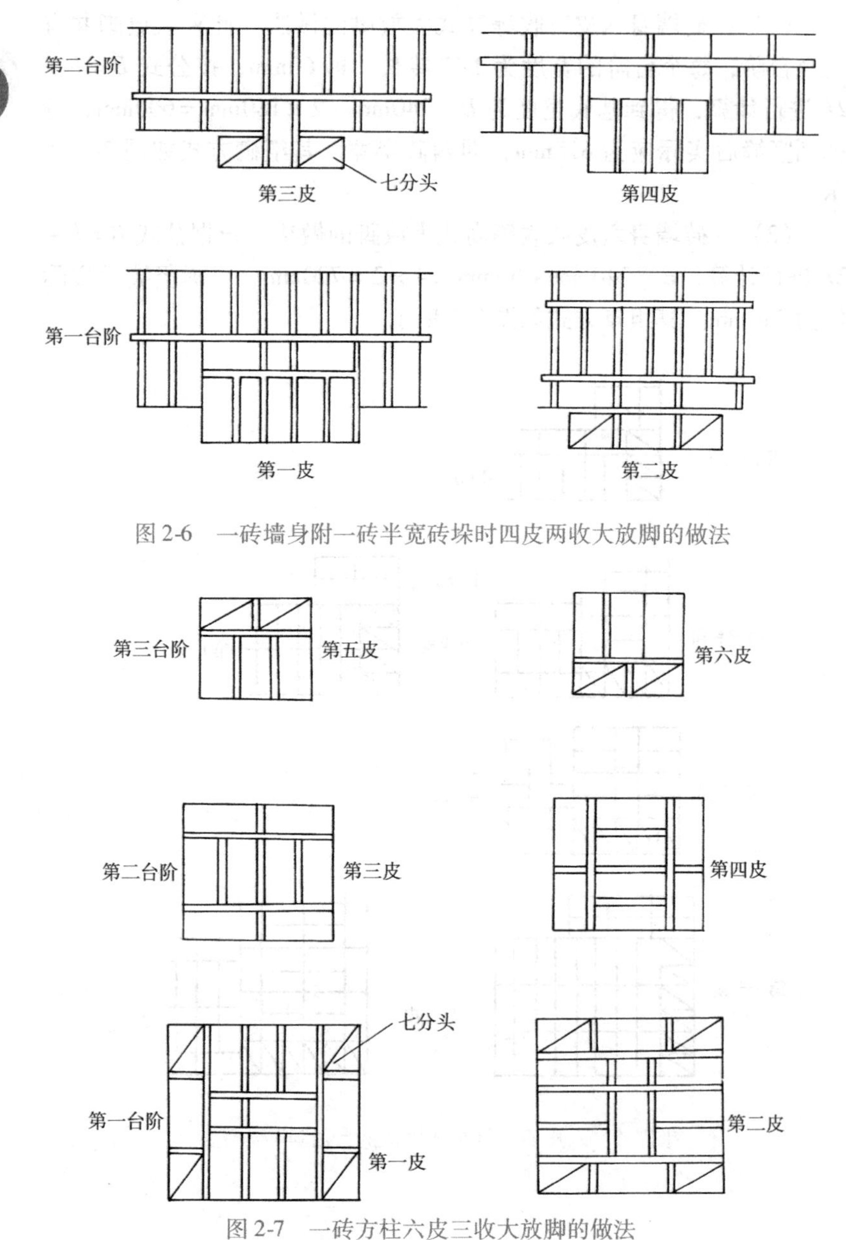

图 2-6　一砖墙身附一砖半宽砖垛时四皮两收大放脚的做法

图 2-7　一砖方柱六皮三收大放脚的做法

(3) 一砖墙身附一砖半宽、凸出一砖的砖垛时，四皮两收大放脚的做法　墙身的排底方法与上面两种大放脚的做法相仿，关键在于砖垛部分与墙身的咬槎处理和收放。根据同样的方法可以计算出墙身的放脚宽度为两砖，砖垛的放脚宽度为两砖半。其组砌方式如图 2-6 所示。

基础砌筑，摆砖可是重要的一环呀！

(4) 一砖独立方柱六皮三收大放脚的做法　可以用同样的方法计算出基底宽度为两砖半。其组砌方式如图 2-7 所示。

砖基础大放脚摆放，宜先从转角开始摆放，先摆转角，转角摆通后，盘砌几皮砖再按转角为标准，以山丁檐跑的方法摆通全墙身，按皮数、双面拉水平线进行首皮大放脚的摆底工作。排砖摆底工作的好坏，影响到整个基础的砌筑质量，必须严肃认真地做好。

三、复杂砖基础大放脚的砌筑

1. 砌筑要点

1) 砌筑前，垫层表面应清扫干净，洒水湿润，然后再盘角，即在房屋转角、大角处先砌好墙角。每次盘角高度不得超过五皮砖，并用线锤检查垂直度，同时要检查其与皮数杆的相符情况。

2) 垫层标高不等或局部加深时，应从最低处往上砌筑，并应经常拉通线检查，保持砌体平直通顺，防止砌成“螺钉墙”。

3) 砖基础大放脚摆底工作结束后，即开始砌筑大放脚。砌筑大放脚的关键是要掌握好大放脚的收退方法。砖基础大放脚的收退，应遵循“退台压顶”的原则，宜采用“一顺一丁”的砌法，这样一来传力效果好，砌筑完毕填土时也不易将退台砖碰掉。间隔式大放脚收一皮处，应以丁砖砌法为主。基础大放脚的退台从转角处开始，每次收退必须用卷尺来测量以确保台阶的尺寸准确，中间部分的退台应依照大角处用拉通线的方法进行以检查其尺寸是否标准，不得用目测或砖块比量来确认尺寸，以免出现偏差。

收台阶结束后，砌基础墙前，要利用龙门板拉线检查墙身中心线及边线，并用红铅笔将“中”画在基墙侧面，以便随时检查复核。同时，要对照皮数杆的砖层及标高，如有高低差时，应在水平缝中逐渐调整，使墙的层数与皮数杆相一致。基础大放脚应错缝，利用碎砖和断砖填心时，应分散填放在受力较小的不重要部位。

4）基础墙的墙角对砖基础正墙砌筑起承上启下的作用，有较高的质量要求，所以每次砌筑高度不超过五皮砖，随盘角随时检查垂直度、平整度和水平度，以保证墙身横平竖直。砌墙应挂通线，240mm 墙外手挂线，370mm 以上墙应双面挂线。

5）沉降缝、防震缝两边的墙角应按直角要求砌筑。先砌的墙要把舌头灰刮尽，后砌的墙可采用缩口灰的方法。掉入缝内的砂浆和杂物，应随时清除干净。

6）基础墙上的各种预留孔洞、埋件、接槎的拉结筋，应按设计要求留置，不得事后开凿。

7）承托暖气沟盖板的挑檐砖及上一层压砖，均应用丁砖砌筑，主缝碰头灰要打严实，挑檐砖层的标高必须准确。

8）基础分段砌筑必须留踏步槎，分段砌筑的相差高度不得超过 1.2m。

9）基础灰缝必须密实，以防止地下水的浸入。

10）各层砖与皮数杆要保持一致，偏差不得超过 ±10mm。

11）管沟和预留孔洞的过梁，其标高、型号必须正确，坐灰饱满，如坐灰厚度超过 20mm 时应用细石混凝土铺垫。

12）地圈梁底和构造柱侧应留出支模用的“串杠洞”，待拆模后再行补堵严实。

2. 抹防潮层

基础防潮层应在基础墙全部砌到设计标高后才能施工，最好能在室内回填土完成以后进行。防潮层应作为一道工序来单独完成，不允许在砌墙砂浆中添加防水剂进行砌砖来代替防潮层。基础结束后，应及时检查轴线位置、垂直度和标高，检查合格后做防潮层，防潮层的做法很多，若采用防水砂浆，防潮层所用砂浆一般采用 1:2 水泥砂浆加水泥含量 3% ~5% 的防水剂搅拌而成。如使用防水粉，应先把粉剂搅拌成均匀的稠浆后添加到砂浆中去。抹防潮层时，应先将墙顶面清扫干净，浇水湿润。在基础墙顶的侧面抄出水平标高线，然后用直尺夹在基础墙两侧，尺上平按平线找准，然后摊铺砂

浆，一般20mm厚，待初凝后再用木抹子收压一遍，做到平实，表面应粗糙不光滑。

第三节　复杂毛石基础的砌筑

一、毛石基础大放脚的砌筑准备

毛石基础砌筑准备工作中，选择石料时，应选择组织致密、裂痕较少、不易风化的硬石，强度等级一般应在M10以上，毛石最小边长不得小于150mm，在砌前应将石料表面泥垢冲洗干净，冬期要将表面的霜雪清扫干净。天气炎热时，在砌筑前应浇水润湿。毛石的搬动及运输要求道路一定要平整、坚实、宽畅，不宜有较大的坡度，穿过基槽的跑道必须搭架子，架子应保证牢固。工具除瓦工常用的工具外，还有锤子、大锤、小撬棍、勾缝抿子等。其余工作和砖基础基本相同，具体参看砖基础一节，这里不再重复。

二、毛石基础大放脚的摆底

摆底顺序一般为：检查放线→垫层标高修正→摆底→收退。

1. 场地检查

毛石基础大放脚摆底前与砖基础大放脚一样，应及时做好基槽的检查与偏差修正和基槽边坡的修正。按图样要求核准龙门板的标高、轴线位置，检查基槽的深度和宽度。如果基槽内有积水，在排除积水后要清除污泥，然后填入100mm厚的碎石或卵石，使其嵌入地基内，起到挤实加固作用。如果基槽过于干燥，并已经有酥松的浮土时，应用水壶喷洒少量的水，然后夯实。

2. 基础放线

检查基槽的宽度和深度无误后，就可放出毛石基础大放脚基础轴线和边线，立好基础皮数杆和挂线杆及拉准线。具体做法是：在基槽两端，每端的两侧各立一根木杆，再钉一横木杆连接，根据基槽的宽度拉好立线，然后根据墙基边线在墙阴阳角处先砌两皮较方整的石块，以此为准线，作为砌石的水平标准。还有一种是当砌矩形或梯形基础截面时，按照设计尺寸，用小木方钉成基础截面形状，称为样架，立于基槽两端，在样架上注明标高，两端样架相应标高处用准线连接，作为砌筑的依据。砌阶梯形毛石基础时，应将横杆上的立线按基础宽度向中间移动，移到退台所需要的宽度，再拉水准线，即卧线。立线控制基础大放脚每阶的宽度，卧线控制每层高度及平整度，当每一层退台砌完，并进行下一层退台前，应重复检查一次砌体中心线位置，发现偏差立即纠正。如此逐层向上移动，如图2-8所示。在立皮数杆时，注意皮数杆上标明退台及分层砌石的高度，皮数杆之间要拉准线。

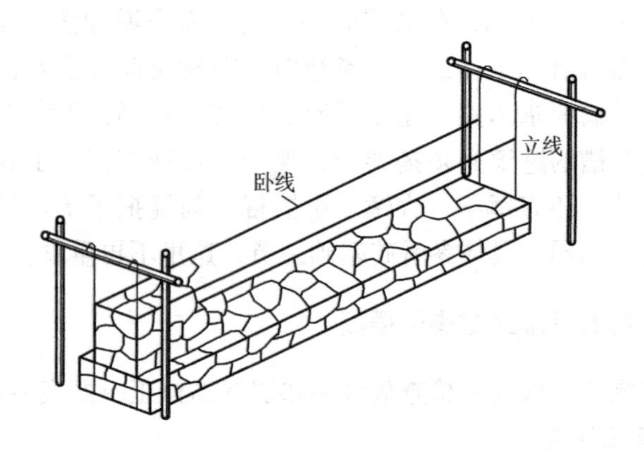

图2-8 毛石基础砌筑的立线与卧线示意图

3. 垫层标高修正

毛石基础大放脚垫层标高是否正确，利用在基坑里立好的皮数杆拉线来检查，如果垫层标高偏差值较大的话，一般可用C10细石混凝土进行找平，而不是用砂浆，如果标高值偏差不是很大的话，可先不用专门去找平，而是在砌筑过程中调整修正，找平层修正后的宽度一般应比大放脚每边宽出50mm左右，找平层表面应平整，主要是方便第一层卧石的摆放。

4. 毛石基础大放脚的摆底

毛石基础大放脚应根据放出的边线进行摆底工作，与砖基础大放脚相似，毛石基础大放脚的摆底，关键要处理好大放脚的转角，作好檐墙和山墙丁字相交接槎部位的处理。大角处应选择比较方正

的石块砌筑，俗称放角石。角石应三个面比较平整，外形比较方正，并且高度适合大放脚收退的断面高度。角石立好后，以此石厚为基准把水平线挂在这石厚高度处，再依线摆砌外皮毛石和内侧皮毛石，此两种毛石要有所选择，至少有两个面较平整，使底面窝砌平稳，外侧面平齐。外皮毛石摆砌好后，再填中间的毛石（俗称腹石）。

三、毛石基础大放脚的砌筑

1. 毛石基础第一层砌法

毛石基础的摆底完毕后要进行砌筑和收退，因为毛石无法明确分层，所以毛石基础的砌筑只能以台阶高度为准挂线。开始砌第一层时，应选择比较方整的石块放在大角处，叫做角石或定位石。角石应三面方正，其高度最好能与大放脚高度相等，如果石块不合适，应使用手锤加工修整，为了操作方便，也可以将准线移到角石上架设。除了角石以外，第一层一般也应选择比较平整的石块，砌筑时将石块较平整的大面朝下，要放平放稳，用脚踩时不活动。因为第一层是建筑物的根基，砌筑牢固与否，直接影响到以后各层的质量。因地基不同，常见的有以下两种砌筑方法：

（1）在土质垫层或砂垫层上砌筑　先将大块石干砌满铺一皮，再将砂浆灌入空隙处，用小石块挤砌入砂浆中，并用手锤打紧，再填砂浆，一定要让砂浆填满石块空隙处，使石块平稳密实。不允许先填小石块后灌浆，以免发生干缝和空缝。这种施工方法，因石块大面朝下，能使其与垫层结合密切，石块与土（砂）之间不需要砂浆粘接，不仅可以节约砂浆，还能保证砌体的砌筑质量。

（2）在岩石上或混凝土垫层上砌筑　先在岩石或混凝土垫层上铺一层厚30~40mm左右的砂浆，再满铺石块，这样石块与垫层会较好地粘接在一起，然后按上述方法砌筑。当砌完一层后，应对砌体中心线校核一次，如没有偏斜现象，即可继续砌筑，在底层上接着砌第二层时，则要采用满铺砂浆后再砌筑的方法进行。

2. 毛石基础的试摆

砌筑第二层石块时要做到上下错缝，先把要砌筑的石块试摆，如试摆后尺寸和构造都合适，则可铺浆砌筑。铺浆的范围面积约为石块面积的1/2，厚度约为40～50mm，离开墙边约30～40mm范围内不铺浆，然后将经过试铺合适的石块砌上。石块将砂浆压挤至20～30mm左右，可以基本上铺满挤满石块底部。石块的竖缝应另外灌实，石块如有不稳，可用石片垫塞。当有一定的操作经验以后，可以省去试摆这一步，凭眼睛目测石块大小和形状直接摆放，就可以较快速地砌筑了。石块间上下皮竖缝必须错开，并力求丁顺交错排列。每砌完一层后，其表面要求大致平整，不能有尖角、凸背、放置不稳等现象，并保证有足够的接触面。

拉结石的砌筑是毛石基础砌筑的关键。

3. 拉结石的摆放和留槎

为了保证墙体的整体性，每层间隔1m左右，必须砌一块横贯墙身的拉结石（又称顶石或满墙石），上下层拉结石要相互错开位置，在立面上拉结石的位置呈梅花状，拉结石要选比较平整、长度超过墙厚度2/3的石块。在砌石时，先砌里外两面后再砌中间石，但应防止砌成夹心墙。

墙基如需要留接槎时，不得留在外墙或纵横墙的结合处，要求至少应伸出外墙转角或纵横墙交接处1～1.5m并留斜踏步接槎。

4. 收台阶处和顶层砌法

砌到大放脚收台阶处，要求台阶面基本水平，低洼处应用小石块填平。当砌到顶层时，更应注意挑选适当大小的石块，不能使用太小的石块作最后一层的砌筑，砌至规定高度后，如有高出标高的石尖，可用小锤修整，缺口和低洼部分用小石块铺砌齐平，上下两台阶的石块也应压接1/2左右。

毛石基础中如遇到沉降缝时应分开成两段砌筑，并且随时清理缝隙中的砂浆和石块，应达到设计规定的要求。

毛石基础中的预留洞，必须在砌筑中预留，不得事后开凿，以免松动周围的石块，毛石基础砌好后，应用小抿子将石缝嵌填密实，同时在龙门板上挂线复验轴线位置是否准确，并用红笔标志在基础侧面的石块上，再挂线拆除。砌筑中应注意不要在砌好的基础面上抛掷毛石，以免使墙体中的毛石受到振动而破坏与砂浆的粘接，影响砌体的强度。毛石基础一般砌到室外自然地坪下100mm左右就可以了。

5. 抹找平层和结束摆底

毛石基础正墙身的最上一皮摆放，应选用较为直长、上表面平整的毛石作顶砌块，顶面找平一般抹细石混凝土，其表面要加防水剂抹光。基础墙身石缝应用小抿子将石缝嵌填密实，找平结束即完成基础的砌筑工作。

第四节　复杂砖石基础砌筑的质量标准和应预控的质量问题及安全注意事项

一、砖基础砌筑的质量标准

砖基础砌筑的质量标准的具体内容如下：

1）砖的品种、强度等级必须符合设计要求。

2）砂浆的品种必须符合设计要求，强度必须符合下列规定：同品种、同强度等级的砂浆，各组试块的平均强度不小于砂浆强度标准值，任意一组试块的强度不小于砂浆强度标准值的75%。

3）砌体砂浆必须密实饱满，实心砌体水平灰缝的砂浆饱满度不小于80%。

4）外墙转角处严禁留直槎，其他的临时间断处的做法必须符合施工规范的规定。

5）砌体上下错缝，每间（处）四至六皮砖的通缝不超过3处为合格。

6）砌体接槎处灰浆密实，缝、砖平直，每处接槎部位水平灰缝厚度小于5mm或透亮的缺陷不超过10个时为合格。

7）预埋拉结钢筋的数量、长度均应符合设计要求和施工规范规定，留置间距偏差不超过3皮砖者为合格。

8）构造柱位置留置应正确，大马牙槎要先退后进，残留砂浆要清理干净，大马牙槎上下顺直。

9）轴线位置用经纬仪或拉线检查，其偏差不得超过±10mm。

10）基础顶面标高用水准仪测量，其偏差不得超过±15mm。

11）预留构造柱的截面允许偏差不得超过±10mm。

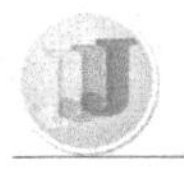

12）表面平整度和水平灰缝平直度均应符合要求。平整度应小于8mm，水平缝平直度以10m线长内允许偏差小于10mm。

二、复杂砖基础应预控的质量问题

1. 砂浆配合比不准，强度不够

解决的办法是：原材料必须逐车过磅，计量要准确；搅拌时间应保证达到规定的要求；砂浆试块应有专人负责制作和养护。

2. 基础墙身偏移过大

基础墙身偏移的原因主要是大放脚收台阶时两边的收退不均匀或收退尺寸不准；其次是砌筑前和收台阶结束后没有拉线检查轴线和边线；第三是中间隔墙没有龙门板，在砌筑中间用卷尺丈量而发生误差。为了避免这种问题的产生，在建筑物定位放线时，必须钉设足够的龙门板和中心桩，并要有可靠的防护措施，防止槽边堆土掩蔽或者进行其他作业时碰动。基础弹线后要复核，基础砌筑的过程中要把轴线“带”起来（在检查大角垂直度时，随手把中线画在墙身上，并随着砌体的升高而升高）。在收台阶时一方面要控制台阶的宽度，另一方面要量测中心线至两侧的距离，随时检查大角的垂直度，防止因垂直偏差而带来大角和墙身的偏移。

3. 水平灰缝高低不平

水平灰缝高低不平的主要原因是在盘角时灰缝掌握得不好，或者砌筑时没有拉通线，或者准线绷得时松时紧，所以必须严格按皮数杆上的皮数盘角，皮数杆要画出每皮砖的位置，不要图省事而采用5皮一画的办法。拉准线必须绷紧，并用手指检查其绷紧度，同时砌大角的人要经常“穿”线以检查准线的水平度。

4. 墙面不平，皮数杆不平

防止墙面不平的措施是：一砖半墙必须双面挂线，一砖墙反手挂线，舌头灰要随砌随刮平。解决皮数杆不平的办法是：抄平放线时要细致认真；固定皮数杆的木桩要牢固，防止碰撞松动；皮数杆立完后，要进行一次水平标高的复验，确保皮数杆的高度一致。

5. 基顶标高不准

操作时必须按要求将垫层不平处先用细石混凝土找平，摆底时

一定要摆平；大角处的操作者要每皮核对皮数杆与砖层的相符情况；皮数杆应用20mm见方的小木条制作，一方面可以砌入基础墙内，另一方面也具有一定的刚度，避免变形；在基础砌筑前，要用水准仪复核小皮数杆的标高，防止因皮数杆不平而造成基顶不平。

6. 埋入件位置不准

主要原因是没有按设计规定要求施工，皮数杆上没有标出埋设位置，因此在小皮数杆钉设前应复核检查，同时应进行交底，砌筑过程中要加强检查。

7. 留槎不符合要求

防止的措施是：砌体的转角和交接处，应同时砌筑，否则应砌成斜槎。

8. 砌体临时间断处的高度差过大

防止的措施是在砌筑时，一般不得超过一步脚手架的高度。

9. 基础防潮层失效

表现为防潮层抹压不实、开裂、起壳等，以致不能有效地起防潮作用。造成这种情况的原因是抹防潮层前没有做好基层清理；因碰撞而松动的砖块没有补砌好；防潮层砂浆搅拌不均匀或未做抹压；防水剂掺入量超过规定等。防止办法是：基层必须清理干净和浇水湿润，对于松动的砖，必须重新补砌牢固；防潮层砂浆收水后要抹压，如果以地圈梁代替防潮层，除了要加强振捣外，还应在混凝土收水后抹压；砂浆的拌制必须均匀，当掺加粉状防水剂时必须调成糊状后加入，掺入量应准确，如用干粉直接掺入，可能造成结团或防水剂漂浮在砂浆表面而影响砂浆的均匀性。

三、毛石基础砌筑的质量标准

毛石基础砌筑应符合以下质量标准：

1）石料的质量、规格必须符合设计要求和施工验收规范的规定。

2）砂浆品种必须符合设计要求，强度必须符合下列规定：同标号砂浆各组试块的平均强度不小于砂浆强度标准值，任意一组试块的强度不小于砂浆强度标准值75%。

3）转角处必须同时砌筑，交接处不能同时砌筑时必须留斜槎。

毛石砌体组砌形式应符合以下规定：

1）内外搭砌，上下错缝，拉结石、丁砌石交错设置，分布均匀；毛石分皮卧砌，无填心砌法，拉结石每0.7m^{2}墙面不少于1块。

2）墙面勾缝应密实，粘接牢固，墙面清洁，缝条光洁，整齐清晰美观。

3）轴线位置偏移不超过20mm，基础和墙砌体顶面标高不超过±25mm，砌体厚度不超过－10mm或＋30mm。

四、复杂毛石基础应预控的质量问题

1. 石材材质欠佳

主要表现为风化剥层，龟裂，形状过于细长、扁薄、尖锥，质地松酥，敲击时发出“壳壳壳”之声。防止这些弊病必须对原料产地进行勘察，加强运输和进场料管理，要求加工时达到石面基本平整，做到保证质量。

2. 基础基底不实

由于毛石一般直接从基土上砌筑，处理好地基、防止基土不实是很重要的，否则上部荷载加上去之后，出现下沉、裂缝，不利于房屋结构的安全。为防止这类情况出现，必须认真处理好地基，清除积水和防止水浸，并加碎石进行夯实，有松软不实或淤泥质土应先换土后再夯实。施工前应做好基槽验收，基础砌好后要及时回填土。

3. 墙体有垂直通缝

这是由于忽视了毛石的搭接，砌缝未错开，在墙角处未改变砌法，还有留槎不正确等原因造成。克服的办法是加强对石块的选用，砌筑中注意错缝搭接，注意对毛石的加工，使呈长方形的石块量适当增加，达到符合错缝要求。

4. 夹心墙

夹心墙是在里外两层石块中间填小石块，外侧看似乎墙面不差，实际结合不牢。造成夹心墙的原因有毛石的形状过小，每层石块间搭压过少，又没有按规定设置超过墙厚2/3以上的拉结石；也有的

是操作人员缺乏经验，采取跟线走，把里外侧的墙面先砌好，再填心的方法，造成不牢固的夹心墙。要防止这类情况，主要应注意大小石块的搭配，并随时检查是否漏砌拉结石。

5. *砌体粘接不牢固*

主要表现是石块活动，石块与砂浆之间有明显的分离现象，如把石块掀开可发现砂浆不严或有干缝。原因是石面不平、灰浆铺面不足、砂浆中有小石块、所砌石块过于干燥或表面有污泥杂物等。纠正的方法是砂浆稠度要合适，铺灰时注意石面状况，尽量铺均匀；石材在砌筑前要清理，适当浇水湿润，并在砌筑时控制每次高度不超过1.2m。

五、砖石基础砌筑的安全注意事项

无论是砖基础还是毛石基础在砌筑时都应注意安全，除去工地常规的要求外，特别要做到以下几个方面：

（1）对基槽的要求　基础大放脚摆底以前必须检查基础槽和坑，如果发现有塌方危险或支撑不牢固的地方，要及时采取可靠的加固措施后才能进行施工，施工过程中要随时观察周围边坡土的情况，当发现有裂缝、变形或有坍塌趋势等不正常情况时，应立即让现场所有施工人员离开危险地点，马上采取对策和方案，阻止危险情况的进一步发展。一般情况下，基槽外侧1m范围内严禁堆放材料或其他杂物，也不得设置为场内运输通道，因为这样做不仅妨碍正常施工的检查观察，还因附加荷载出现在边坡而容易引起塌方等事故。施工人员进入基槽工作应有上下通道设施，如踏步或梯子等。

（2）材料运输　搬运石块时，必须平起平落，当为两人抬运时，要步调一致，不得随意乱堆乱放。当在基槽上向槽内运送石料时，应尽量采用滑槽，不要直接向下抛掷，基槽上下工作的班组在滑石前相互联系大声打招呼，以免伤人或损坏基槽中的支撑。当在基槽上搭设通道运送材料时，要随时察看基槽内通道下方和较近的范围内是否有人员通过或正在施工，以免砖块或石块等落到槽内而发生工伤事故。

(3) 取砖和毛石　在从砖石堆上取用砖块或毛石块砌筑时，不准从下掏取，必须自上而下进行取用，以防倒塌伤人。

(4) 排除槽内积水　当基槽内有积水时，应先排除干净，晾干后再施工，当需要边砌筑边排水时，要特别注意用电安全，水泵应用专用刀开关和触电保护器，并派专人进行开启、关闭和全程监护。

(5) 雨雪天的要求　雨雪天应注意做好防滑工作，特别是上下基槽的坡道设施和基槽上的通道要有防滑条。

第五节　复杂砖石基础砌筑的技能训练

训练1　砖基础大放脚的摆放与砌筑

1. 训练内容

附墙砖垛处墙基础大放脚，墙体宽度为240mm，附垛尺寸为120mm×490mm，基础三皮等高式。

2. 基本训练项目

(1) 砌筑准备

1) 机械设备及工具准备：瓦刀、方铲或者尖铲、刨锛、灰桶及质量检测工具钢卷尺、托线板、线锤、水平尺、基础皮数杆等。

2) 材料准备：符合设计要求的砂浆、提前浇水的烧结普通砖等。

3) 技术准备：检查基槽开挖、垫层等情况；按照设计要求放线。

(2) 计算大放脚基底的宽度

1) 墙基底宽：$B=240\text{mm}+2\times(60\text{mm}\times3)=600\text{mm}$，考虑砌砖的实际模数取基础底宽615mm，即两砖半宽。

2) 附墙垛基底宽：凸出墙外为　$B=120\text{mm}+60\text{mm}\times3=300\text{mm}$

顺墙轴线为　$A=370\text{mm}+2\times(60\text{mm}\times3)=730\text{mm}$

附墙垛基底尺寸在砌筑时考虑与墙的结合处理，要调整。

(3) 排砖砌筑　附墙砖垛处墙基础大放脚的排砖摆底是中级砌

筑工的一项技术性和技能性很强的训练，要求学员反复排砖，逐步达到熟练、准确的要求；大放脚的砌筑一般采用顺丁结合的砌法，必要时在垛与墙的结合部位将砖砍成3/4砖，上下皮砖错缝长度为1/4砖。排砖的形式可参看图2-6所示的方法进行。

（4）带线砌筑　在排砖的基础上，按照皮数杆进行带线砌筑，在砌筑过程中要严格按照已经排好砖的平面位置进行，发现偏差，可以利用调整灰缝的厚度解决。

（5）砌基础墙　基础大放脚砌到墙身时，要拉线检查轴线及边线尺寸是否准确，同时要对照皮数杆的砖层及标高，对于出现的高低差，应逐层在水平灰缝处进行调整，保证墙的层数和皮数杆一致。

（6）质量自检　主要检查以下几个方面：

1）基础大放脚的组砌排列方法是否准确，是否有竖直的通缝。

2）轴线及边线的位置是否准确，砖层及标高与皮数杆是否对应。

3）检查基础墙身的垂直度是否符合质量要求。

（7）清理场地　砌筑工作结束后，要对基础场地及时地进行清理，砌筑用的砖摆放整齐。

3. 训练注意事项

1）基础大放脚的砌筑的排砖不但要满足第一、第二皮砖错缝搭接，还要考虑上面收墙身时错缝搭接的要求及砖垛与墙结合处的排砖处理，符合砖的模数与砌筑模数。

2）砌筑过程中，可以利用一些碎砖进行填心，但要分散填放，不得集中一处填放，否则会影响砌体的强度。

3）由于对基础的外观要求不高，可以用一些过火砖砌筑，但是挠曲变形过大或者质量低劣的砖不能使用。

训练2　毛石基础的摆放与砌筑

1. 训练内容

毛石基础三级阶梯式大放脚，每阶高300mm，正墙厚400mm。

2. 基本训练项目

（1）毛石基础的砌筑准备

1）机械设备及工具准备：瓦刀、方铲、大小锤、灰桶及质量检测工具钢卷尺、水平尺、标高杆、磅秤等。机械设备主要有砂浆搅拌机，要检查运转是否正常。

2）材料准备：首先要选石，剔除风化石，对过分大的石块应砸开，检查水泥强度等级、出厂日期是否符合使用要求，可以用粗格筛进行筛砂、检查含泥量；准备掺加材料如防水剂等，准备预埋件等。

3）技术准备：在砌筑前，应先弄清图样，了解基础断面形式，然后按图样要求核查龙门板的标高、轴线位置、基槽的宽度和深度。

4）施工条件准备：检查基槽开挖放坡是否符合要求，土壁是否安全牢固，清除槽内杂物、污泥、积水，再在槽内撒垫石碴进行夯实，检查上下基槽有无梯子或踏步，清理出运输道路及搭设基础施工的架子或栈桥等。

5）拌制砂浆和运放石块：搅拌砂浆时对原材料一定要进行计量，水泥、砂子要按照要求的精度控制称量。砂浆稠度控制在30～50mm之间，运放石块应注意安全。

（2）计算大放脚基底的宽度　根据 $B = b + 2L$ 按每阶收退150mm计算：$B = 400\text{mm} + 2 \times (150\text{mm} \times 3) = 1300\text{mm}$，在实际砌筑时考虑现场提供石材大小的因素进行实际宽度调整。

（3）摆底砌筑　按照组砌原则进行反复地排毛石，排放的形式按图2-10所示进行。每阶收退不得大于200mm，每阶高度在300～400mm，将卧线与立线拉好，再按线进行砌筑。

（4）收顶台阶　收顶台阶每边比基础墙宽≥100mm，用C20细石混凝土抹一层50mm厚的顶面找平层，

（5）清理场地　砌筑工作结束后，要对基础场地及时地进行清理。

3. 训练注意事项

1）拉线工作也是关系到砌筑质量的主要因素，要严格按照皮数杆进行拉线，防止错层砌筑。

2）注意选择石材，特别是拉结石的尺寸要符合要求。

3）砌筑时不要砌成夹心墙，注意拉结石的摆放。

复习思考题

1. 等高式大放脚和间隔式大放脚的构造有什么差别？
2. 砖基础大放脚摆底前如何做好检查与放线工作？
3. 如何进行砖基础的皮数杆制作？
4. 一砖墙身六皮三收等高式大放脚的摆底怎样进行？
5. 一砖墙身六皮四收等高式大放脚的摆底怎样进行？
6. 一砖墙身附一砖半宽、凸出一砖的砖垛四皮两收大放脚的摆底怎样进行？
7. 一砖独立方柱六皮三收大放脚的摆底怎样进行？
8. 砖基础大放脚的砌筑要点有哪些？
9. 毛石基础大放脚怎样摆底？
10. 毛石基础大放脚收退工作如何进行？
11. 砖基础验收质量标准是什么？
12. 毛石基础验收质量标准是什么？
13. 砖基础砌筑前应预控的质量问题有哪几方面？
14. 毛石基础砌筑前应预控的质量问题有哪几方面？
15. 毛石基础砌筑时拉结石的作用是什么？如何砌筑？
16. 砖石基础砌筑的安全注意事项有哪些？

第三章

砖墙和柱的砌筑

培训学习目标 通过本章的学习，掌握砖墙、柱砌筑的基本理论知识，通过技能训练，掌握异形砖的加工；熟练地掌握高度较大（6m 以上）的清水墙体的砌筑、异形墙（锐角和钝角墙）的砌筑、砖方柱和圆柱的砌筑以及相关的验收质量标准和要求，了解施工时的安全注意事项。

第一节 清水墙和柱砌筑的基本知识

一、砌筑用砖和砂浆

常用的建材性能要知道啊！

1. 砌筑用普通标准砖

粘土砖是以粘土为主要原料，经搅拌成可塑状，用机械挤压成砖坯，砖坯经风干后送入窑内，在 900～1000℃的高温下锻烧而成。粘土砖按生产工艺可分为机制砖和手工砖两种；按形状可分为实心砖和空心砖；按颜色可分为红砖和青砖，直接降温出窑即为红砖，在烧成后从窑顶徐徐灌入清水，使砖内的氧化铁还原，便成为青砖，青砖的性能比红砖要好。

（1）规格尺寸 尽管为了减少土地的浪费，烧结普通砖使用的比例越来越少，但在基础墙等重要受力部位仍然需要使用；标准砖是建筑工程中最常用的砖，广泛用于承重墙体，也用于非承重的填

充墙，但现在绝大部分城市在地下室以上的房屋填充墙中不允许使用此类砖。标准砖的尺寸为240mm×115mm×53mm。当砌体灰缝厚度为10mm时，组砌成的墙体即符合4块砖长等于8块砖宽，也等于16块砖厚，等于1m长的模数规律。标准砖各个面的叫法如图3-1所示。每块砖重，干燥时约为2.5kg，吸水后约为3kg；$1m^3$体积砖约重1600～1800kg。

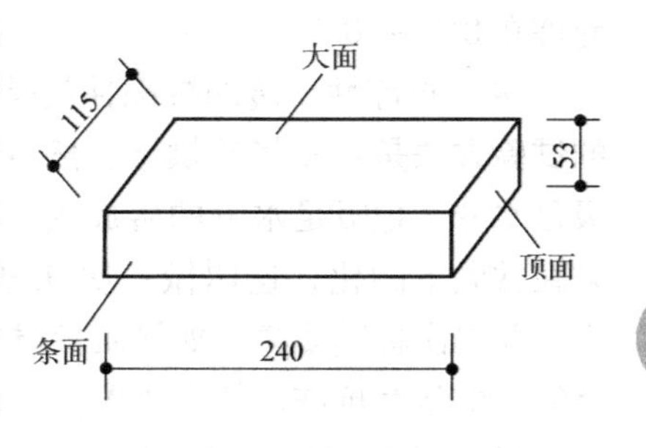

图3-1　标准砖各面的叫法

(2) 强度等级　粘土砖的特点是抗压强度高，可以承受较大的外力。反映强度的大小用强度等级表示，砖的强度等级由抗压强度和抗折强度两个指标同时来控制，例如MU20强度等级的砖，不仅要满足抗压强度平均值达到$20N/mm^2$，而且要满足抗折强度平均值达到$4N/mm^2$，若其中有一项达不到要求，就要降低一级使用，如再达不到则再降一级，直至两项指标都达到要求为止。粘土砖的强度等级见表3-1。

表3-1　粘土砖的强度等级　　　　（单位：MPa）

强度等级	抗压强度平均值f	变异系数$\delta \leq 0.21$	变异系数$\delta > 0.21$
		强度标准值f_k	单块最小抗压强度值
MU30	≥30.0	≥22	≥25.0
MU25	≥25.0	≥18	≥22.0
MU20	≥20.0	≥14	≥16.0
MU15	≥15.0	≥10	≥12.0
MU10	≥10.0	≥6.5	≥7.5
MU7.5	≥7.5	≥5.0	≥4.5

(3) 吸水率　粘土砖都有一定的吸水性，吸水的多少用吸水率来表示。吸水率低的砖表示砖内部比较密实，水不容易渗入，质量较好；吸水率高的砖表示砖内部比较疏松，质量较差。吸水率高的砖容易遭受冻融破坏，一般不宜用于基础和外墙。砖的吸水率一般

允许在 8% ~10% 。

（4）抗冻性　砖的抗冻性就是砖抵抗冻融破坏的能力。抗冻性的试验方法是：先将砖烘干，然后称其质量，再将砖浸入水中使其吸足水分，把吸足水分的砖放入 -15℃ 的冷冻箱内冻结，然后取出来在常温下融化，这叫做一次冻融循环。砖在 15 次冻融循环后烘干，并再次称其质量，如果质量损失在 2% 以内，强度降低值不超过 25% ，即认为抗冻性符合要求。

（5）外观质量　烧结普通砖的外形应该平整、方正。外观应无明显的弯曲、缺棱、掉角、裂缝等缺陷，敲击时发出清脆的金属声，色泽均匀一致。其外观允许偏差见表 3-2。

表 3-2　粘土砖的外观允许偏差

项　　目	指标/mm	
	一等品	二等品
尺寸允许误差不大于		
长度	±5	±6
宽度	±4	±5
厚度	±3	±3
两个条面的厚度差不大于	3	5
弯曲不大于	3	5
完整面不少于	1 条面和 1 丁面	
裂缝的长度不大于		
大面上宽度方向及其延伸到条面的长度	70	110
大面上宽度方向及其延伸到顶面上的长度和条面上水平裂缝长度	110	150
缺棱、掉角的三个破坏尺寸不得同时大于	20（30）	30（40）
杂质在砖面上造成的突出高度不大于	3	5
混等率不得超过	10%	15%

2. 砌筑用空心砖

为了节约土地资源，减少侵占耕地，减轻自重以达到更好地保温、隔热和隔声等效果，目前在房屋建筑中大量采用空心砖和多孔砖。空心砖分非承重粘土砖和承重粘土砖（也叫多孔砖）。其外形如图 3-2a、b 所示，非承重空心砖主要规格尺寸见表 3-3，承重空心砖主要规格见表 3-4。

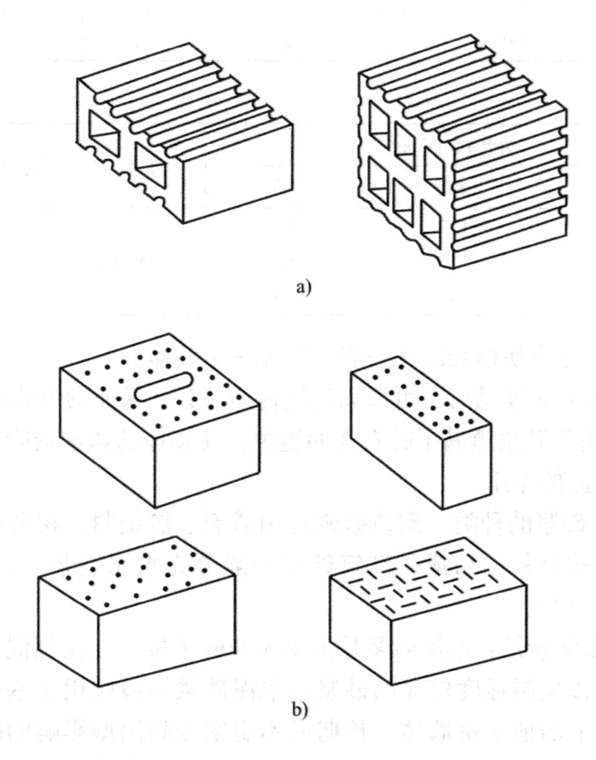

图 3-2　空心砖示意图

a）非承重空心砖　b）承重空心砖

3. 砌筑砂浆

（1）砂浆的作用　砂浆是把单个的砖块、石块或砌块组合成砌体的胶结材料，同时又是填充块体之间缝隙的填充材料。由于砌体受力的不同及块体材料的不同，因此要选择不同的砂浆进行砌筑。

砌筑砂浆应具备一定的强度、粘接力和稠度（或叫流动性），它在砌体中主要起三个作用：

表 3-3 非承重空心砖主要规格

外形尺寸/mm			孔数	孔洞率（%）	密度/（kg/m³）
长 度	宽 度	高 度			
190	190	90	3	38	1100
190	190	190	9	45	1000
290	290	90	4、8	40	1050

表 3-4 承重空心砖主要规格

外形尺寸/mm			孔洞率（%）	密度/（kg/m³）
长度	宽度	厚度		
190	190	90	15 以上	1400 左右
240	115	90		
240	180	115		

1）把各个块体胶结在一起，形成一个整体。

2）当砂浆硬结后，可以均匀地传递荷载，保证砌体的整体性。

3）由于砂浆填满了砖石间的缝隙，使砌体的风渗透降低，对房屋起到保温的作用。

（2）砂浆的种类　砌筑砂浆是由骨料、胶结料、掺和料和外加剂组成。按材料的组成，砌筑砂浆一般分为水泥砂浆、混合砂浆、石灰砂浆三类。

1）水泥砂浆：水泥砂浆是由水泥和砂子按一定比例混合搅拌而成，它可以配制强度较高的砂浆。水泥砂浆一般应用于基础墙、长期受水浸泡的地下室墙体、长期或不定期受到潮湿影响的砌体以及承受较大外力的砌体。因保水性能较差，停止搅拌后很快就会产生泌水现象，所以它的施工操作性能（和易性）比混合砂浆要差。

2）混合砂浆：混合砂浆一般由水泥、石灰膏（或其他塑化剂）、砂子拌和而成。在硬化的初级阶段需要一定的水分以帮助水泥水化，在后期则应处于干燥环境中以利石灰的硬化。一般用于地面以上的砌体，也适用于承受外力不大的砌体。混合砂浆由于加入了石灰膏（或其他塑化剂），改善了砂浆的和易性，操作起来比较方便，有利

于砌体密实度和工效的提高，这种砂浆在工程中应用的最多，也较受砌筑工人的欢迎。

3）石灰砂浆：它是由石灰膏和砂子按一定比例搅拌而成的砂浆，完全靠石灰的气硬而获得强度。强度等级一般可达到 M0.4～M1.0。它只适用于一些不重要的或简易建筑物，如临时工棚、仓库、工地围墙等处，一般正规的建筑房屋很少采用。

4）其他砂浆

防水砂浆：在水泥砂浆中加入3%～5%的防水剂制成防水砂浆。防水砂浆应用于需要防水的砌体（如地下室墙、砖砌水池、化粪池等），也广泛用于房屋的防潮层。防水砂浆根据外加剂的不同具体叫法也不同。

嵌缝砂浆：一般使用水泥砂浆，也有用白灰砂浆的。其主要特点是砂子必须采用细砂或特细砂，以利于勾缝和成缝后表观光滑细腻，它的配比和使用与一般砂浆相同。

聚合物砂浆：它是一种掺入一定量高分子聚合物的砂浆，一般用于有特殊要求的砌筑物，如防腐耐酸工程中用的耐酸沥青砂浆、不发火沥青砂浆、钠水玻璃砂浆、环氧树脂砂浆等，使用时根据砌体用途查有关配比表即可。

（3）砂浆的组成材料　砌筑砂浆用料有水泥、砂子、塑化材料和拌和用水。

工程中广泛采用的是普通硅酸盐水泥。

1）水泥：

①水泥的类型：常用的水泥有硅酸盐水泥、普通硅酸盐水泥（简称普通水泥）、矿渣硅酸盐水泥（简称矿渣水泥）、火山灰质硅酸盐水泥（简称火山灰质水泥）、粉煤灰硅酸盐水泥（简称粉煤灰水泥）。此外，还有特殊功能的水泥，如高强、快硬、耐酸、耐热、耐膨胀等不同性质的水泥以及装饰用的白水泥等。

②水泥强度等级：水泥强度等级按规定龄期的抗压强度和抗折强度来划分，以28d龄期抗压强度为主要依据。工程中常用的水泥强度等级为32.5，42.5两种，就强度方面来看，再高强度等级的水泥用在砌体中是一种浪费。

③水泥的特性：水泥具有与水结合而硬化的特点，它不但能在空气中硬化，还能在水中硬化，并继续增长强度，因此，水泥属于水硬性胶结材料。水泥加水调成可塑浆状，经过一段时间后，由于本身的物理、化学变化，逐渐变稠，失去塑性，称为水泥的初凝；完全失去塑性开始具有强度时，称为水泥的终凝；随后产生明显强度，并逐渐发展成坚硬的人造石，这个过程称为水泥的硬化。

为了使水泥和砂浆有充分时间进行搅拌、运输、浇捣或砌筑，水泥的初凝不宜过早。施工完毕后，要求尽快硬化，产生强度，因此，终凝时间不宜过长。

国家标准规定：水泥的初凝时间不少于45min，终凝时间不多于12h。目前生产的硅酸盐水泥初凝时间为1~3h，终凝时间为5~8h。

常用水泥的相对密度约在3∶1左右。松散状态时的堆密度约为1000~1100kg/m³，紧密堆积时可达到1600kg/m³；在配合比的计算中，通常采用1300kg/m³。水泥细度是指水泥颗粒的粗细程度，水泥颗粒的粗细程度对水泥性质有很大影响，水泥的颗粒越细，与水起反应的表面积就越大，水化作用就越充分、越完全，早期强度也就越高。

④水泥的保管：水泥属于水硬材料，必须妥善保管，不得淋雨受潮。贮存时间一般不宜超过3个月。超过3个月的水泥，必须重新取样送验，待确定强度等级后再使用。如在储存过程中已经受潮结块则不能使用。对于不同品种牌号的水泥要分别堆放，堆放高度不宜超过10包。对于散装水泥要做好贮存到仓，并有防水、防潮措施。要做到随来随用，不宜久存。

2）砂子：砂子是岩石风化后的产物，由不同粒径混合组成。按产地可分为山砂、河砂、海砂三种；按平均粒径可分为粗砂、中砂、细砂、特细砂四种。粗砂平均粒径不小于0.5mm（细度模数$\mu_f=3.1\sim3.7$），中砂平均粒径为0.35~0.5mm（细度模数$\mu_f=2.3\sim3.0$），细砂平均粒径为0.25~0.35mm（细度模数$\mu_f=1.6\sim2.2$），还有特细砂平均粒径在0.25mm以下。

砂子的堆密度约为1450~1600kg/m³。在天然砂子中含有一定数量的粘土、淤泥、灰尘和杂物，含量过大时会影响砂浆的质量，所

以对砂子的含泥量有一定规定。对于强度等级等于或大于 M5 的水泥混合砂浆，泥的质量分数不超过 5%；在 M5 以下的水泥混合砂浆中泥的质量分数不超过 10%。对于含泥量较高的砂子，在使用前应过筛和用水冲洗干净。在施工现场砂子堆放在较高的地方，以防泥水浸入，影响质量，砌筑砂浆以使用中砂为好；粗砂拌制的砂浆和易性差，不便于操作；细砂的砂浆强度较低，一般用于勾缝。

3）塑化材料：为改善砂浆和易性可采用塑化材料。施工中常用的塑化材料有石灰膏、电石膏、粉煤灰，近年来由于专用外加剂大量生产和应用，很多工地都改用专用塑化外加剂。

石灰膏：生石灰经过熟化，用网滤渣后，储存在石灰池内，沉淀 14d 以上，经充分熟化后即成为可用的石灰膏。在混合砂浆中，石灰膏有增加砂浆和易性的作用，使用时必须按规定的配合比配制，如果掺量过多会降低砂浆的强度。将石灰膏作塑化外加剂拌和在水泥砂浆中而形成混合砂浆，目前在砌筑工程中应用最广。

电石膏：电石原属工业废料，水化后形成青灰色乳浆，经过泌水和去渣后就可使用，其作用同石灰膏。

粉煤灰：粉煤灰是电厂排出的废料。在砌筑砂浆中掺入一定量的粉煤灰，可以增加砂浆的和易性。粉煤灰有一定的活性，因此能代替一部分水泥用量，所以在塑化同时还可节约水泥，但塑化性不如石灰膏和电石膏。

外加剂：外加剂在砌筑砂浆中起改善砂浆性能的作用，一般有塑化剂、抗冻剂、早强剂、防水剂等。为了提高砂浆的塑性和改善砂浆的保水性，常掺加微沫剂。微沫剂是塑化剂的一种，一般采用松香和氢氧化纳经热融制成，掺入砂浆后能产生极微细的气泡，使砂浆的塑性增大。微沫剂的一般掺量为水泥重的 0.05%，它可以取代砂浆中的部分石灰膏。现在有部分专用塑化剂已经完全取代石灰膏，如“砂浆王”直接放入普通水泥砂浆中形成砌筑用的混合砂浆。冬期施工时，为了增大砂浆的抗冻性，一般在砂浆中掺入抗冻剂。抗冻剂有亚硝酸钙、三乙醇胺、氯盐等多种，而最简便易行的则为氯化钠（食盐），掺入食盐可以降低拌和水的冰点，起到抗冻作用。食盐掺量见表 3-5。

表 3-5 常用抗冻砂浆的食盐质量分数 （%）

项 目	早 7:30 室外大气温度（℃）			
	0 ~ -3	-4 ~ -6	-7 ~ -8	-9 ~ -10
用于砖砌体中	2	2.5	3	3.5
用于石砌体中	3	3.5	4	4.5
零星砖砌体	3	3.5	4	4.5

为了提高砂浆的防水能力，一般在水泥砂浆中掺入 3% ~5% 的防水剂制成防水砂浆。防水剂应先与水拌匀，再加入到水泥和砂的混合物中去，这样可以达到均匀的目的。

4）拌和用水：拌和砂浆应采用自来水或天然洁净可供饮用的水，不得使用含有油脂类物质、糖类物质、酸性或碱性物质和经工业污染的水，因为这些有害物将影响砂浆的凝结和硬化。如果缺乏洁净水和自来水，可以打井取水或对现有水进行净化处理。拌和水的 pH 值应不小于 7，硫酸盐含量以 SO_4^{2-} 计不得超过水重的 1%。海水因含有大量盐分，不能作拌和水。

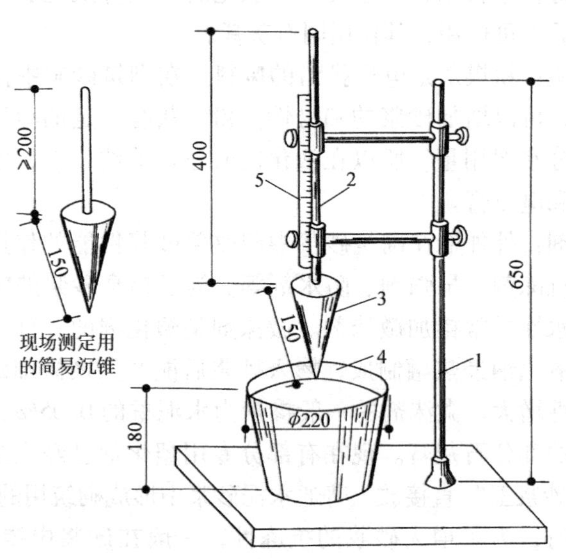

图 3-3 砂浆流动性测定仪

1—台架 2—滑杆 3—圆锥（自重 300g，锥直径 75mm）
4—灰桶 5—标尺

（4）砂浆的技术要求

1）流动性：流动性也叫稠度，是指砂浆的稀稠程度。试验室采用稠度计（见图3-3）进行测定。试验时以稠度计的圆锥体沉入砂浆中的深度表示稠度值。圆锥的质量规定为300g，按规定的方法将圆锥沉入砂浆中。例如沉入的深度为80mm，则表示该砂浆的稠度值为80mm。

砂浆的流动性与砂浆的加水量、水泥用量、石灰膏用量、砂子的颗粒大小和形状、砂子的孔隙以及砂浆搅拌的时间等有关。对砂浆流动性的要求，可以因砌体种类和施工时大气温度和湿度等的不同而异。当砖浇水适当而气候干热时，稠度宜采用80～100mm；当气候湿冷，或砖浇水过多及遇雨天，稠度宜采用40～50mm；如砌筑毛石、块石等吸水率小的材料时，稠度宜采用50～70mm。砖砌体的砂浆稠度见表3-6。

表3-6　各种砌体的砂浆稠度

项　　次	砖砌体种类	砂浆稠度/mm
1	实心砖墙、柱	70～100
2	实心砖过梁	50～70
3	空心砖墙、柱	60～80
4	空心墙、筒拱	50～70

2）保水性：砂浆的保水性，是指砂浆从搅拌机出料后到使用在砌体砂浆中的水和胶结料以及骨料之间分离的快慢程度，分离快的保水性差，分离慢的保水性好。保水性与砂浆的组分配合、砂子的粗细程度和密实度等有关。一般说来，石灰砂浆的保水性比较好，混合砂浆次之，水泥砂浆较差。远距离的运输也容易引起砂浆的离析。同一种砂浆，稠度大的容易离析，保水性就差，所以，在砂浆中添加微沫剂等外加剂是改善保水性的有效措施。

3）强度：强度是砂浆的主要指标，其数值与砌体的强度有直接关系。砂浆强度是由砂浆试块的强度测定的。将取样的砂浆浇筑在尺寸为70.7mm×70.7mm×70.7mm的立方体试模中制成试块；如图3-4所示。每组试块为6块（有专门的砂浆试模），经过在规范规定

的条件下养护28d（养护温度为20℃ ±2℃、相对湿度70%），然后将试块送入压力机中试压而得到每块试块的强度，再求出6块试块的平均值，即为该组试块的强度值。例如某试块试压后得到允许承压力为27000N，以承受压力的面积70.7mm × 70.7mm ≈ 5000mm² 去除，求得压强为5.4N/mm²，则该试块达到的强度等级为M5。当然，还应以6块试块的平均值来确定。

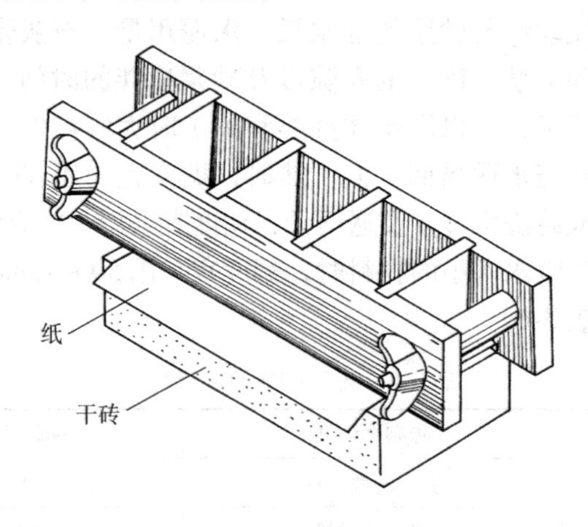

图3-4　砂浆试模

（5）影响砂浆强度的因素

1）配合比：配合比是指砂浆中各种原材料的比例组合，一般由试验室提供。配合比应严格计量，要求每种材料均经过磅秤称量才能进入搅拌机。材料计量要求的精度为：水泥和有机塑化剂应在±2%以内；砂、石灰膏或磨细生石灰粉应在±5%以内；水的加入量主要靠稠度来控制。

2）原材料：原材料的各种技术性能必须经过试验室测试检定，不合格的材料不得使用。

3）搅拌时间：砂浆必须经过充分地搅拌，使水泥、石灰膏、砂子等成为一个均匀的混合体。特别是水泥，如果搅拌不均匀，则会明显地影响砂浆的强度。一般要求砂浆在搅拌机内的搅拌时间不得少于2min。

4）养护时间和温湿度：砂浆与砖砌成的砌体，要经过一段时间

的养护才能获得强度，在养护期间要有一定的温度才能使水泥硬化，养护时还应有一定的湿度。干燥和高温容易使砂浆脱水，特别是水泥砂浆，由于水泥不能充分水化，等于在砂浆中少加了水泥，不仅影响早期强度，而且影响砂浆的终期强度。所以在干燥和高温的条件下，除了应充分拌匀砂浆和对砖充分浇水润湿外，还应对砌体适时浇水养护，以保证砂浆不致因脱水而降低强度。

二、异形砖的放样和计算知识

异形砖的放样和计算，是中级工的考核内容

在砌筑烟囱、圆形墙、拱圈、多角形墙以及其他异形墙或柱时，为了使内外头缝均匀一致，砖要具有所需要的几何形状，因此，要对所砌的砖进行事先加工，加工好的特殊形的砖称为异形砖。由于砖瓦厂一般不生产异形砖，只能用标准砖加工。为了减少加工的种类、规格和数量，应事先进行放样板工作。异形砖的加工放样板基本上有两大步骤：一个是放大样、计算；二是加工操作。

放样和计算的基本知识如下：

1. 基本几何图形画法

放大样，首先要画几何图形，就是把要砌的墙或柱的几何图形画出来，有的几何图形画起来比较简单，有的图形比较复杂（如曲线图形），下面介绍几种基本几何图形的画法。

（1）直角线的作法　如图 3-5 所示，在水平线上任作倾斜线 AB，以 AB 的中点 C 为圆心，AC 或 BC 为半径画圆弧，与水平线交点为 D。以直线连接点 B、D 即得出所求直角线。如果手头有大三角尺可在施工裁量时直接画出所需的直角。

（2）30°角的作法　如图 3-6 所示，在水平线上任取一点 O，以 O 为圆心，取任意长为半径画圆弧，与水平线交点为 B、C，再以点 O、C 分别为圆心，以 OC 为半径画圆弧，得交叉点为 A。以直线连接点 B、A，$\angle ABC$ 就是所求的 30°角。标准的一副三角尺中有一个就是 30°角，施工裁量时也可直接应用，无须按上述步骤作图才求出。

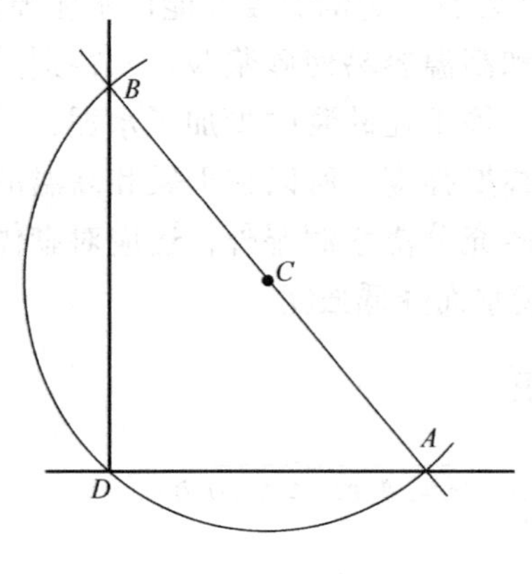

图 3-5 直角线作法

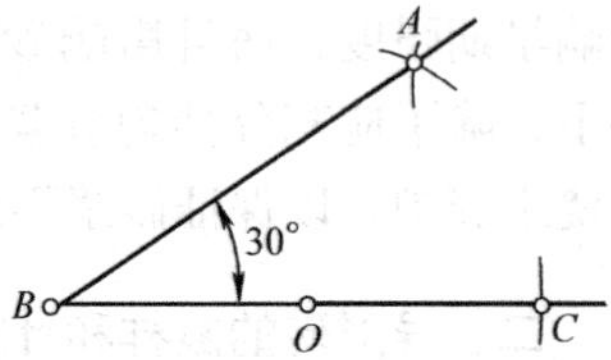

图 3-6 30°角的作法

（3）矩形作法 已知矩形两边长度分别为 a 和 b，对角线的长度可以根据勾股原理计算得出，计算式为：$c^2=a^2+b^2$

对角线计算出后，矩形的画法如图 3-7 所示。画水平线 AB 等于已知长度 b，以点 A、B 分别为圆心，所求的对角线长度 c 和已知宽度 a 为半径画圆弧，得交点为 C、D，分别以直线连接点 A、C、D、B，即得出所求的矩形。很多施工人员都认为矩形最好画，用随身携带的尺子按自己的眼光观察就画出一个矩形，其实这个矩形不一定四个角都为 90°角。一般都会有点偏差，所以当用一般尺直接凭眼睛观察来画矩形时，一定要用三角尺的直角处对矩形的角进行校对，以免造成后续放样出现偏差，给砌筑造成困难，也影响进度和经济效益。

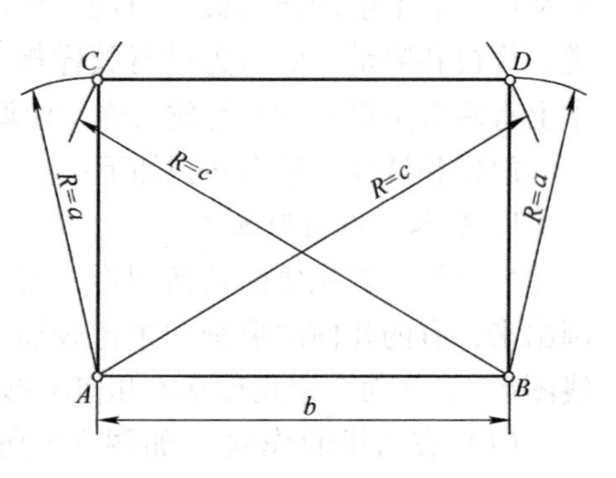

图 3-7 矩形作法

（4）正五边形作法 一般情况下都是已知正五边形的外轮廓尺寸，即已知正五边形的外接圆直径，求作正五边形。这种情况如图 3-8 所示，按下述步骤进行即可求得正五边形。以圆心点 O 为中心，

AB 和 CD 为已知外接圆相互垂直的直径。以 OB 中点 E 为圆心，CE 为半径画圆弧，与 AO 交点 F。以点 C 为圆心，CF 为半径画圆弧，得与外接圆交点为 G。以点 G 为圆心，CG 为半径画圆弧，得与外接圆交点为 H。以点 H 为圆心，CG 为半径画圆弧，得与外接圆交点为 I。以点 I 为圆心，CG 为半径画圆弧，得与外接圆交点为 J。点 C、G、H、I、J 为五边形的顶点，分别以直线连接各点即得出所求正五边形。

（5）正六边形作法　正六边形作法比较简单，已知外接圆直径，求作正六边形如图 3-9 所示。以 AB 为外接圆直径，O 为圆心。分别以点 A、B 为圆心，AO（或 OB）为半径画圆弧，得与圆周交点为 C、D、E、F，分别以直线连接各点，即得出所求正六边形。

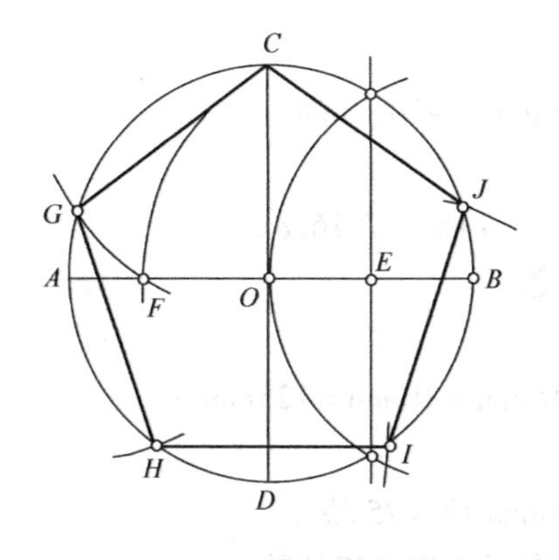

图 3-8　正五边形作法

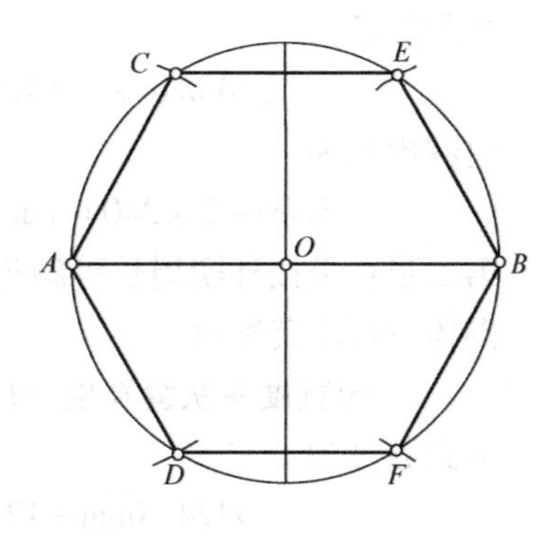

图 3-9　正六边形作法

（6）正八边形作法　已知八边形的外接圆直径，求作正八边形如图 3-10 所示。AB 和 CD 为已知外接圆的两相互垂直的直径；O 为圆心，分别以点 A、C 为圆心，取任意长度为半径画圆弧得交点为 E。连接点 E，O，得与圆周交点为 F。以点 B、D 分别为圆心，AF（或 FC）为半径画圆弧，得与圆周交点为 G、H、I。以直线分别连接圆周各点，即得出所求正八边形。

2. 砌筑用异形砖的计算实例

（1）筒壁结构异形砖块的计算　为了保证筒壁砌体质量和规整，

在没有异形砖的情况下，通常用普通粘土砖加工成楔形砖进行砌筑。这种楔形砖加工的大小与数量，需要通过放样计算确定，其计算方法如下：

1）按筒壁内、外径的圆周计算：假设要加工的烟囱外径为3m，壁厚为1砖（240mm），求楔形砖侧面应加工的数值。计算步骤是先算出它的内外圆周长，再求出砖数，然后确定加工块数和切除数值。

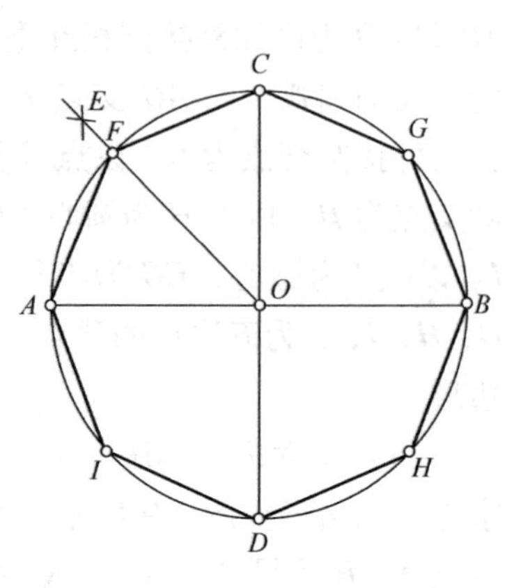

图3-10 正八边形作法

第一步：先计算出烟囱的内、外圈周长

外圈周长为

$$3000\text{mm}\times3.1416\text{mm}=9424.8\text{mm}$$

内圈周长为

$$(3000-2\times240)\ \text{mm}\times3.1416=7916.8\text{mm}$$

第二步：求按外圈周长可砌砖数

砌体中每块砖宽度

$$\text{砖宽度}+\text{灰缝宽度}=115\text{mm}+10\text{mm}=125\text{mm}$$

可砌数量为

$$9424.8\text{mm}\div125\text{mm/块}\approx75\ \text{块}$$

第三步：按外圈砌的砖数，求楔形砖应加工的数

内圈周长除以砖数为

$$7916.8\text{mm}\div75=106\text{mm}\ (\text{已包括灰缝在内})$$

内圈竖缝取5mm，则砖的实际宽度为

$$106\text{mm}-5\text{mm}=101\text{mm}$$

此楔形砖应加工数值为

$$115\text{mm}-101\text{mm}=44\text{mm}$$

也有的施工人员用另一种计算步骤，计算差别从内圈砖数开始，当求出外圈砖数为75块后，计算内圈一周则可排放的丁砖数为

$$7916.8\text{mm}\div(115+10)\ \text{mm/块}\approx63\ \text{块}$$

内外差 12 块砖，12 块砖的总宽度为　$12 \times 115\text{mm} = 1380\text{mm}$

从理论上讲要使外圈 75 块砖每块都加工成楔形砖，则每边应切除

$$1380\text{mm} \div 75 = 18.4\text{mm}$$

即把每块标准砖都在两边切去底边长为 9.2mm 的三角形。

这样做太费事同时也没有必要，在实际操作中，在保证上下皮砖的放射状缝达到错缝这一要求前提下，一般每块砖加工时切除值不大于 38mm 就行了，这样一来就可以减少为每两块砖加工一块，只要加工 38 块，每块切除 37mm。

2）按相似形原理计算：仍用上面筒身半径为 3m 的烟囱为例来说明，求加工砖的比例和尺寸。先假定每块砖都加工，如图 3-11 所示，MN 为半径 $OB = 1500\text{mm}$ 的圆弧，$BC = AE$ 为砖的宽度（125mm），$AB = EC$ 为砖的长度（240mm），$OB = OC = R = 1500\text{mm}$ 为筒身半径，OC 与 AE 相交于 F，从图 3-11 可以看出 $\triangle OBC$ 与 $\triangle OAF$ 相似，所以：

$AF/OA = BC/OB$，即 $AF = (OA \times BC)/OB =$（半径 − 砖长）×砖宽/半径

将已知条件代入，AF 为加工砖的宽度：

$$AF = (1500 - 240)\text{mm} \times 125\text{mm}/1500\text{mm}$$
$$= 1260\text{mm} \times 125\text{mm}/1500\text{mm} = 105\text{mm}$$

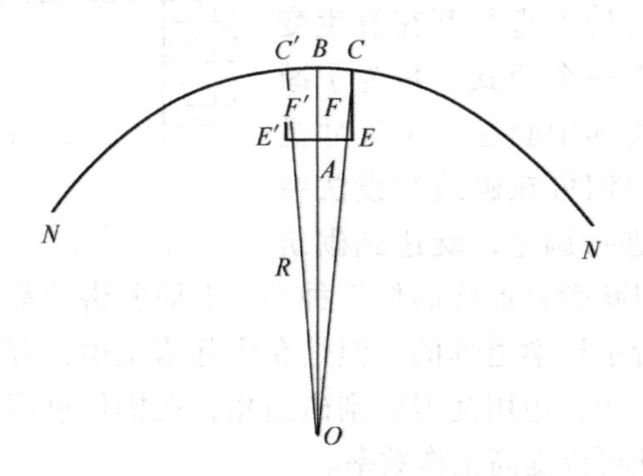

图 3-11　砖的加工计算

即楔形砖的小头加工后应成 105mm 宽，每块应切除的数值为

$$125\text{mm} - 105\text{mm} = 20\text{mm}$$

如果按上下错缝原则每两块切除一块，那么每块切除的数值为40mm，这种方法和第一种方法算出的结果相近，其误差的原因是在相似形的计算中，因外周实际是一个圆弧，而砖的顶头是直线。

采用不同的计算方法、步骤产生数值不同的原因，关键是在实际工程中用的计算式不是严格的理论推导，都是近似方法，计算方法或步骤稍微不一样，数值就不同，但这不影响工程的实际施工。无论用哪一种数值放样，通过砌筑时灰缝的稍微调整和局部砖块打磨都可完成任务，不存在这种对那种错的说法，只有哪种计算更合理一点，或哪种更适合砌筑人员的习惯，在不违反砌筑规范的条件下，方便操作就行了。

这样该段通过计算出来的数量和切除值，做成一头宽为115 mm，一头宽为75 mm，长为240 mm的正梯形样板，进行足尺放样，用样板在半圆弧上试排，看竖缝大小是否合适，砖角是否露出弧线以外，如不适合，应修改加工的尺寸和比例。有时为了加工方便，只集中加工砖的一个侧面。在实际砌筑中，不一定每块砖都加工成楔形砖，有时隔一块，有时隔两块，所以可以将几块砖应加工的数值集中到一块砖上加工，但以不损害砖的强度和加工数值不超过原来砖宽度的1/3为度。同时由于每一段高度中每皮砖的直径都在发生变化，仅仅加工一个模式，是为了减少工作量，实际中套这一个尺寸是不行的，但我们可在砌筑时设法在砖缝宽度中进行调整，既达到砌筑要求，又可以减少异形砖的加工种类。上面所讲的都是理论上的方法步骤，是合乎科学道理的。但是在实际施工中，有经验的技术工人往往是边砌砖，边用瓦刀砍削砖边角，在操作过程中直接加工砖块，这样往往可以提高工作效率。

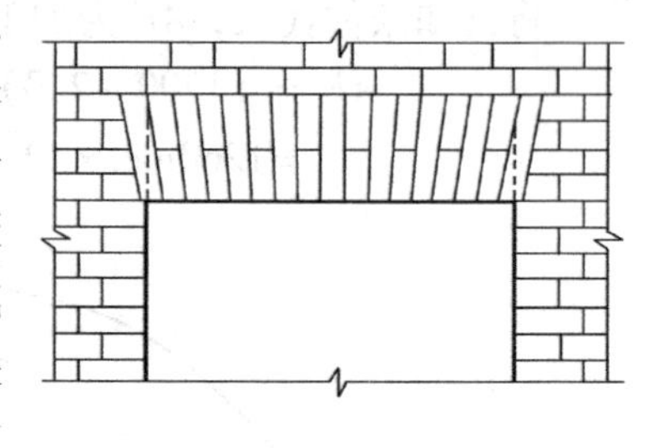
图3-12　平拱

（2）拱碹异形砖块计算　砖砌拱碹是一种传统的做法，常见的拱碹按形式可分为平拱（图3-12）、半圆拱（图3-13）、弧形拱（图3-14）、鸡心拱（图3-15）。

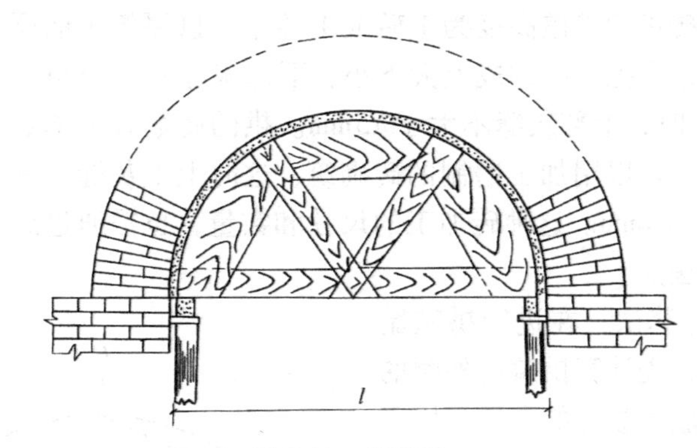

图 3-13　半圆拱

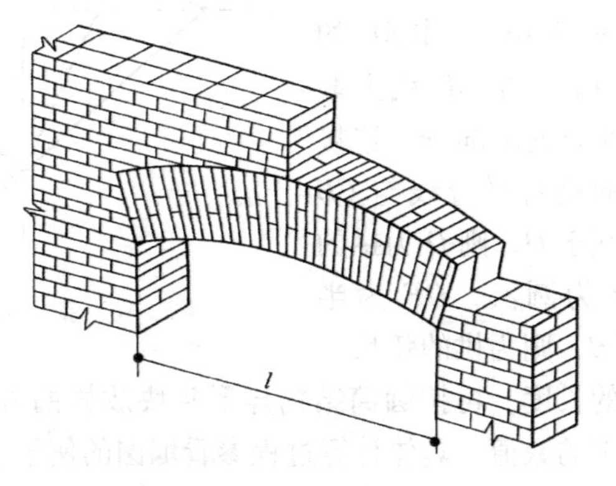

图 3-14　弧形拱

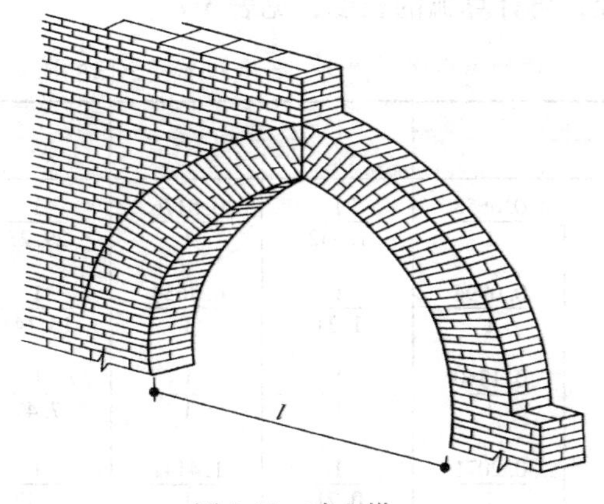

图 3-15　鸡心拱

一般砖拱的发碹高度为 1 砖或 1 砖半，拱厚等于墙厚。砌筑拱碹，一般采取把灰缝砌成上大下小，下部灰缝不小于 5mm；当拱高为 240mm 时，上部灰缝不大于 15mm。拱的砖数宜为单数。当砌清水拱碹时，可以用加工磨制的砖砌筑，这时上下灰缝应一致，厚度控制在 8～10mm。这种砖加工的尺寸和数量，也需通过放样计算确定，其方法如下：

1）计算法：在进行拱碹胎模放样时，先计算拱碹内外圈的弧长。在胎模放样的木板上用尺引一直线Ⅰ-Ⅰ，并截取 AB 等于拱的跨度（图 3-16）。作 AB 的垂直平分线 CD。在 CD 线上截取 CF 等于拱的突出部分。连接 FA，作 FA 的垂直平分线与 CD 的延长线相交于 O，则 O 为拱的圆心，以 O 为圆心，OF 为半径，作弧 AFB，则为拱的弧长。

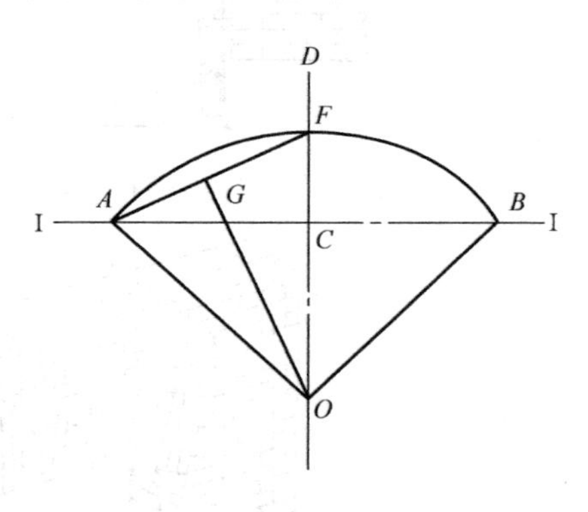

图 3-16　拱碹的放样图

根据弧的长度，再按圆筒结构异形砖块放样的方法，求出楔形砖侧面应加工的数值。具体计算过程参看烟囱的例子。

2）查表法：根据已知拱的跨度和突起高度，用查表法求出拱的中心角和半径，再计算弧的长度，见表 3-7。

表 3-7　拱的中心角、突起、跨度和半径之间的比例关系

φ	$\frac{h}{s}$		$\frac{s}{r}$		$\frac{h}{r}$	
30	$\frac{1}{15.2}$	$\frac{0.0658}{1}$	$\frac{1}{1.932}$	$\frac{0.5176}{1}$	$\frac{1}{29.23}$	$\frac{0.0341}{1}$
45	$\frac{1}{10.1}$	$\frac{0.0994}{1}$	$\frac{1}{1.31}$	$\frac{0.7654}{1}$	$\frac{1}{13.141}$	$\frac{0.0761}{1}$
60	$\frac{1}{7.49}$	$\frac{0.1340}{1}$	$\frac{1}{1}$	$\frac{1}{1}$	$\frac{1}{7.47}$	$\frac{0.134}{1}$
90	$\frac{1}{4.84}$	$\frac{0.2071}{1}$	$\frac{1}{0.71}$	$\frac{1.4142}{1}$	$\frac{1}{3.42}$	$\frac{0.2929}{1}$

（续）

φ	$\frac{h}{s}$		$\frac{s}{r}$		$\frac{h}{r}$	
120	$\frac{1}{3.47}$	$\frac{0.289}{1}$	$\frac{1}{0.58}$	$\frac{1.7321}{1}$	$\frac{1}{2}$	$\frac{0.5}{1}$
135	$\frac{1}{3.0}$	$\frac{0.3341}{1}$	$\frac{1}{0.542}$	$\frac{1.8478}{1}$	$\frac{1}{1.62}$	$\frac{0.6173}{1}$
150	$\frac{1}{2.61}$	$\frac{0.3837}{1}$	$\frac{1}{0.52}$	$\frac{1.9319}{1}$	$\frac{1}{1.35}$	$\frac{0.7412}{1}$
180	$\frac{1}{2}$	$\frac{0.5}{1}$	$\frac{1}{0.5}$	$\frac{2}{1}$	$\frac{1}{1}$	$\frac{1}{1}$

注：h—突起高度（mm）；r—半径（mm）；s—跨度（mm）；φ—中心角（°）。

例如半圆拱的跨度为3m，拱顶突起高度为1.5m，求弧长。

从表3-7中查出当 h/s = 1500mm/3000mm = 1/2 时，中心角（φ）为180°，s/r = 2/1 = 3000mm/1500mm 或 h/r = 1/1 = 1500mm/1500mm，所以半径 r = 1500mm。然后采用弧长（L）=0.0175×半径（r）×中心角计算，即弧长=0.0175×1500mm×180=4725mm。

3. *砌筑用异形砖的放大样*

按照上面所讲的方法和图样要求的砌体几何形状，拿出组砌砖的排法，即第一皮砖的排列图样和第二皮砖的排列图样。

大型的放样如烟囱的半径，要找一块空地，最好是水泥地面；小型的放样可直接画在三夹板油毡或铁皮上，按照实际的尺寸画出来；第一步先把要砌的柱或墙的几何形状画出来。第二步把要砌的柱或墙的第一皮排列法画上去，再画第二皮砖的排列法，得出要切割的砖样，画图样时必须按砖的尺寸和灰缝宽度实际地画上去，尺寸要准确；第三步用剪刀把异形砖的图样剪下来，大型的在地面的图样再翻样到木板或铁皮上再切割下来，这就是要加工的异形砖的样板。图3-17a、b给出常见异形砖柱的放样。

这些有艺术性要求的亭台支撑柱等，在砌筑前，先按圆形或多角柱的截面放线，按线进行试摆砖，以确定砖的排砌方法。为了使砖柱错缝合理，不出现包心现象，并达到外形美观的要求，在试摆

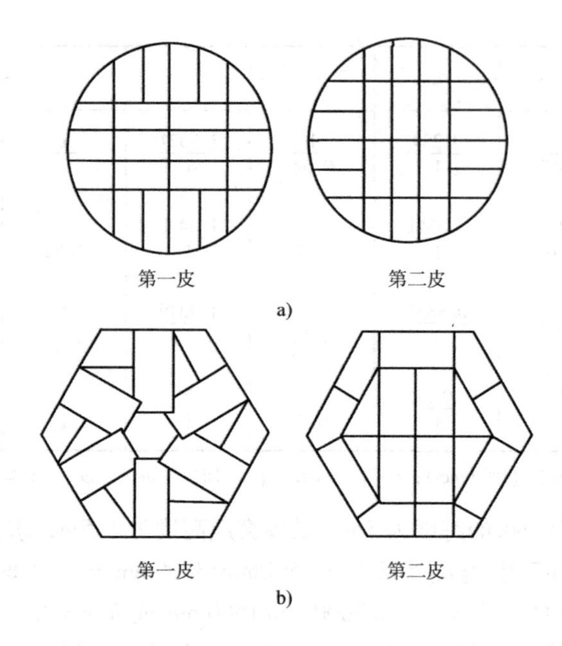

图 3-17 常见柱的排砌示意图

a）圆柱排砌 b）六角柱的排砌

砖过程中要选用较为合理的一种排砖法。然后按照选用的方案加工弧形砖（砌圆形柱用）或切角砖（砌多角柱用）用的样板，并按样板加工各种弧面砖或切角异形砖。清水柱的加工砖面须磨刨平整，发现有大的孔洞和砂眼时，要用磨砖粉末加水泥浆调合后补嵌，颜色要求与砖相同。加工后的砖，其弧度及角度要与样板相符，并应编号堆放，砌筑时对号入座。有时对 1.5 倍砖厚及其以上的筒壁，首先要了解砌筑方法，然后比照上述方法计算加工的尺寸和比例。

对异形角及弧形墙砖块的加工，在一些门厅、门廊、特殊转角和有艺术要求的建筑物都会有异形墙体或弧形墙体，对异形角墙体按形状可分为钝角（也叫八字角或大角）、锐角（也称凶角或小角）两种。砌筑前先按角度的大小放出墙身线，再按线在角头处进行试摆砖块，目的是要做到错缝合理，收头好，角步搭接美观。“八字角”和“凶角”在砌筑时必须用“七分头”来调整错缝搭接，头角

处不能采用“二分头”。“八字角”一般采用“外七分头”，使“七分头”呈八字形，长边为3/4砖，短边为1/2砖；“凶角”一般采用“内七分头”，先将砖砍成锐角形，使其边长仍为1砖，在其后再砍一块锐角砖，长边小于3/4砖，短边大于1/2砖，将其3/4砖长的一边与第一块（头角砖）砖的短边在同一平面上，其长度为1砖半，经过试摆，确定砌筑方法后，做出角部异形砖加工样板，按样板加工异形砖。经加工后的砖角要平整，不应有凹凸不平及斜面现象，同时保证砌筑时搭接长度不小于1/4砖长。

三、异形砖砍、磨的操作要点

异形砖加工的工序分为画线、打边、砍平磨光三道。具体为：将修整好的要加工的砖样板盖在砖上边，前后对齐后画线，这是第一道工序。第二道工序是打边，加工的方法比较多，一种是用扁凿对准砖上画线，以锤子敲击扁凿，把砖边打掉，敲击时不要用力过猛，以免使砖崩碎，一边打深一半时再翻过来反面打边，最后用瓦刀砍平；另一种办法是用上下铡刀装在特制的木架或金属架上，砖上弹线后对准铡刀，手摇刀背上的油压千斤顶，即可加工出异形砖；再一种是用无齿锯或手提式切割机切割，用切割的办法比较好，切割面比较光滑，而且砖不易碎。第三道工序是砍平磨光，磨光的办法也有好几种：一种是把切割完后的异形砖砌在墙上，用手提式磨光机磨光墙面；另一种是磨异形砖，即砖切割后就用磨光机磨光；再一种是手工磨光，切割后的砖放在砂轮片上用手工磨光，这种方法比较费工。

特殊形状的异形砖加工，如有曲线的异形砖要同石匠一样一点一点地凿，或用锯锯出轮廓，再用磨石慢慢地磨，凿成所需要的形状。

常用的加工工具和机械有：

（1）刨锛　砍砖用，如图3-18a所示。

（2）瓦刀　砍砖用，如图3-18b所示。

（3）錾子（凿子）　分平头与尖头两种，剔凿砖用，如图3-18c所示。

（4）扁凿　凿砖用，如图 3-18d 所示。

（5）锤子　与凿子配套使用。

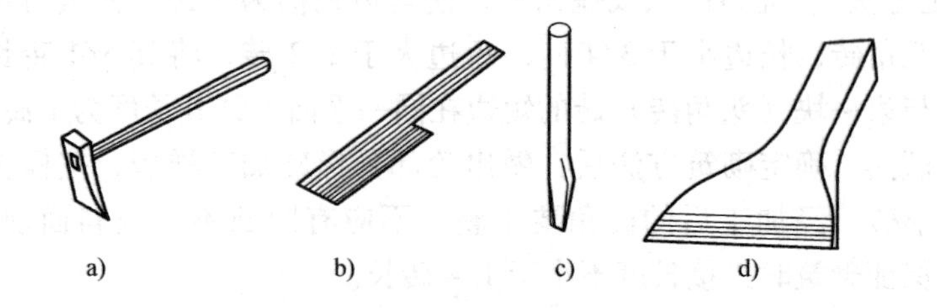

图 3-18　砖加工的常用手工工具

a）刨锛　b）瓦刀　c）錾子　d）扁凿

（6）无齿锯　锯砖用电动工具，如图 3-19 所示。

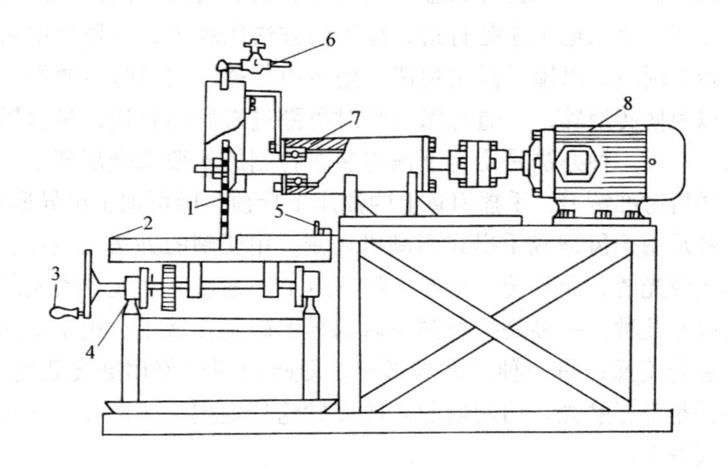

图 3-19　无齿锯

1—锯片　2—可移动台板　3—摇手柄　4—导轨

5—靠尺　6—进水阀　7—轴承　8—电动机

（7）手提式切割机　切割砖用，如图 3-20a 所示。

（8）电动磨光机　磨砖切割面用，如图 3-20b 所示。

（9）手压铡刀　切砖用，如图 3-20c 所示。

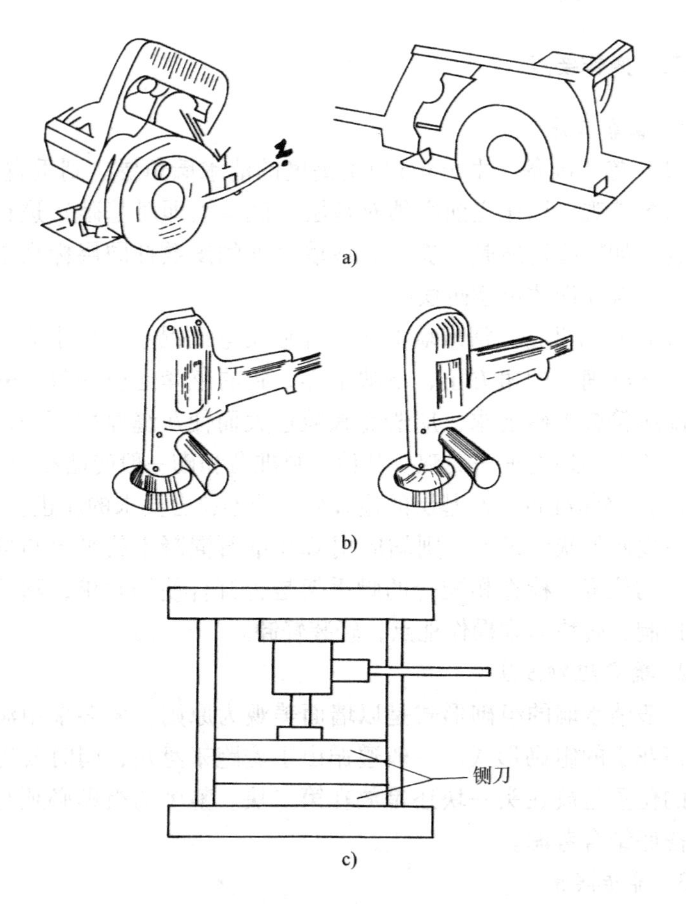

a)

b)

c)

图 3-20　砖加工常用电动工具

a）手提式切割机　b）电动磨光机　c）手压铡刀

第二节　6m 以上清水墙角的砌筑

一、砌筑工艺

砌筑清水墙角是中级工考核的重点内容。

准备工作→确定组砌方法→排砖摆底→盘角留槎→检查角的垂直、兜方、游丁走缝→继续组砌到标高。

二、操作要点

1. 准备工作

（1）施工准备　由于6m以上高度的清水墙角要达到垂直平整、外观清晰美观，操作之前必须对基层（底层墙即对基础）进行放线的检查。如轴线边线是否兜方、各墙角处的皮数杆同层标高是否一致，经检查无误才可摆砖摆底。

（2）材料准备　清水墙对砖的外形质量比混水墙要求高。砖应达到尺寸准确，棱角方正，不缺不碎，砖的色泽还应一致，砂的粒径级配应符合中砂要求，应避免颗粒过大而使灰缝厚薄不匀，使外墙水平缝不均匀而失去美观。其他材料准备和砌一般砖墙相同。

（3）操作准备　对基层的检查如发现不符合要求的应进行纠正。如第一皮砖的灰缝过大，则均应用C20细石混凝土找平至与皮数杆相吻合的位置。检查相配合的脚手架是否符合使用要求，随后进行砂浆拌制，砖块运到操作地点，轻装轻卸。

2. 确定组砌方法

一般清水墙的组砌形式是以墙面美观为原则，大多采用满丁满条或梅花丁的组砌形式。一般遵循山丁檐跑来盘角，同时要考虑七分头的位置是放在头一块还是放在第二块。整个的组砌必须与全部排砖摆底结合考虑。

3. 排砖摆底

排砖是对角的两延伸墙（山墙或檐墙）全部进行干排砖，砖与砖之间空出竖向灰缝10mm左右的厚度。排砖时要考虑墙身上的窗口位置，窗间墙是否赶上砖的整数。（俗称是否好活），如果安排不合适可以适当调整窗口位置10～20mm，使墙面排砖合理。通过排砖，对砌墙（尤其是大角）做到心中有数。摆底工作在排砖的基础上进行，关键要做到保证上部砌筑灰缝均匀适当。

4. 墙角的砌筑

6m以上清水墙角砌筑的特点是高度高，墙角的垂直度、游丁走缝难以掌握，同时还影响檐墙和山墙砌筑的准确性。因此，砌好6m以上高度的清水墙角，除必须有熟练的基本功和运用所掌握的操作

要领外，还要在操作中一丝不苟地认真检查。清水墙大角应先砌筑1m 高左右，在砌筑时挑选棱角方正和规格较好的砖。大角处用的七分头一定要打制准确，其七分头长度应为180mm，有条件的可事先用砂轮锯切好。七分头长度正确，大角处的砖层竖缝接缝才能均匀一致，达到美观的效果。盘砌大角的人员应相对固定，最好由下而上一个人操作，避免因变动人员的工艺手法不同造成大角垂直度不稳定。

5. 墙角检查

操作时要随时检查墙角。检查墙角时，由于砖墙高，吊线绳摆动幅度比较大，所以要选用比较大的线锤，眼力吊线时要求身体站正，头颈不动，眼睛顺线或墙角上下移动，使吊线角度不变。施工中也可以用经纬仪检查墙角的垂直度，如多层房屋在每砌完一层楼高以后，用经纬仪放置在大角附近，对准大角转动竖向度盘来检查每层或几层墙的大角垂直度。利用经纬仪可弹出丁线和走缝线，纠正游丁走缝。而在砌单层高大厂房大角时，为保证其垂直度，也可以每砌5m 左右，用经纬仪检查，达到控制垂直、纠正偏差的目的。检查得多，垂直度就容易得到保证。初砌大角时，吊线纠正垂直度后，还可以用兜方检查，以保证大角交角为90°的要求。

6. 砌筑要点

检查完毕可继续往上砌筑。清水墙角的砌筑，其外观质量要求高，关键在于砌筑时要选好砖，应选用外观整齐、无缺棱掉角、色泽一致的砖砌在外墙面，较次的砖砌在里墙面。缝要横平竖直，尤其上下皮砖的头缝要在同一竖直线上，这样外观有一种挺拔感。此外，清水墙要勾缝，所以砌完几层砖要用刮缝工具把灰缝刮进砖口10～12mm，清扫干净以备勾缝。

总之在墙角两边1m 范围内，要选择棱角方正、规格好的砖进行砌筑，对“七分头”的砖除要满足上面的要求外，还要色泽均匀，尺寸正确、长短一致。操作过程中先砌3～5 皮砖，用线锤检查垂直度和兜方检查其方正程度，无误后再对照皮数杆向上砌。盘角到1m 高时使用托线板认真检查复核垂直度和平直度，操作者还要用眼睛“穿墙”，根据三点一线的原理观察已完成角的垂直度。砌每一块砖

时一定要砌摆平整，否则容易出现墙面的凹凸不平，齿棱式墙面，或造成垂直度的偏差。在完成一步架时，因为人站在高的位置时墙身较低，人的操作比较困难也容易疲劳，操作人员在观察墙体时的视线会存在一定的偏差，所以在加升脚手或楼层变换后应加强检查，这点很重要。

7. 墙面勾缝

清水墙角不做抹灰面，由砖的本色显示外观形状，为了防风雨浸蚀，砖缝必须进行勾缝，勾缝采用细砂拌和的水泥砂浆。勾缝的形式有平缝、凹缝、斜缝（也叫风雨缝）、凸缝（圆形和方形）等几种。清水墙角在砌筑时就得防止游丁走缝，竖缝和水平缝的灰缝应均匀一致，这样勾出的缝才可以达到美观的要求，所以清水墙角砌筑的好坏是保证勾缝质量的前提。勾缝前要将缝道清理干净，瞎缝要开缝，破损砖要修补好，脚手孔要清干净并洒水润湿把砖补好，门窗框边的缝应作为一道工序单独塞填，并勾抹好缝道。勾缝前一天应将墙面浇水洇透。勾缝时，用强度等级为 32.5 的水泥和经过 3mm 筛孔的筛子筛出的细砂，拌制成 1∶1 的水泥砂浆，稠度一般在 40～50mm，因勾缝砂浆用量不大，一般可采用人工拌和，随拌随用。勾缝的操作程序是从上而下，先横缝后竖缝。勾缝的操作方法是，左手拿托灰板紧靠墙面，右手拿长溜子，将托灰板顶在将要勾的缝下口，用长溜子将灰浆喂入缝内，同时自右向左随勾随移动托灰板，喂完一段灰后用溜子自左向右将刚完成的缝溜压密实，使其平整，深浅一致。竖缝的操作方法是用短溜子在托灰板上把灰浆刮起（俗称叼灰），然后勾入缝中，并填塞密实和平整，尤其是在与水平缝的搭头处，要相互交搭平整，没有毛头飞刺和搭块。勾好一片墙面，应检查缝道是否勾得平整、光滑，合格后，要用笤帚把墙面清扫干净，勾好后在水泥终凝结束前，还要洒水养护，防止干裂和脱落。勾缝的质量标准是：缝道密实，粘接牢固，不得干裂掉缝；不应有丢缝，瞎缝；缝应横平竖直，深浅一致，搭接平整，压实溜光；阳角处水平灰缝要方正，阴角处竖直缝要勾成弓形，左右分明，不要上下一条直线，影响美观；砖碹缝要勾立面和底面，虎头砖要勾三面缝，转角处要方正，墙面应不污染，最后应专人洒水养护。

第三节　清水方柱的砌筑

一、砌筑工艺

柱子的砌筑也是考核的重点内容。

方柱定位→选择组砌方法→ 砌筑→检查→继续砌筑。

二、操作要点

1. *方柱定位*

根据设计图样上的各个砖柱的位置从龙门板上或其他标志上引出柱子的定位轴线，弹出柱子的中心线，并以此中心线弹好方柱断面尺寸线，用兜方尺复准。当柱中心线确定后，再检查砌筑基础面的标高是否符合要求，如果基础面高低不同，要进行找平工作，先拉线顶出同一轴线上的基础面高度，当高差小于30mm时，可用1:3的水泥砂浆抹平；当高差大于30mm时，就要用细石混凝土来找平，使各柱的第一皮砖保证在同一标高上。

2. *选择组砌方法*

清水方柱砌筑前应先选择组砌方法，根据方柱的断面尺寸预排砖。排砖时应遵循的原则是：无论选择哪种砌法，都应使柱面上下皮砖的竖缝相互错开1/2砖长或1/4砖长，柱心无通天缝，少打砖，严禁包心砌法（即先砌四周后填心的砌法）。干摆2～4皮样砖，使排列方法符合原则要求，便可正式砌筑，图3-21a、b所示为清水方柱排列方法示例。

3. *方柱的砌筑*

要选用边角整齐、规格一致、质量较好的砖，砌砖柱外皮时，差的砖砌在柱内。砖柱的皮数控制可立固定皮数杆，也可用流动皮数杆检查高低情况。砖口四周表面要水平一致，较大断面的方柱可用水平尺检查砖上口四条边的水平情况。在同一轴线上的砖柱应先砌两头的角柱，然后拉通线，依次砌中间部分的柱，这样易于控制砖的皮数，进出高低一致。总之砌筑时要满足灰缝密实、砂浆饱满、错缝搭砌的要求，不能采用包心法组砌，同时要注意砌角的平整与

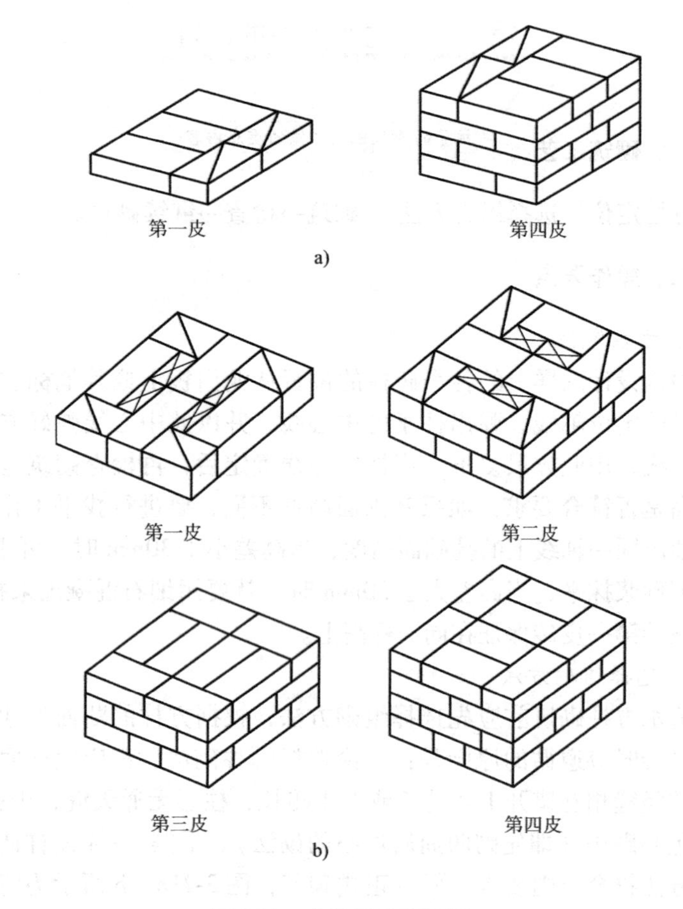

图 3-21　方柱样砖排列图

a）360mm×360mm 清水柱　b）490mm×490mm 清水柱

垂直，经常用线锤或托线板进行检查，其他关于灰缝、操作等方面的要求与砌筑清水墙相同。

4. 质量检查后继续砌筑

砌筑到 3~5 皮砖时，必须要砌得方正、灰缝均匀，四角要用吊线锤和托线板检查，修正偏差，再用兜方尺复准兜方，用水平尺复平面水平，方柱应棱角方正，四面垂直平整。在垂直和平整检查时发现偏差，不准用砸砖的方法来纠偏。砖柱砌筑的质量要求较高，

一般规定，在2m范围内清水柱的垂直偏差不大于5mm，轴线位移不大于10mm，每天的砌筑高度不宜超过2.4m，否则砌体砂浆产生压缩变形后，容易使柱子偏斜。全部修正后，向上逐皮叠砌。以后每砌筑10皮砖左右，再用同样方式检查一次。

对称的清水柱在组砌时要注意两边对称，防止砌成阴阳柱，砌完一步架后要刮缝，清扫柱面，以备勾缝，水平缝应均匀，竖直缝上下不在一条竖直线上，“七分头”打制准确。砌楼层的清水砖柱时，要检查上层弹的墨线位置是否与下层柱子的位置有偏差，防止上层柱落空砌筑，且偏差超出规定值影响外观。

如果砖柱与隔墙相交，柱身与墙要留斜槎，当实际情况不能留斜槎时，要加拉结筋，禁止在砖柱内留出阴槎（母槎），这样会减小砖柱的截面积，影响其承载力。

当清水砖柱内有网状配筋时，它的砌法和要求与不配筋的相同，只要注意配筋的数量与要求应满足设计规定，砌入的水平钢筋网在柱的水平缝内一侧要露出来，以便检查验收。

砌砖柱的脚手架要围在柱子四周，架空搭设牢固，不允许把架子靠在柱子上，更不允许在柱身上留脚手眼。

第四节　混水圆柱及其他异形墙的砌筑

一、混水圆柱的砌筑

1. 混水圆柱的砌筑工艺

准备工作→圆柱定位→组砌摆砖→加工砖块→砌筑→检查→继续砌筑。

2. 混水圆柱的砌筑

对砖圆柱，在组砌时除了注意清水方面所介绍的要求外（详见本章第三节），还要注意以下几点：

（1）定位　根据设计图样上各砖柱的位置，从龙门板上或其他标志上引出柱子的定位轴线，弹出中心线后弹出圆柱截面形式外轮廓线。完成后立即对各个柱的直径进行校核，同时校核同一排柱是否在同一条直线上，如果有偏差，偏差的数值超出规范要求或在视觉上明显有影响，则对产生偏差的个别柱子重新定位，注意检查定位时是对纵横两个方向进行，不要只查纵向或只查横向。

（2）摆砖应按弹线进行试摆　为了使这种砖柱上下错缝、内外搭接合理，不出现包心现象，又要少破活，少砍砖，减轻劳动强度，达到外形美观的目的，就需要多摆几种组砌形式，选择较为合理的一种组砌方法。

（3）加工砖块　首先根据柱截面形式和组砌方式制作木套板。在圆柱中制作弧形砖的木套板，在多角形柱子中制作切角砖的木套板。在砌筑前，可按木套板加工所需的各种弧面或各种角度的弧形砖或切角砖。

（4）砌筑要求　砌筑圆形砖柱的特殊要求是砌筑前制作出同直径的外圆套板，以备随时检查砌筑圆弧的质量。外圆套板可以做成柱周的1/4弧和1/2弧两种。当砌筑一皮圆柱后，用套板沿柱圆周检查一次弧面的弯曲程度，每砌3~5皮砖，要用托线板（俗称靠尺板）在不少于四个的固定检查点进行垂直度检查，发现问题，及时纠正。砌筑圆柱时，选用质地坚实、棱角分明、整齐的砖砌筑。门厅、雨篷两侧面的清水柱，排砖要对称，加工出的异形砖也要对称（即砖的弧度与角度按套板对称加工），并编号，分类堆放。加工后的侧面须磨刨平整，发现大的孔洞、砂眼，要用磨砖的粉末，加水泥浆调和嵌补，并保证色调一致。其余吊靠、清理灰缝等要求与砌清水砖墙一致。

二、异形墙的砌筑

1. 异形墙的砌筑工艺

准备工作→拌制砂浆→异形墙砌筑（包括多角形墙和弧形墙）→检查纠偏→清理、完成砌筑。

2. 异形墙的砌筑

（1）施工准备　异形砖墙一般指非90°直角的砖墙，这些墙的转角不是90°角，而是异形角。一般形式有多角形墙、弧形墙等。多角形墙的转角可分为钝角和锐角两种，如图3-22a、b所示。异形墙

砌筑前应根据施工图上注明的角度与弧度，放出局部实样，按实墙做出异形套板，若墙面是由几个角或弧度组合的，就要做出几种套板，作为砌砖时检查墙面角度或弧度的工具。

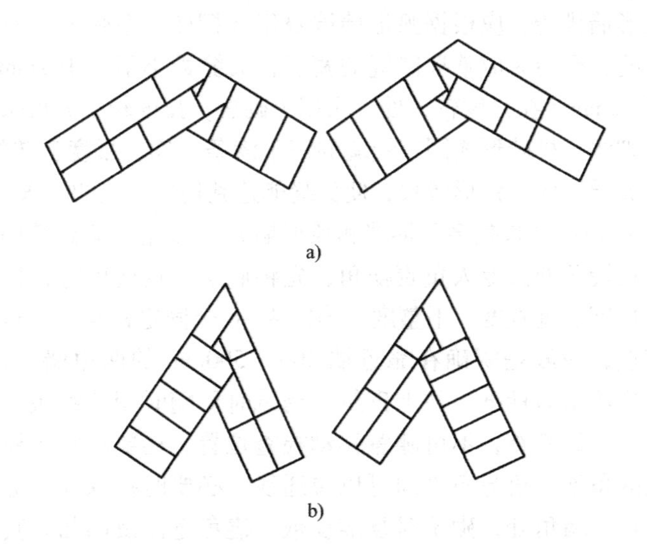

图 3-22　异形角墙体的排砌示意图

a）钝角形式（八字角）　b）锐角形式（凶角）

（2）材料准备　砖宜采用 MU7.5 以上的砖，外观应达到规格一致、棱角方正、不缺不碎的要求。应按图要求做好转角部位异形砖的加工样板，按样板加工好异形砖，如异形砖的砍切加工有困难，可用 C10 以上细石混凝土加工异形砖以代替机制粘土异形砖。其他材料要求均与一般实心砖墙要求相同。

（3）操作准备　异形砖墙砌砖之前，按施工图样弹出墙中心线，套出墙边线，用样板检查墙角是否符合要求。然后再摆第一皮砖，计算砖的排列，确定好砖，控制好砖块之间灰缝宽度，并用样板检查摆砖符合要求之后，才能进行正式砌筑。

（4）排砖摆底（包括多角形墙和弧形墙）　多角形墙体，应根据弹出的墨线，先在墙交角处用干砖试砌，察看哪种错缝方式可以少砍砖块，收头比较好，角尖处搭接比较合理。异形角处的错缝搭

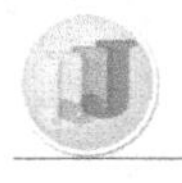

接和交角咬合必须符合砌筑的基本规则，错缝也应至少 1/4 砖长，因此在转角处切成的异形砖要大于七分头的尺寸，假如外墙为清水墙，那么砍切部分表面要磨光，错缝方式可参考图 3-19。

弧形墙排砖，应根据弧形墙墙身墨线摆砖，在弧段内经试砌并检查错缝，摆砖时应掌握砖缝的宽度，头缝最小不小于 7mm，最大不大于 12mm。在弧度较大处，采用丁砌法，弧度较小处可采用丁顺交错的砌法，排砖形式同直线墙的满丁满条一样，弧度急转的地方，可加工成异形砖、弧形砖块，使头缝能达到均匀一致的要求。

（5）砌筑（包括多角形墙和弧形墙）　多角形墙砌筑同直角墙一样，在转角处派专人负责摆角，先将底层 5 皮砖砌好，检查 5 皮砖墙的角度、垂直度、平整度，确定 4 ~ 6 个固定检查点。这几个固定检查点，一般是明确在靠近墙 400 ~ 500mm 的两边墙上，然后，以这 5 皮砖墙为标准，往上砌筑。砌筑时要随时用托线板，线锤在固定检查点处检查，不可随意移动检查位置。还要经常用样板检查异形角的角度，角与角之间可以拉通线，必要时拉双线。应将皮数杆立在每个墙角处，砌筑时复准皮数，避免弯曲及凹凸。其他操作方法与普通砖墙基本相同。弧形墙砌筑时应利用弧形墙样板控制墙体。砌筑过程中，每砌 3 ~ 5 皮砖后用弧形样板沿弧形墙全面检查一次，查看弧度是否符合要求。垂直方向同多角墙一样确定好几个固定点，用托线板检查垂直度，凡发现偏差应立即纠正。其他操作方法与多角形墙相同。

3. 附墙砖柱的砌筑

附墙砖柱与墙体连在一起，共同支撑荷载，也有的附墙砖柱就是为了增加墙体的强度和稳定性。砌筑附墙砖柱时，应使墙与垛逐皮搭接，搭接长度不少于 1/4 砖长，头角（大角）根据错缝需要应用“七分头”组砌，组砌时同样不能采用“包心法”，墙与垛必须同时砌筑，不得留槎，同轴线多砖垛砌筑时，应拉线控制附墙柱外侧的尺寸，使其在同一条直线上，附墙砖柱的排砖有一定的规则，排砖时应予以足够的重视。

第五节　拱碹及花墙的砌筑

在清水墙中，细部和装饰性的砌筑比较多，现介绍具有代表性的拱碹和花墙的操作施工过程以及注意事项。

一、清水拱碹的砌筑

清水砖拱碹有平碹和弧形碹两种，平碹的砌法是在门窗口砌到上口平时，要在口两边墙上留出20~30mm的错台，俗称碹肩；再砌筑碹高度的两侧墙，称为碹膀子，碹膀子砌够高后，在门窗上口标高处支设碹胎模。主要依立碹方法砌筑，即砖碹垂直底模板砌筑，碹的两腰墙不砍成坡度。立碹底模板支好后，弹好砖块排列线条，使砖的排列为单数，然后在模板上铺一层湿砂，使中间厚为20㎜，两端厚为5㎜，作为碹的起拱，起拱高度为1%~2%。砌砖时，用M5混合砂浆或水泥砂浆，发碹应从碹的两端碹膀子处向中间一块一块砌筑，砌时要挤紧，最后砌碹中间一块时，砖的两面披灰往下塞进去，俗称锁砖。发碹时要掌握好灰缝的厚度，立缝厚度要均匀一致，灰浆饱满，砖块挤紧，砌筑时应随时清理拱碹外表面，清理灰缝，砖缝深10~12mm，以备勾缝，砖面保持整洁。有时排好砖成单数后用铅笔划出砖和缝的宽度，这样不会砌错。

弧碹的砌筑方法与平碹基本相同。当弧碹两侧的砖墙砌到碹脚标高后，将弧形胎模板按标高支设好，两侧墙根据弧度大小，砌成有斜度的碹膀子，其斜度应与碹胎模弧度的切线垂直，碹膀子砌完后可开始在胎模上发碹，碹上的砖数应保持单数，由两端向中间发碹，弧形碹的灰缝碹上部为15~20mm，碹底部为5~8mm，立缝必须保持与碹模垂直，砖块摆砖时，一块砖侧斜砌和另一块砖立斜砌间隔进行，要求较高的弧形碹用特制的楔体形砖，砌拱碹要求砖的小头朝下，大头朝上，上下灰缝保持大小一致。弧形碹的碹座要求垂直于碹轴线，碹座以下至少5皮砖要用M5以上混合砂浆砌筑。弧形碹如图3-23所示。

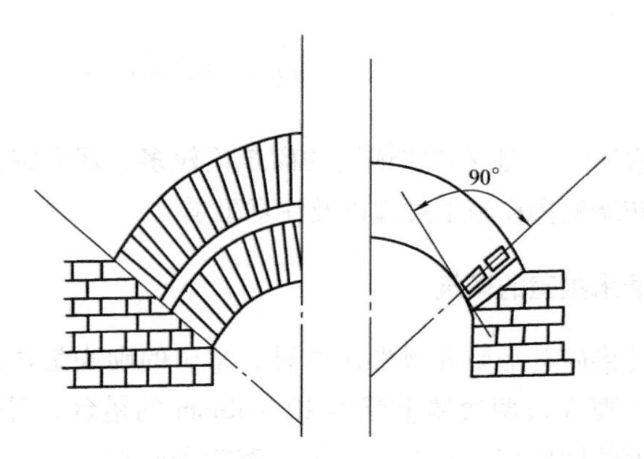

图 3-23 弧形碹线条示意

二、花饰墙的砌筑

花饰墙（花栅）是使用砖或预制花格砌成的各种图案的墙，花饰墙多用于庭院、公园和公共建筑的围墙及建筑物的阳台栏杆等处。

1. 花饰墙的砌筑的施工工艺

放样→编排图案→砌筑→检查→清理完成。

2. 操作要点

（1）放样编排图案　砌筑前应按图样要求选用花饰墙的材料、规格，放出施工大样图。然后将所砌的砖块按照花饰墙的高度、宽度和间距大小，按照大样图实地编排出花饰墙的图案实样，编排时对图案的节点处理必须熟悉和掌握，根据实样，对拼砌材料依次编号整理出花饰墙的搭砌顺序。

（2）砌筑　花饰墙的材料要求比较严格，砌筑墙时应由专人挑选，对规格不符、缺棱掉角、翘曲和裂缝的块材应予以剔除。砌筑时，按编号顺序，采用 M5 以上混合砂浆逐一搭砌，搭砌时要带线，接头处要锚固砌牢，并按照错开成形的图案花格，使上下左右整齐匀称。砌筑时要适当控制砌筑面积，不能一次或连续砌得太多，防止因砂浆强度不够，使砌体在凝固前出现失稳和倾斜，每一次的砌筑高度视材料而定。搭砌一般从下往上砌，不仅用线吊，还要用直尺靠平整，多层阳台可以先砌上层再砌下层。操作时要随时保护花

饰墙面不受损伤，以保护花饰墙达到设计效果。

（3）检查清理　花饰墙应随砌随检查，每一次检查最好在砂浆未结硬前进行，检查发现偏差及时纠正。花饰墙砌筑完毕，应全面检查，有差错的地方立即返工，合格后对墙面进行清理，特别要清理好砖缝道，用砂浆勾缝处理密实。常见的花饰墙如图3-24所示。

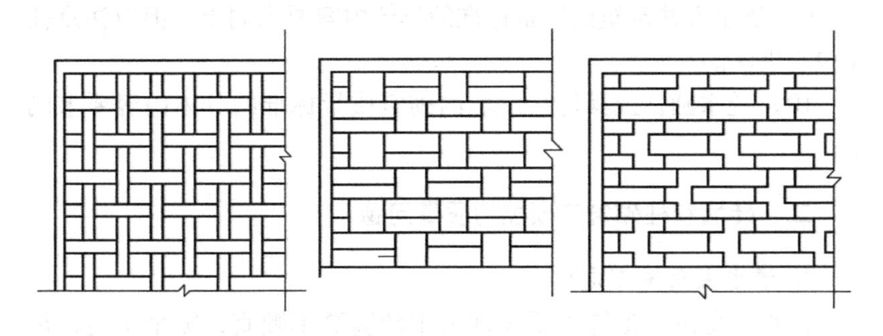

图3-24　常见的花饰墙

第六节　砖墙和柱砌筑的质量标准和应预控的质量问题

一、砖墙和柱砌筑的质量标准

砌筑的质量标准的具体内容如下：

1）砖的品种、强度等级必须符合设计要求。

2）砂浆的品种必须符合设计要求，强度必须符合下列规定：同品种、同强度等级的砂浆各组试块的平均强度不小于砂浆强度标准值，任意一组试块的强度不小于砂浆强度标准值的75%。

3）砌体砂浆必须密实饱满，实心砌体水平灰缝的砂浆饱满度不小于80%。

4）外墙转角处严禁留直槎，其他的临时间断处的做法必须符合施工规范的规定。

5）组砌正确，竖缝通顺，刮缝深度适宜、一致，棱角整齐，墙面清洁美观，无通缝。

6）接槎处灰浆密实，砖、缝平直，每处接槎部位水平灰缝厚度小于5mm或透亮的缺陷不超过5个。

7）预埋拉结筋数量、长度均应符合设计要求和施工验收规范规定，留置间距偏差不超过1皮砖。

8）构造柱留置位置正确，大马牙槎先退后进，上下顺直，残留砂浆清理干净。

9）清水方柱砌筑的质量标准的具体内容要求同上，但应注意柱无包心砌法。

10）混水圆柱及其他异形墙的砌筑质量标准的具体内容要求同上。

二、砖墙和柱砌筑应预控的质量问题

1. 清水大角游丁走缝

清水大角游丁走缝主要表现为丁砖竖缝不顺直，宽窄不均，局部出现丁不压中现象。出现这种情况的主要原因有：砖的规格不好，有长度超长或宽度缩小的现象，在丁顺互换过程中产生偏差；还有七分头没有打好，有忽长忽短现象。解决的办法是：首先要抓好砖的质量，把住砖块进场验收关，做到不合要求的砖不进场；其次砌砖时应注意砖的选择，使规格好的砖砌在正手，稍差的砌在反手；第三，七分头应统一加工，有条件的应用砂轮锯切割，使七分头加工尺寸统一，不再出现忽长忽短现象；再有修正大角偏差时，应注意同时吊线检查纠正竖缝偏差。

2. 清水大角与砖墙在接槎处不平正

清水大角与砖墙在接槎处不平正的主要原因有：清水大角不正，砌头几皮砖没有用兜方尺兜方；或在上部接槎处没有作吊线检查；再有盘砌大角时斜槎砌放过长。解决方法是：盘砌头几皮砖后，应用兜方尺检查，同时用吊线吊直下面几皮砖，这样保证上部留槎砌筑有垂直向上的砌筑依据；盘砌大角时，接槎要尽量缩短，使方正误差尽量减少；再有盘砌大角不宜一下子砌得过高，每次砌筑高度不超过500mm，应使檐墙和山墙相应跟上砌筑，这样接槎时可及时纠偏。

3. 清水方柱砖口不水平

清水方柱砖口不水平主要表现为四边砖口水平不一，有倾斜或水平灰缝超厚现象。这种现象大多出现在断面较大的方柱。盘砌时没有按规定对方柱的砖口水平检查，头几皮偏差没有及时修正，一旦发现再纠正，就会出现大灰缝；或由两人同砌一方柱，手法不同，产生两手法相交处水平缝不平直。解决的办法：可在每砌约500mm左右高度检查柱身偏差的同时，用水平尺检查上表面砖口水平度，及时修正误差；还有，断面较大砖柱不应安排两人同砌一柱，避免两人手法不同，影响水平缝平直度。

4. 多角形墙转角内墙出现通缝

这种墙转角，排砖难度较大，稍有不当转角就会出现通缝。要解决这个问题，主要应做好排砖摆底工作，应选择合适的砌筑方法，干排砖时不能只排一皮砖，最好排3～4皮砖，至少也要排2皮砖，掌握好内外墙错缝搭接。对于内外皮找砖要专人加工，使其规格一致。

5. 弧形墙外墙面竖向灰缝偏大

产生这种现象的主要原因是弧形墙弧度较小，砖墙排砌方法不当，或在弧度急转的地方没有事先加工模型砖或用瓦刀劈砖。解决的办法有：根据弧度的大小选择排砖组砌方法，不管采用哪种方法，均应在干排砖时安排好弧形墙的内外皮砖的竖向灰缝，使其满足规范要求，并应根据弧形墙适当的灰缝选择组砌方法，弧度较小采用丁砌法，弧度急转处，应加工相适应的模型砖砌筑。

第七节　砖墙和柱砌筑的安全要求

砖墙柱砌筑的安全注意事项主要有以下几方面：

1）检查脚手架：砖瓦工上班前要检查脚手架的绑扎是否符合要求，木脚手架的铁丝是否锈蚀，竹脚手架的竹篾是否枯断，对于钢管脚手架，要检查其扣件是否松动。雨雪天或大雨以后要检查脚手架是否下沉，还要检查有无空头板和迭头板。若发现以上问题，要立即通知有关班组给以纠正。

2）正确使用脚手架，无论是单排或双排脚手架，其承载力都是2.7kPa，一般在脚手架上堆放砖不得超过三码。操作人员不能在脚手架上嬉戏，不得多人集中在一起，不得坐在脚手架的栏杆上休息，发现有脚手板损坏要及时更换。

3）严禁站在墙上工作或在墙上行走，工作完毕应将墙上或脚手架上多余的材料、工具清除干净。在脚手架上砍凿砖块时，应面对墙面，把砍下的砖块随时堆入墙内空闲处以备利用，或集中在统一堆放剩料的地方运走。

4）门窗的拉结条应固定在楼面上，不得拉在脚手架上。

5）山墙砌到顶后，悬臂高度较高时，应及时安装檩条。如不能及时安装檩条，应用支撑撑牢，以防大风刮倒。

6）砌筑出檐墙时，应按层砌筑，不得先砌墙角后砌墙身，以防出檐倾翻。

第八节 砖墙和柱砌筑的技能训练

● 训练1 6m以上清水墙角的砌筑

1. 训练内容

用混合砂浆砌筑6m以上清水墙角，从标高4.5m处砌起，墙高为2m，直角每边长2m，墙厚为240mm。

2. 基本训练项目

（1）砌筑准备

1）工具准备：瓦刀、大铲、刨锛、灰板、灰桶、摊灰尺、溜子及质量检测工具钢卷尺、托线板、线锤、水平尺、皮数杆等。

2）材料准备：砌筑砂浆和勾缝砂浆的准备，砖的准备：烧结普通砖的规格、强度、外观质量应满足砌筑清水墙的要求。

计算用砖量，按标准墙每平方米128块砖净用量计算为：128块$/m^2 \times 8m^2 = 1024$块，实际用砖数量按1%损耗率增加，则最多供应成品砖数约为1024块+11块=1035块（考虑到砍七分头和二寸条等损耗）。

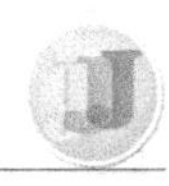

3）技术准备：首先对标高4.5m处的墙身进行找平，按设计的要求制作或者检查皮数杆，皮数杆要考虑中间洞口的留设，在墙的两端和墙角处立皮数杆并检查核对。

4）对砌筑使用的脚手架进行安全和质量检查。

5）砌筑用砖按清水墙的要求运至现场，砖强度等级由试验室提供，按砖的等级选用相匹配的砌筑砂浆等级，按要求确定配比（可自己计算配比，也可参看一些配比表），同时自己确定勾缝砂浆的种类和配合比。盘角时注意墙角部的垂直度，两侧墙的相交角度应成90°。

（2）墙体砌筑

1）确定组砌方式：尽量选择梅花丁的组砌方式，也可用一顺一丁；组砌方式确定后，可按照正常的清水墙砌筑要求进行接头。

2）排砖摆底：清水墙的排砖是按“山丁檐跑”的规律摆一皮砖，排砖时可根据砖的实际长度尺寸的平均值来确定竖缝的大小。并考虑清水墙立缝应上下通顺，垂直一致，不游丁走缝，并不得随意变动。

3）根据墙身砌筑的角砖要平、绷线要紧，上灰要准、铺灰要活，上跟线、下跟棱，皮数杆立正立直的原则进行墙体的砌筑。

4）挂线砌筑：砌筑时必须拉通线，在实际的砌筑时。如果挂线长度超过20m，为了防止线因自重而下垂，必须在墙身的中间砌上一块挑出30～40mm的腰线砖，托住准线，然后从一端穿看平直，再用砖将线压住。

5）质量自检：在砌筑清水墙过程中，为了保证墙面的美观，要随时随地地进行自检，严格做到“三层一吊，五层一靠”，保持墙面的垂直平整，同时要注意水平灰缝和竖向灰缝的砂浆饱满度，发现有偏差，要及时纠正。

6）清水墙的勾缝：清水墙砌筑完毕要及时抠缝；抠缝应深浅一致，并清扫干净，为勾缝做准备；勾缝砂浆可使用稠度为40～50mm的1∶1.5的水泥砂浆；勾缝的顺序是从上而下，自左向右，先勾横缝，后勾竖缝。

7）清水墙砌筑和勾缝工作结束后，要及时对墙面进行清扫，保持墙面的清洁美观，同时要清扫砌筑场地。

3. 训练注意事项

1）清水墙砌筑要求组砌正确，竖缝通顺，刮缝深度适宜、一致，棱角整齐，墙面清洁美观。

2）清水墙砌筑要认真进行排砖摆底，排砖时必须把立缝排匀，砌筑过程中，要经常检查水平灰缝厚度和竖直灰缝的垂直度，使砂浆饱满，灰缝均匀，保持墙面的垂直平整，避免游丁走缝。

3）勾好的横缝与竖缝要深浅一致，交圈对口，一段墙勾完以后要用扫帚把墙面扫干净，勾完的灰缝不应有搭槎、毛疵、舌头灰等毛病，不得有瞎缝，墙面的阳角处水平缝转角要方正，阴角的竖缝要勾成弓形缝，左右分明，不要从上到下勾成一条直线，影响美观。

训练2　清水方柱的砌筑

1. 训练内容

砌筑一清水方柱，高2.5m，截面尺寸490mm×490mm。

2. 基本训练项目

（1）砌筑准备：

1）工具准备：瓦刀、大铲、刨锛、灰板、灰桶、摊灰尺、溜子及质量检测工具钢卷尺、托线板、线锤、水平尺、皮数杆等。

2）材料准备：砌筑砂浆和勾缝砂浆的准备；烧结普通砖的规格、强度、外观质量应满足砌筑清水柱的要求；按标准砖每立方米546块，则砖用量计算为：546块/m^3×0.49m×0.49m×2.5m=328块（已考虑到各种损耗）。

3）技术准备：首先进行场地找平，并弹柱身线，按设计的要求制作皮数杆。

4）对砌筑使用的脚手架进行安全和质量检查。

5）对砌筑的作业面进行清扫，找平。砌筑用砖按柱的要求运至现场，砖强度等级由试验室提供，按砖的等级选用相匹配的砌筑砂浆等级，按要求确定配比（可自己计算配比，也可参看一些配比表）；同时自己确定勾缝砂浆的种类和配合比。盘角时注意角部的垂直度，砖柱四角角度都应为90°。

（2）柱体砌筑

1）确定组砌方式：方柱排砖时使柱面上下皮砖的竖缝相互错开1/2砖长或1/4砖长，柱心无通天缝，少打砖，严禁包心砌筑。

2）排砖摆底：方柱排砖先干摆2～4皮样砖，使排砖符合组砌原则，排砖时可根据砖的实际长度尺寸的平均值来确定竖缝的大小，并考虑方柱立缝应上下通顺，垂直一致；不得随意变动。

3）砌筑：要选用边角整齐、规格一致、质量较好的砖，砖口四周表面要水平一致，其他关于灰缝操作等方面的要求与清水墙相同。

4）质量自检：在砌筑清水方柱过程中，为了保证柱面的美观，要随时随地地进行自检，严格做到“三层一吊，五层一靠”，保持柱面的垂直平整，同时要注意水平灰缝和竖向灰缝的砂浆饱满度，发现有偏差，要及时纠正。

5）清水柱的勾缝：清水柱砌筑完毕要及时抠缝；抠缝应深浅一致，并清扫干净，为勾缝做准备；勾缝砂浆可使用稠度为40～50mm的1∶1.5的水泥砂浆；勾缝的顺序是从上而下，自左向右，先勾横缝，后勾竖缝。

6）方柱砌筑和勾缝工作结束后，要及时对柱面进行清扫，保持柱面的清洁美观，同时要清扫砌筑场地。

3. 训练注意事项

1）清水方柱砌筑要求组砌正确，边角整齐，无通天缝和包心砌法，刮缝深度适宜、一致，柱面清洁美观。

2）清水柱砌筑要认真进行排砖摆底，排砖时必须把立缝排匀，砌筑过程中，要经常检查水平灰缝厚度和竖直灰缝的垂直度，使砂浆饱满，灰缝均匀，保持柱面的垂直平整。

3）勾好的横缝与竖缝要深浅一致，交圈对口，一段墙勾完以后要用扫帚把柱面扫干净，勾完的灰缝不应有搭槎、毛疵、舌头灰等毛病，不得有瞎缝，柱面的阳角处水平缝转角要方正，左右分明，不要从上到下勾成一条直线，影响美观。

4）砌筑时脚手架上的堆砖不能超过3层，砖要丁头朝外码放。灰斗和其他材料应分散放置，以保证使用安全。

● 训练3 混水圆柱的砌筑

1. 训练内容

砌筑混水圆柱，高2.5m，柱径600mm。

2. 基本训练项目

这里只单独讲砖块需用量的计算。

圆柱用标准砖按每立方米735块计算（已经包含7%左右损耗量），则用砖块数量为：735块/m^3 ×3.14 ×0.3m^2 ×2.5m =520块。

圆柱先放线试摆，只要达到错缝合理，不出现包心，外形较美观就可以，按照选用的方案做好弧形板，加工弧形砖；其他内容参看训练2。

3. 训练注意事项

参看训练2。

● 训练4 异形墙角的砌筑

1. 训练内容

砌筑一清水墙角，为钝角（即八字角或大角）；高2m，角每边长2m，墙厚为240mm，用混合砂浆砌筑。

2. 基本训练项目

所用内容参看清水墙角砌筑，这里不再重复。

3. 训练注意事项

摆砖要注意异形角处“七分头”的砍制和普通直角砍砖不同，砖角部不应有凹凸不平及缺棱掉角现象，砌好后的角顶点在一垂线上，角两侧墙面垂直和平整。其他要求参看训练1。

复习思考题

1. 砌筑用砂浆的种类和用途有哪些？
2. 砌筑用砂浆的技术要求有哪些？
3. 影响砂浆强度的因素有哪些？
4. 如何进行异形砖的计算放样？

5. 加工异形砖的操作要点有哪些？
6. 拱碹异形砖块计算方法有哪些？
7. 如何进行砌筑用异形砖的放大样？
8. 异形砖的砍、磨操作要点是什么？
9. 6m 以上清水墙角砌筑的施工准备有哪些？
10. 6m 以上清水墙角排砖摆底应该怎样进行？
11. 6m 以上清水墙角砌筑时注意的要点有哪些？
12. 清水方柱的砌筑要点有哪些？
13. 简述清水方柱的砌筑方法。
14. 简述混水圆柱砌筑方法。
15. 异形墙如何进行排砖摆底，砌筑时应注意哪些要点？
16. 拱碹的砌筑要点有哪些？
17. 花饰墙的砌筑要点有哪些？
18. 砌筑砖墙和柱时应预控哪些质量问题？
19. 简述砖墙和柱砌筑时应注意的安全问题。

第四章

空斗墙、空心砖和砌块墙的砌筑

培训学习目标 通过本章的学习，了解各种新型砌体材料的性能、特点和使用方法，掌握各种类型的空斗墙、空心砖墙和砌块墙的组砌方式和构造知识，掌握冬雨期施工的有关知识。通过技能训练，熟练地掌握空斗墙、空心砖墙、砌块墙的砌筑工艺、砌筑要点和质量验收的标准及常见质量问题的预控。

第一节 空斗墙、空心砖墙砌筑的基本知识

一、空斗墙的构造

空斗墙是由普通砖经平砌和侧砌相组合砌筑而成的有空斗间隔

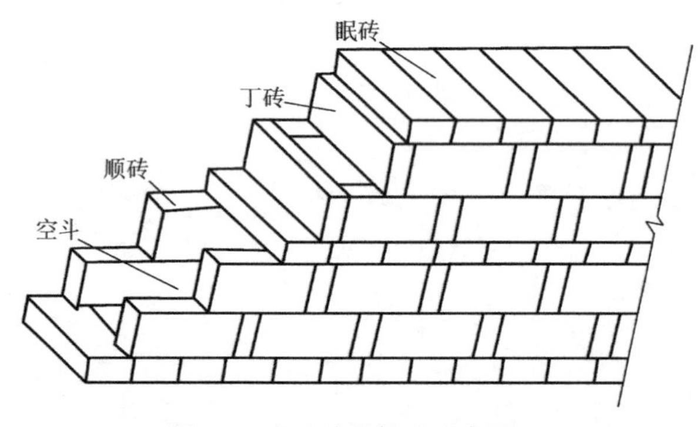

图 4-1 空斗墙的构造示意图

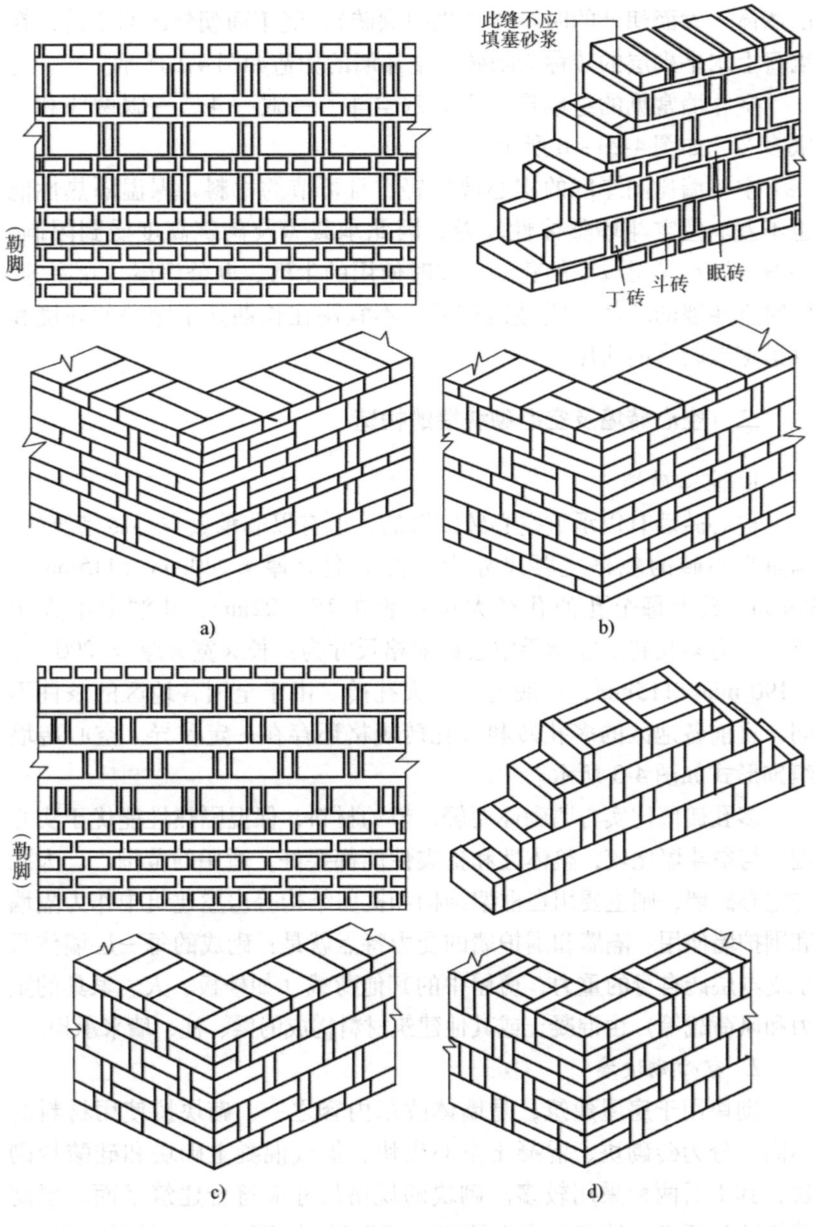

图 4-2　空斗墙常见的组砌形式

a）一眠一斗　b）一眠两斗　c）一眠多斗　d）无眠空斗

的墙体。大面朝外的叫斗砖（也叫顺砖），竖丁面朝外的叫丁砖，在墙身上水平砌层的砖称为眠砖。空斗墙的构造如图 4-1 所示。

空斗墙常见的组砌形式有无眠空斗、一眠一斗、一眠两斗和一眠多斗，如图 4-2a ~ d 所示。

空斗墙比同厚度的实心墙略轻，且可节约材料，保温隔热性能也不差。但空斗墙整体性较差，因此承载力及砌筑高度受到限制，一般可用在三层以下的建筑、临时使用的生活、办公房屋、仓库等。同时空斗墙的墙体抗震性能较差，不宜用在长期处于潮湿的环境和管道穿墙较多的房屋。

二、空心砖墙及空心砌块墙的构造

1. 空心砖墙

空心砖墙有以承重空心砖砌筑的，也有以非承重空心砖砌筑的。承重空心砖的规格主要尺寸为：长 × 宽 × 厚 = 240mm × 115mm × 90mm，砖上每个孔的孔径大小一般在 18 ~ 22mm，孔洞率不大于 25%，为多孔砖。非承重空心砖规格尺寸为：长 × 宽 × 厚 = 290 mm × 190 mm × 115mm，一般为三孔大孔砖。由于全国各地区的条件不同，目前各地区的多孔砖和大孔砖规格还存在一定差异。空心砖墙组砌形式如图 4-3 所示。

多孔砖墙比实心墙砌体要轻，节约材料，保温隔热性能优于实心墙。与空斗墙比较，整体性和抗震性能都要好，适用的范围广。大孔的空心砖墙，则主要用在框架结构和框剪结构等房屋建筑中作为隔墙和围护墙使用。隔墙和围护墙的受力特点就是：砌成的每一层墙体只承受本层砖自身的重力，房屋中的其他荷载（如楼板、人、家具的重力和风荷载等）由混凝土或其他建筑材料构成的梁、柱、墙来承担。

2. 空心砌块墙

砌块用于房屋建筑，是墙体改革内容之一，砌块按使用材料的不同，分为砖砌块、混凝土空心砌块、加气混凝土砌块和硅酸盐砌块，其中后两种采用较多。砌块的规格尺寸应符合建筑平面、层高等模数的要求，这样一来在施工中可以做到不镶砖或少镶砖。另外，还要结合材料的性能决定砌块选用的几何尺寸，如厚度由材料的强

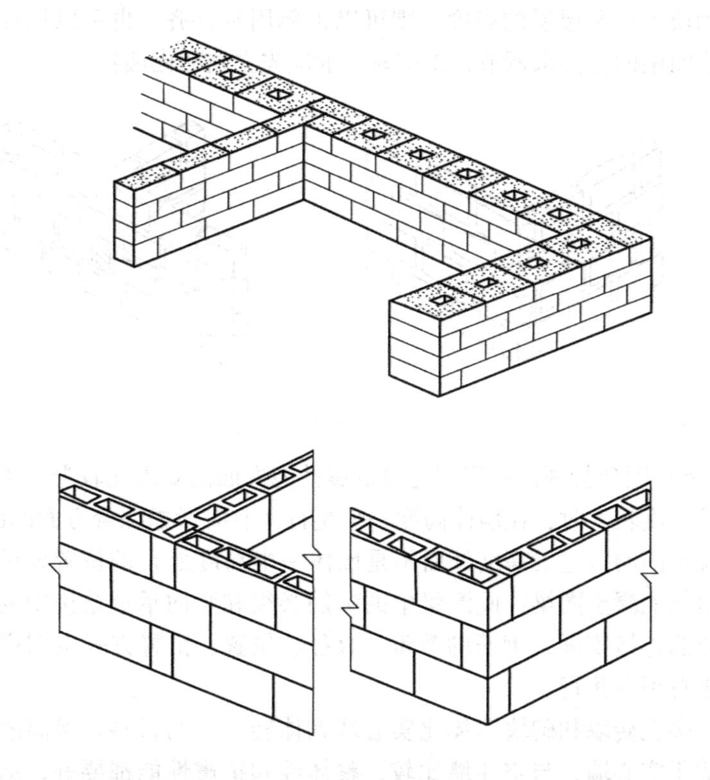

图 4-3　空心砖墙组砌形式

度、热传导等因素决定，同时还要考虑施工时便于搬运和吊装。砌块最简单的组砌形式如图 4-4 所示，但应注意：

1）砌块排列应以主规格为主，不足一块时可以用次要规格代替，尽量做到不镶砖。

2）排列时要使墙体受力均匀，注意到墙的整体性和稳定性，尽量做到对称布置，使砌体墙面美观。

3）砌块必须错缝搭接，搭接长度应为砌块长的 1/2，或者不少于 1/3 砌块高，纵横墙及转角处要隔层相互咬槎 。

4）错缝与搭接小于 150mm 时，应在每皮砌块水平缝处采用钢筋网片连接加固。

5）层高不同的房屋应分别排列，用圈梁的要排列到圈梁底。如果砌块不符合楼层的高度，则可以顶部用砖补齐，也可以用加厚混凝土圈梁的方法来调节，组砌时一般应先立角后砌墙身。

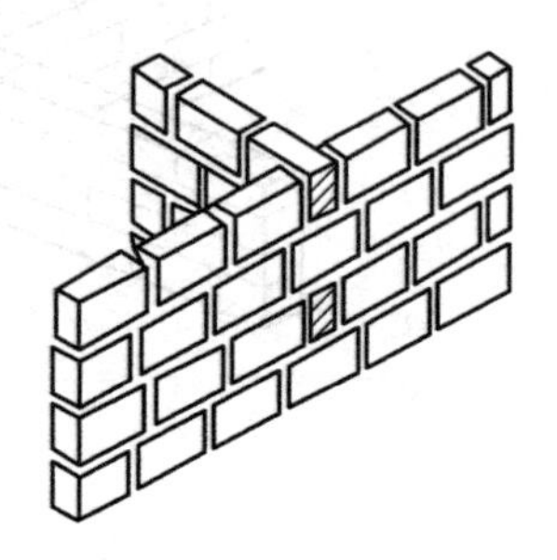

图4-4 简单的砌块组砌示意

6）因现行规范对房屋建筑抗震性能方面的要求比较严，当填充墙的高度较大时，在墙体高度一半左右（有时考虑综合方面的因素，会设在门洞口过梁高度处而不是墙体一半高度处）的位置要设置水平钢筋混凝土圈梁，此圈梁中的纵筋必须和竖向承重结构中的水平预留筋连接牢固，钢筋的数量、直径、位置、留置方式按图样中的施工总说明执行。

多孔砖墙和砌块墙体比实心墙砌体轻，节约材料，保温隔热性能优于实心墙，与空斗墙比较，整体性和抗震性能都要好，适用范围广，是目前国内墙体改革第一步推行的目标。大孔砖和砌块则用于隔断框架结构起围护作用的墙体，也是墙体改革推广的材料之一。

第二节 空斗墙的砌筑

一、空斗墙砌筑的工艺顺序

准备工作→排砖摆底→砌筑→检查质量→结束施工。

二、空斗墙砌筑的工艺要点

1. 材料准备

砖应选用边角整齐、颜色均匀（尤其是清水墙）、规格一致、无

挠曲和裂缝的整砖，砖的强度等级不应低于 MU10。砂浆宜拌制和易性好、强度不低于 M2.5 的混合砂浆。

2. 施工准备

砌筑前在熟悉图样的基础上，复核基础墙的轴线和标高，安排好门窗洞口尺寸，同时检查基础墙的水平，并找平。检查皮数杆的空斗皮数是否符合要求，因空斗墙披灰砌筑，不宜“提灰”或“压灰”，难以从灰缝中调整找平，所以一定要认真检查，对斗皮和卧皮一定要根据砖的实际排好。基础往上勒脚部分必须砌实心砖墙，皮数杆也必须符合。必须根据设计图样确定几斗几眠，做好有关部位的相应连接，安排好洞口的镶边和标高。砖块在砌筑前一天要浇水湿润。

3. 确定组砌形式

空斗墙的排砖组砌，必须按图样确定的几斗几眠进行。先进行干排砖，排砖要像实心砖墙一样，把墙的转角和交接处排好，把门口和窗口按砖的模数安排合适，而且还应在转角处、丁字交接处和砖垛与墙体交接处使上下皮均互相搭砌，如图 4-5 所示。排砖不足整砖处，可加砌丁砖或平砖，不得砍凿斗砖砌筑。一开始摆底，应注意灰缝的横平竖直、排砌均匀，灰缝厚度为 10mm 左右，不应小于 8mm，也不应大于 12mm，并要保证上下皮斗砖能错缝搭砌。

4. 空斗墙的盘角

空斗墙的外墙大角应用实心砖砌成弓形槎，如图 4-2 所示，然后与空斗墙交接，盘砌大角不宜过高，以不超过三斗砖为宜，并随时用托线板检查垂直度，同时还应检查与皮数杆是否相符。

5. 空斗墙的砌筑要点

1）空斗墙的内外墙应同时砌筑，不宜留槎，附墙砖垛也必须与墙身同时砌筑。内外墙交接处和附墙砖垛应砌实心墙，如图 4-5a、b 所示。

2）空斗墙砌筑时要做到横平竖直、砂浆饱满，要随砌随检查，发现歪斜和不平应及时纠正，决不允许墙体砌完后，再撬动或敲打墙体。

3）空斗墙的空斗内不填砂浆，墙面不应有竖向通缝。

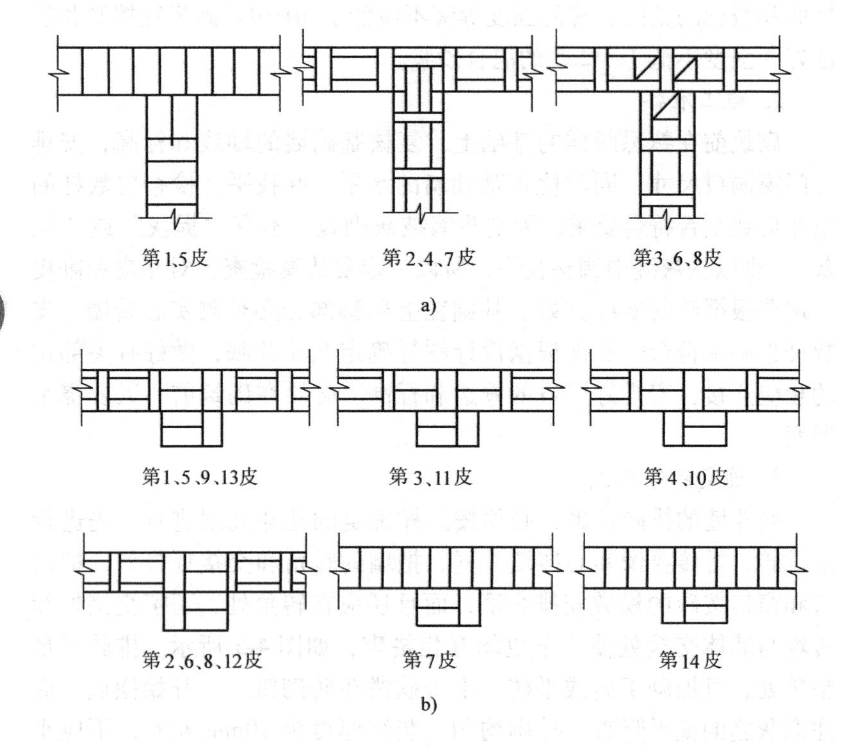

图4-5　空斗墙交接处与附墙砖垛组砌示意图

a）空斗墙丁字交接处的砌法示意图　b）空斗墙附砖垛的砌法示意图

4）空斗墙上的过梁，可做拱碹或平砌式钢筋砖过梁，当支承于承重空斗墙上时，其跨度不宜大于1.2m，当用于非承重的空斗墙上时，其跨度不宜大于1.75m。

6. 空斗墙中应砌实心墙的部位

为提高受力性能，空斗墙在下列部位应砌成实心墙：

1）墙的转角处和交接处。

2）室内地坪以下全部砌体。

3）室内地坪和楼板面上三皮砖部分。

4）三层房屋外墙底层窗台标高以下部分。

5）楼板、圈梁、搁栅和檩条等支承面下2~4皮砖的通长部分。

6）梁和屋架支承处及设计要求的部分。

7）壁柱和洞口的两侧240mm范围内。

8）屋檐和山墙压顶下2皮砖部分。

9）楼梯间墙、防火墙、挑檐以及烟道和管道较多的墙。

10）作框架填充墙时与框架拉结筋的连接处以及预埋件处。

7. 空斗墙与实心墙的连接

空斗墙与实心墙的竖向连接处应相互搭砌。砂浆强度等级不低于M2.5，以加强结合部位的强度。

8. 空斗墙的洞口留置

空斗墙中留置的洞口和预埋件，应在砌筑时留出，不得砌完再砍凿。相配合安装的水电管线洞口，也应在砌筑时及时留好。

9. 质量检查

当空斗墙砌筑到顶面完成最后一皮眠砖后，应对墙身进行全面检查。对超出允许偏差的应拆除重砌，不应采用敲击的方法矫正。对于遗漏的洞口及埋件，也应拆除该部分墙体重新留设，不得用敲击凿洞的方法来补救。

10. 结束施工

墙体检查修正后，应清扫墙面；如果是清水墙，还要清扫砖口灰缝，勾缝后，才能结束砌筑。

第三节　空心砖墙的砌筑

一、空心砖墙砌筑的工艺顺序

准备工作→排砖摆底→砌筑墙身→检查质量→结束施工。

二、空心砖墙砌筑的操作要点

1. 材料准备

按设计要求检查空心砖的型号、规格和质量、强度等级，计算出承重空心砖和非承重空心砖的数量。查验空心砖的出厂合格证，强度是否符合设计要求，凭出厂合格证对空心砖进行抽样检查试验，试验合格后方可使用。其次应检查空心砖的外观质量，空心砖的外观质量反映在规格的大小，有无缺棱、掉角以及裂缝等缺陷，抽检合格率是否符合空心砖外观等级指标要求，欠火砖和酥砖不得使用。另外清水外墙的空心砖要求外观颜色均匀一致，表面无压花，质量不符合要求的空心砖不得使用。空心砖砌筑砂浆采用不低于 M2.5 的混合砂浆。运输堆放空心砖应轻拿轻放，减少损耗，砖使用时提前 1～2d 浇水湿润。

2. 施工准备

空心砖墙砌筑前的施工准备与空斗墙相同，但是应根据空心砖不易砍砖的特点，准备不同规格的非承重空心砖，同时还应准备切割用的砂轮锯砖机，以便组砌时用半砖或七分头。

3. 排砖摆底

空心砖墙排砖摆底时应按砖块尺寸和灰缝厚度计算皮数和排数，空心砖墙的灰缝厚度为 8～12mm。多孔砖的孔应垂直向上，组砌方法为整砖顺砌或梅花丁，从转角或定位处开始向一侧排砖，内外墙同时排砖，纵横墙交错搭接，上下皮错缝搭砌，一般要求搭砌长度不小于 60mm，如图 4-6a、b 所示。

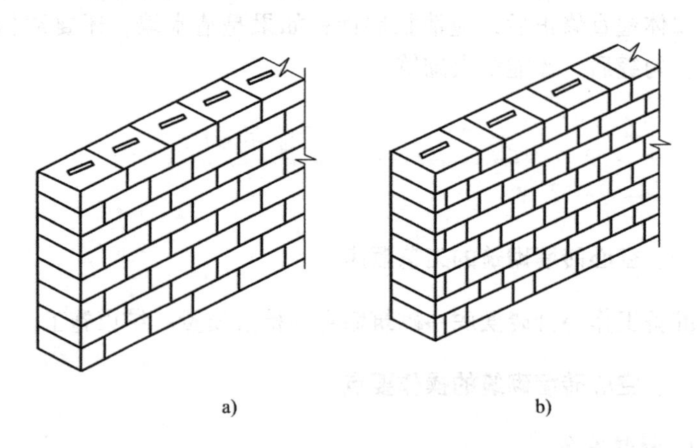

a)　　b)

图 4-6　空心砖整砖顺砌和梅花丁组砌示意图

a）整砖顺砌　b）梅花丁

大孔空心砖墙组砌为十字缝，上下竖缝相互错开 1/2 砖长。排列时在不够半砖处，可用普通砖补砌，门窗洞口两侧 240mm 范围内

应用实心砖排砌，如图4-7所示。上下皮砖排通后，应按排砖的竖缝宽度要求和水平灰缝厚度要求拉紧通线，完成摆底工作。

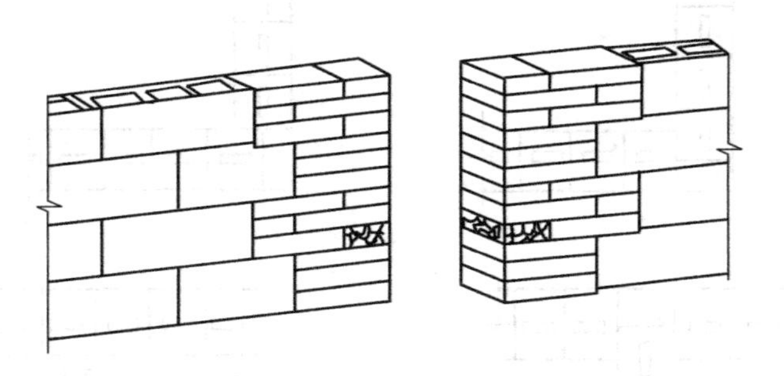

图4-7　空心砖墙门口洞边包实心砖砌法示意图

4. *砌筑墙身*

因空心砖厚度大约为实心砖的2倍，砌筑时要注意上跟线、下对棱。砌到1.2m以上高时，是砌墙最困难的部位，也是墙身最易出现毛病的时候，这时脚手架宜提高小半步。使操作人员体位升高，调整砌筑高度，从而保证墙体砌筑质量。

5. *空心砖墙的连接*

空心砖墙的大角处及丁字墙交接处，应加半砖使灰缝错开。转角处半砖砌在外角上，丁字交接处半砖砌在纵墙上，如图4-8a、b所示。盘砌大角不宜超过三皮砖，也不得留槎，砌后随即检查垂直度和砌体与皮数杆的相符情况。内外墙应同时砌筑，如必须留槎，则应砌成斜槎，斜槎长厚比应按砖的规格尺寸确定。

6. *砌筑要点*

1）砌体灰缝应横平竖直，砂浆密实。水平灰缝饱满度和竖直灰缝饱满度应满足规范要求，墙体不允许用水冲浆灌缝。

2）大孔空心砖砌筑时应对以下部位砌实心砖墙：处于地面以下或防潮层以下部位的砌体，非承重墙的底部三皮砖，墙中留洞、预埋件处、过梁支承处等。

3）与框架相接的地方必须把框架柱预留的拉结钢筋砌入墙体，拉结筋设钩，以保证柱与墙体的连接。

4）预制过梁、板安装时，坐浆要垫平，墙上的预留孔洞，管道沟

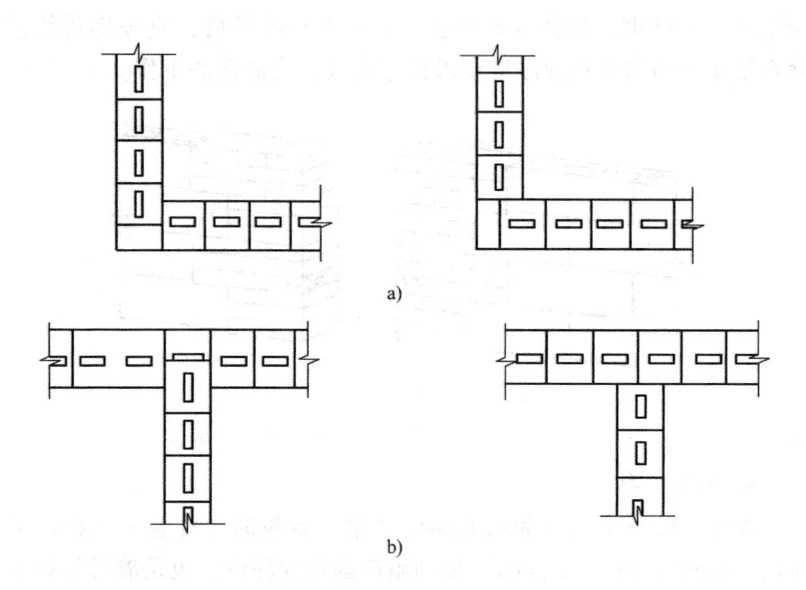

图 4-8 空心砖墙转角组砌示意图

a）空心砖墙大角的错缝 b）丁字墙交接处的错缝

槽和预埋件，应在砌筑时预留或预埋，不得在砌好的墙上打凿开孔。

5）半砖厚空心砖内隔墙，如墙较高较长，应在墙的水平缝中加设钢筋，可用 ϕ6 钢筋 2 根或砌实心砖带，即每隔一定高度砌几皮实心砖。

7. 检查质量，结束施工

每砌完一单元或一层楼后，应按规范检查墙体的垂直平整度，校核墙体的轴线尺寸和标高。对于超出允许偏差规定的应拆除重砌或采取补救措施，在允许范围内的偏差，可在上层楼板面上予以校正。检查清理完毕即完成全部砌筑。

第四节 空心砌块墙的砌筑

一、空心砌块墙砌筑的工艺顺序

熟悉施工图和排列图→做好施工准备，找出墨斗线位置→将预先浇好水的砌块吊至指定地点→根据墨线铺摊砂浆→砌块就位和找

正→灌嵌竖缝→普通砖镶砌工作→检验质量后勾缝→清扫墙面→清扫操作面。

二、空心砌块墙的砌筑要点

1. 材料准备

在砌筑砌块前注意检查准备工作是否已经做好：材料方面，根据设计的要求准备好所用的砌块，并了解最大砌块的单块重量，确定砌块的运输方式；当砌块模数不能满足设计尺寸的要求时，应用烧结普通砖来调整，因此现场还要准备一些普通砖；进行木砖，拉结筋的准备；了解水、暖、电等工种的预埋情况；水泥、砂子、掺和料等与别的砌体要求基本相同。

2. 场地准备

由于砌块比砖要大得多，搬运不如砖块方便，同时砌块又有多种规格，所以砌块砌筑时对场地的要求就显得更为突出。砌块堆放的场地不仅要求地势比较高、平整、夯实、排水畅通，而且要考虑到砌块的装卸和搬运方便，并考虑运输至操作地点和配合操作顺序，尽量杜绝现场的二次搬运。砌块的规格数量要配套，不同规格的砌块应分别码放，堆垛边上应有标志说明牌，垛与垛之间应留有通道，以便装卸运输车辆通行。砌块堆放时应上下皮交错叠放，堆放的高度一般不宜超过3m，堆垛应尽量设在垂直运输设备工作的回转半径范围之内，远离高压线。同时在现场应配套储存足够数量的砌块，以确保施工顺利进行。

3. 工具准备

小型砌块可以采用人力扛抬，除了砌筑工常用的工具外，还要准备索具和夹具、手撬棍、木锤、灌缝夹板、钢筋夹头、木制的摊灰尺等以方便施工时使用，有时砌块也常用小型起重机械来吊装，如少先吊、台灵架等，这些简单的起重设备可直接在现场用钢材焊接成骨架，配上相应能力的卷扬机即可。

4. 技术准备

技术准备方面一般要先熟悉图样，除了要熟悉建筑平面图和详图外，还要弄清楚砌块排列大样图，排列大样图是由施工人员根据设计图样和砌块尺寸模数绘制的，它考虑了砌块的组合，也考虑了用烧结普通砖镶砌的情况，操作者在弄懂排列图的条件下，才能贯彻施工技术人员的意图，查清墨斗线，弄清砌筑位置和门窗洞口位置，情况清楚后再核对一下图样。

砌块砌筑不仅要与井架等垂直运输机械配合好，还可能与小型楼面机械配合，因此要清楚机械操作与本工种的相互关系，了解机械设备的性能，如回转半径、起重高度、起重量等，以提高安全操作性和工作效率。

砌块的施工关键是与起重机械的配合！

砌筑宜用混合砂浆（除非设计另有规定），当缝宽超过30mm时，要灌细石混凝土，砂浆的稠度控制在70～80mm。

5. 操作工艺要点

1）清扫基层：找出墨斗线，做好砌筑的准备。

2）铺砂浆：用瓦刀或配合摊灰尺铺平砂浆，砂浆层厚度控制在10～20mm（有配筋的水平缝15～25mm），长度控制在一块砌块的范围内。

3）把砌块平整的一面朝向正面，放在铺好的砂浆上。以准线校核砌块的位置和平整度，较大的砌块可用水平尺校正。安装砌块时要防止偏斜及碰掉棱角，也要防止挤走已铺好的砂浆。要经常用托线板及水平尺检查砌体的垂直度和平整度，较小的偏差可利用瓦刀或撬棍拨正，较大的偏差应抬起后重新安放，同时要将原铺砂浆铲除后重新铺设。

4）砌完两块以上的砌块以后，灌缝人员应用夹板夹住竖缝灌浆。竖缝宽度大于30mm时应采用细石混凝土灌注。

5）完成一段墙体的砌筑以后，应将灰缝抠清，将墙面和操作地点清扫干净，有条件时应随手把灰缝勾抹好。

6）砌块安装前应核对楼地面的水平标高，进行内外墙的测量及弹线，划出墙身边线及门洞尺寸线，必要时还可划出第一皮砌块的排砌位置。

7）吊装前砌块宜大堆浇水湿润，并将表面浮渣及垃圾清扫干净。

8）镶砌砖的强度等级。应不低于砌块强度等级，镶砖用的砂浆

应与砌块砂浆相同。

9）砌块安砌的顺序，一般为先外墙后内墙，先远后近，从下到上按流水分段进行安砌。在一个吊装半径范围内，内外墙必须同时砌筑。

10）安砌时，应先吊装转角砌块（俗称定位砌块），然后再安砌中间砌块。砌块应逐皮均匀地安装，不应集中安装一处。

11）砌筑砌块用的砂浆不低于M2.5，宜用混合砂浆，稠度70～80mm。水平灰缝铺置要平整，砂浆铺置长度较砌块稍长些，宽度宜缩进墙面约5mm。竖缝灌浆应在安砌并校正好后及时进行。

12）砌块吊装应直起直落，下落速度要慢，在离安装位置300mm左右时，操作者要手扶砌块，将其稳妥地引放在铺好的砂浆层上，待放平稳后才能松开夹具。

13）校正时一般将墙两端的定位砌块用托板校垂直后，中间部分拉准线校正。

14）在施工分段处或临时间歇处应留踏步槎。每完成一吊装半径的墙体后，要把灰缝抠平压实，并将墙面清扫干净。

15）施工时，所采用的砌块规格、品种、强度等级必须符合设计要求，外观颜色要均匀一致，棱角整齐方正，不得有裂纹、污斑、偏斜和翘曲等现象。

16）当采用台灵架吊装时，其缆风绳的角度应满足要求，并要系紧拉牢，台灵架下的垫头板要垫准垫稳，为使拔杆能灵活转动，台灵架的后部可比前部垫高约50mm，并加好平衡重量。

17）砌块冬期施工使用的砂浆，可掺入化学附加剂，掺入量应参照砖石工程冬期施工的规定执行。在安砌前，应先清除砌块表面的污垢和冰霜，清除时不要倾注热水，因为水在冷却后反而会在砌块表面结成薄冰层，不利于施工。安砌停歇或下班后，墙面应用草帘覆盖保温。

18）加气混凝土砌块由于强度较低，只适用于3层和3层以下的承重墙以及框架结构的填充墙、分隔墙等，其砌筑方法基本与前述砌块的施工方法相同，只是它的重量轻，有时可以不用机械吊装。砂浆宜用混合砂浆，砌前砌块宜浇水湿润。当采用加气混凝土砌块作承重墙时，要求纵横墙的交接处均应咬槎砌筑，并应沿墙高每隔1m在灰缝内配置2ϕ6钢筋，每边伸入墙内1m左右，见图4-9a、b。作为框架的填充墙或隔断墙时，也要求沿墙高每隔1m用2ϕ6钢筋与承重墙或柱子拉结，钢筋伸入墙内不小于1m，见图4-10。墙的上部要求与承重结构嵌牢。

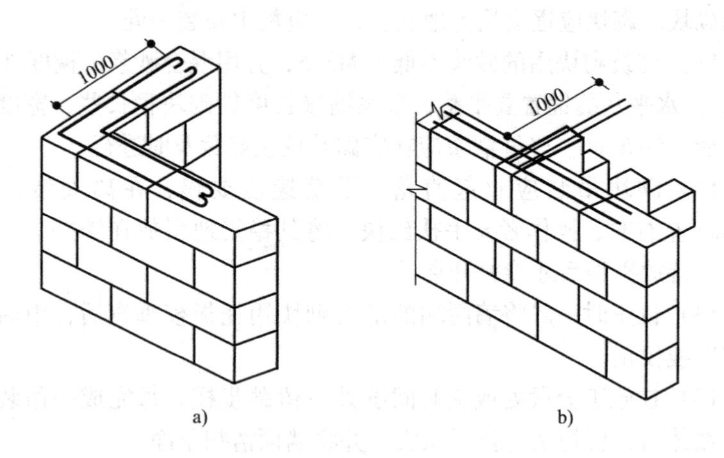

图4-9 转角及纵横墙交接处连接示意图

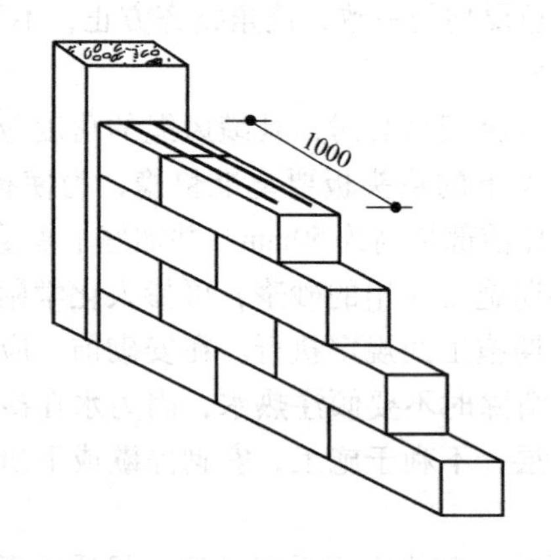

图4-10 砌块与柱连接示意图

19）加气混凝土砌块强度较低，在运输和堆放时都要十分注意。堆放时地下要垫平，不要堆得过高，防止堆放过程中产生裂缝，造

成损失。

20）加气混凝土砌块作为外墙时，必须在外墙面进行饰面处理，以提高墙体的耐久性。

第五节 砌筑工程冬雨期施工常识

我国地域广阔，各地的气候差异又很大，而建筑工程中的砌筑又大多数是在露天下作业，受气候条件的影响是相当明显的。施工要求和质量保证是按正常气温时期进行的，这就是所谓的常规操作。但在气温较低的冬季和气温较高的夏季，由于天气变化出现冰冻或多雨大风，在施工中要采取一定的措施，才能确保砌筑工程的施工质量。

一、冬期施工

1. 冬期施工的规定

根据当地多年的气温资料，室外日平均气温连续5d低于5℃时，定义为冬期施工。按照混凝土结构工程施工及验收规范规定：室外日平均气温连续5d稳定低于5℃时的初日作为冬期施工的开始日。同样，当气温回升时，取第一个连续5d日平均气温稳定高于5℃时的末日作为冬期施工的终止日。冬期砌砖的突出问题是砂浆受冻，砂浆中的水在0℃以下结冰，使水泥得不到水而无法水化或无法充分水化，砂浆不能凝固，砌体强度大大降低，另一方面，砂浆在温度回升后又会开始解冻，砌体容易出现沉降。因此，在冬期施工时要采取有效措施，使砂浆达到早期强度，保证能正常施工和新砌砌体的砌筑质量。

2. 冬期施工的准备

冬期施工时要做一些准备工作，如搭设搅拌机保温棚，对水管也要有保温措施，砌筑简单的炉灶来烧热水，准备一些保温材料如草帘、草袋彩条布，购置抗冻剂（最简单的就是盐——氯化钠）。

砌筑材料方面，砖和石材在使用前，应清除冰霜，砖不宜浇水；砂应过筛，并不得含有冰块和直径较大的冻结块；砂浆宜采用普通

硅酸盐水泥拌制；石灰膏应保温，防止受冻，如遭受冻结，经融化后方可使用，受冻后已经脱水的石灰膏则不能再使用；如用热水拌制砂浆，则水的温度不得超过80℃，砂温度不得超过40℃；对现场的材料应分类集中堆放，必要时应遮盖，以防霜冻侵袭；砂浆在搅拌、运输、储放过程中要进行保温，严禁使用已经冻结的砂浆；地基土为不冻胀土时，基础可在冻结的地基上砌筑，基土为冻胀土时，必须在未冻结的地基上砌筑，施工时和回填土前，应注意防止地基遭到冻结；砖砌体的灰缝在8～10mm，灰缝要密实，在砌筑方法上宜用“三一”砌筑法，每天砌筑后应在砌体表面覆盖保温材料。

3. 冬期施工的方法

冬期施工的砌筑方法很多，下面主要介绍两种：

（1）蓄热法　适用于冬期正负温差不大，夜间冻结白天解冻的地区。根据这种特点，充分利用中午气温较高时加快砌筑的速度，完工后用草帘或其他便宜方便的保温材料将墙体覆盖，使墙体内的热量和水泥产生的水化热不易散失，保持一定的温度，使砂浆在未冻之前获得所需强度。

（2）抗冻砂浆法　根据砂浆在具有一定强度后遭受冻结，在解冻后强度会继续增长的原理，在砂浆中掺入一定数量的抗冻化学剂，起到降低砂浆中水的冰冻点，在0℃时不结冰，其和易性没有破坏，使砂浆在一定的负温度下不冻结并能继续缓慢地增长强度，这样一来就保证了砌筑质量。抗冻剂的种类很多，使用时可根据当地的供应情况和当地的大气温度确定，比如常用氯化钠（盐），因为它在负温度下强度增长比其他常见的外加剂要快，而且货源充足，在掺入氯化钠（盐）时，应先调制成溶液，然后投入搅拌。即将干燥的盐溶解在温水里，注意控制其掺入量，若在掺盐的同时还要在砂浆中掺入微沫剂，则盐溶液和微沫剂溶液必须在拌和中先后加入。同时应对拉结钢筋等预埋金属铁件做好防腐处理。

（3）其他方法：除去所介绍的两种施工方法外，还有冻结法、蒸汽法、暖棚法和电热法等，冻结法在一些地方经常被采用，其余三种因准备工作较麻烦，费用较大，大部分地区或工程都不用。冻结法就是用不掺入任何化学外加剂的普通砂浆进行砌筑，但在使用

时有一定的限制，如下列砖石砌体不得采用冻结法：空斗墙、毛石墙、承受侧压力的砌体、在解冻期间可能受振动的砌体和解冻后不允许产生沉降的砌体等。

二、雨期施工

1. 雨水对砌体工程的影响

雨期砖因吸水过多，表面会形成水膜，同样砂子中的含水率也很大，砂浆易产生离析，砌筑时会出现砂浆被挤出砖缝，产生坠灰现象，砖浮滑放不稳。当砌上皮砖时，由于上皮灰缝的砂浆挤入下皮砖的浆口槽中，下皮砖向外移动，凸出墙面，使砌筑工作不能顺利进行。同时砂浆的竖缝也容易被雨水冲掉，使水平缝的压缩变形增加，且墙砌筑的高度越大，变形越大。

2. 雨期施工的防范措施

砖石等砌体材料应集中堆放在地势较高处，并用苇席、彩条布等覆盖，减少雨水的大量浸入；砂子应堆放在地势高处，周围易于排水，拌制砂浆的稠度要小些，以适应多雨天气的砌筑；适当减少水平灰缝的厚度，以控制在8mm左右为宜，铺砂浆不宜过长，可采用“三一”砌法；运输砂浆时要加盖防雨材料，砂浆要随拌随用，避免大量堆积，每天砌筑的高度一般限在1.2m，收工时应在墙面上盖一层干砖，并用草席、彩条布等覆盖，防止大雨把刚砌好的砌体中的砂浆冲掉；对脚手架、道路等采取防止下沉和防滑措施，确保安全施工。

三、夏季施工

1. 夏季对砌体工程的影响

在高温干燥和多风的夏季，砌筑工程中铺在墙上的砂浆或砌筑的灰缝很快就会干燥酥松，变得毫无粘接力，这就是砂浆脱水现象。产生砂浆脱水的原因主要是：砖块与砂浆中的水分在干热气候条件下急剧蒸发，砂浆中的水泥还没有很好地水化就开始失水，无法产生强度，从而严重影响砌体的有效粘接力，使砌体质量受到影响。

2. 夏季施工的防范措施

砖在使用前应充分浇水，使砖能达到较大的润湿深度，砂浆的稠度值可以适当地增大，铺灰面不要太大，防止砂浆中的水分蒸发过快，砂浆也随拌随用；在特别干燥炎热的时候，每天完成可砌高度的墙后，可以在砂浆已初步凝固的条件下，往墙上适当浇水养护，补充被蒸发的水分，以保证砂浆强度的增长；在有台风的地区同时得注意控制墙体的砌筑高度，以减少受风面积。在砌筑时，最好四周墙同时砌，以保证砌体的整体性和稳定性。控制每天的砌筑高度以一步架高为宜。无横向支撑的独立山墙、窗间墙、独立柱子等，应在砌好后适当用木杆、木板进行支撑，防止被风吹倒。

关于季节性施工问题，各地区要根据本地的自然气候和具体的施工条件，制定相应的措施，做到符合客观条件，保证工程质量。

第六节 空斗墙、空心砖和砌块墙砌筑的质量标准和应预控的质量问题

一、空斗墙砌筑的质量标准

空斗墙、空心砖墙的质量标准均按《建筑安装工程质量检验评定标准》（GBJ301-2001）中砌砖工程部分执行。其中保证项目、基本项目、允许偏差项目以及检验标准均可参见第三章砖砌体部分内容。

二、空心砖和砌块墙的砌筑质量标准

1）砌块要提前浇水润湿，清除表面尘土。

2）砂浆配合比要严格控制准确，稠度应适宜。

3）墙面平整度与垂直度应符合砖墙的标准，水平灰缝应为10～20mm，竖向灰缝应为15～25mm。

4）运输和吊装砌块前应做好质量复查工作，断折的砌块不宜使用，有裂缝的砌块不宜用在承重墙和清水墙上。

5）校正砌块时不得在灰缝中塞石子或砖片，也不能强烈振动砌块。

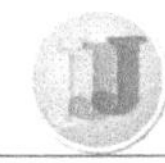

6）冬期施工时砌块不能浇水。

7）砌体尺寸的允许偏差见表4-1。

表4-1　砌体尺寸的允许偏差

项　　目	砌体类型	允许偏差/mm	备　　注
砌体厚度		±8	
楼面标高		±15	
轴线位移		10	门窗洞允许为20mm
墙面垂直		5	全高为2000mm
表面平整	清水墙	5	用2m直尺检查
	混水墙	8	
水平灰缝平直	清水墙	7	用10m准线检查
	混水墙	10	
水平灰缝厚度偏差	清水墙	2	
	混水墙	5	
游丁走缝	清水墙	20	

三、空斗墙、空心砖墙应预控的质量问题

1. 灰缝砂浆不饱满

主要表现在砖层水平灰缝砂浆饱满度低于规范要求，竖缝内无砂浆（瞎缝或空缝），缩口缝深度大于20mm以上。造成以上质量问题的主要原因有：

1）空斗墙砌筑砂浆的和易性差，致使操作者用瓦刀披灰砌筑困难。

2）由于用干砖砌墙，使砂浆早期脱水而降低强度，使砂浆脱落。

3）操作者手法不对，披满浆灰时瓦刀与砖面倾斜角度太大，砖口灰太深。

防止办法首先要改善砂浆的和易性，使操作适宜；其次必须禁止使用干砖披灰砌墙，冬期施工时，也应将砖面适当湿润；操作人员必须熟练掌握操作手法和操作要求。

2. 组砌混乱

墙面组砌混乱主要表现在丁字墙、附墙柱等接槎处出现通缝。原因是由于操作人员忽视组砌形式，排砖时没有全墙通盘排砖就砌筑；或是上下皮砖在丁字墙、附墙柱处错缝搭砌没有排好砖。解决办法是：操作人员应熟悉并掌握空斗墙、空心砖墙的组砌方法；砌筑前必须做好排砖摆底工作，才可正式砌墙；同时加强工作责任心，排砖做到灰缝均匀一致。

3. 墙面凹凸不平、水平缝不直

主要表现为同一条水平缝厚度不一致，上下皮砖的水平缝厚度有明显差异，灰缝厚度超出规范规定，墙面明显凹凸不平等。主要原因是：墙体长度可能较长，拉线不紧产生下垂，跟线砌筑后，灰缝出现下垂，而一旦线拉直后，又产生厚缝，此外线松后，中间没有定线，一旦风吹长线，使长线摆动，造成墙面跟线进出，使墙面砌成凹凸不平；再有就是检查不勤。

解决办法是：首先要加强操作人员的责任心，砌筑两端紧线和中间定线要专人负责，勤紧线勤检查线；其次要求砌筑时分段进行，挂线长度不超过10m；第三，每砌高500mm，要用托线板检查一次垂直度，以免偏差过大造成返工。

4. 洞口、预埋件位置等未按要求砌实心砖墙

洞口、预埋件位置等未按要求砌实心砖墙，造成预埋件松动，洞口安装构件不牢固或安装时洞口墙面挤坏。主要原因是：操作人员责任心不强和施工前交底不清。解决办法是：操作前要熟悉洞口尺寸和位置，以及预埋件的形状和大小，根据洞口和预埋件的情况，确定应砌实心砖墙的砌筑范围，做到心中有数；还要求对洞口尺寸及预埋件等位置图样上交待不清的及时提出，直到弄清为止；再有要做到砌筑时勤检查，发现差错及时纠正。

第七节　空斗墙、空心砖和砌块墙砌筑的安全要求

空斗墙、空心墙砌筑的安全要求除严格遵守实心砖墙砌筑安全生产有关规定外，还应遵守下列各项：

1）要采用双排脚架，不得在墙上留脚手眼，严禁脚手架横杆搁置在砖墙上。

2）严禁站在墙上工作和行走。

3）运砖时砌筑空斗墙的碎砖、断砖应清理出来，砌筑完毕，脚手架上的断砖、杂物应及时清理回收。

4）多孔砖孔洞较小、体积较大，手抓不便，如用手取砖，砖要抓稳，防止操作时砖坠落。如用砖夹子取砖，则要检查砖夹子是否完好。

对于空心砌块而言另外还得注意以下问题：

1）机械应由专人操作。

2）操作人员与司机人员应分工明确，密切配合，服从统一指挥。

3）吊装用夹具、索具、杠棒等要经常检查其可靠性和安全度，不合格者应及时更换。

4）砌筑人员不能站在墙上操作，也不能在刚砌好的墙上行走。

5）禁止将砌块堆放在脚手架上备用。

6）6 级以上大风应停止操作。

7）霜雪天应在正式操作前扫尽霜雪，认真检查脚手架，容易滑跌的部位钉好防滑条。

第八节　空斗墙、空心砖和砌块墙的技能训练

训练1　空斗墙的砌筑

1. 训练内容

用混合砂浆砌筑一眠一斗空斗砖墙。高为 2.2m，长为 3.3m，墙厚 240mm。中间有一个洞口为 0.9m×1.2m。墙顶将有一梁搁置。

2. 基本训练项目

(1) 砌筑准备

1）工具准备：瓦刀、大铲、刨锛、灰板、灰桶及质量检测工具钢卷尺、墨斗及托线板、线锤、水平尺、皮数杆等。

2）材料准备：混合砂浆的配合比根据设计的要求进行配制；计算用砖量：按一斗一眠每立方米431块标准砖计算（已含损耗量），则需用砖为

431块/m^3 ×（2.2×3.3 － 0.9 ×1.2）m^2 ×0.24m＝640块

砖应该提前浇水湿润。

3）技术准备：首先进行场地找平，并弹墙身线，按设计的要求制作皮数杆，皮数杆要考虑中间洞口的留设；在墙的两端立皮数杆并检查核对。

4）对砌筑使用的脚手架进行安全和质量检查。

5）对砌筑的作业面进行清扫、找平。

（2）墙体砌筑

1）首先是确定组砌方式，先试摆砖，如试摆时不够一侧砖长的地方，用多砌几块侧丁砖解决问题，砌筑时注意禁止打砍侧砖，排砖时还要考虑墙中间的留设洞口。

2）根据墙身砌筑的角砖要平、绷线要紧，上灰要准、铺灰要活，上跟线、下跟棱，皮数杆立正立直的原则进行墙体的组砌，一般采用坐灰砌筑，竖缝要碰接密实，灰缝取10mm，大角可用标准砖砌成锯齿状与斗砖咬接。侧砖与眠砖层间竖缝应错开，空斗内不宜填砂浆和杂物。

3）挂线：砌墙时主要依靠准线来掌握墙体的平直度，控制砌筑质量，所以在砌筑的过程中要注意掌握好挂线的方法和要求。

4）洞口的砌筑：要按照窗间墙的砌筑方法进行。洞口部分一般都是一人独立操作，操作时要求跟通线进行砌筑；洞口上部可以用钢筋混凝土预制过梁或者其他方法进行砌筑，搁置预制过梁应在墙体的顶面找平，并应在安装时坐浆。大梁下三皮要用实心砌体，适当提高砂浆强度等级。

（3）质量自检

1）墙体表面平整度、垂直度校正必须在砂浆终凝前进行。在砌筑过程中要不断地进行质量检查，“三层一吊，五层一靠”是墙体砌筑必须遵循的质量检查原则，对混水墙的砌筑也应该保持墙面的垂直平整，发现有偏差，要及时纠正。

2）砂浆饱满度：因为墙与砂浆接触面小，墙体砂浆必须密实饱满，要在砌筑的过程中加以控制，砖要润湿。

3）墙体的轴线在砌筑过程中也必须经常地进行修正，防止轴线偏差。

4）竖向不得出现通缝。

3. 训练注意事项：

1）砌筑时脚手架上的堆砖不能超过3层，砖要丁头朝外码放，灰斗和其他材料应分散放置，以保证使用安全，空斗墙上不宜留脚手眼，要采用双排脚手架施工。

2）皮数杆钉于木桩上，在砌筑过程中要经常检查皮数杆是否垂直，标高是否准确，是否在同一平面内。核对所有皮数杆上砖的层数是否一致，每皮厚度是否一致，这是保证砌筑质量的关键。

3）排第一皮砖时，不仅要考虑上一层砖的错缝搭接，还要注意洞口以下砖墙和洞口以上砖墙的砌筑，另外，还必须考虑洞口上部合拢时，砖的排列也要错缝合理。

4）砌筑中发现超过允许偏差时，应拆除重砌，不得采用敲击法修正。

训练2　空心砖墙的砌筑（承重墙，用多孔砖砌）

1. 训练内容

砌筑空心砖墙，高3m，转角两边各长3m，多孔砖规格190mm×190mm×90mm；转角处用钢筋网片配筋，墙顶将有楼板搁置。

2. 基本训练项目

（1）砌筑准备

1）材料准备：砖块按现行国家标准进行验收，自己挑选用砖，砖强度等级由现场提供，砂浆的强度等级要与砖相匹配，自己选定。

2）机械设备的准备：考虑砍砖不方便，可准备砂轮锯砖机，以便制作组砌用半砖和七分头。

3）技术准备：排砖摆底应按砖块尺寸和灰缝计算排数和皮数，灰缝厚取10mm，组砌可梅花丁，也可满丁满条。

（2）多孔砖墙的砌筑

1）将砖块运至施工场地，根据气候条件，使砖块符合砌体的湿度要求，砖、砂浆和钢筋网片在场地附近，清扫基层，做好砌筑的准备。

2）底层坐好砂浆后，从转角处开始向一侧排砖，上下皮错缝搭砌长度为1/2砖。

3）用瓦刀或配合摊灰尺铺平砂浆，砂浆层厚度要大于20mm，长度控制在一块砌块的范围内。在转角处要安放连接加固用的ϕ4钢筋网片。

4）把砖块平整的面（有孔面）朝向上面，放在铺好的砂浆上，以准线校核砖块的位置和平整度，安装时要防止偏斜及碰掉棱角和挤走已铺好的砂浆。

5）砌筑完毕后，要及时清理施工现场，为墙面的粉刷做好准备。

6）其他与“二四墙”要求相同。

3. 训练注意事项

1）材料的堆放场地、地面垫层、砖块码放、砖块运距都应该符合施工的要求；并尽可能减少二次搬运。

2）砖块应逐皮均匀地由转角开始砌筑。

3）水平灰缝铺置要平整，砂浆铺置长度较砌块稍长一些，宽度宜缩进墙面约5mm。竖缝灌浆应在安砌并校正好后及时进行。

4）转角处连接加固用的ϕ4钢筋网片要按照施工规范进行安放。

训练3　空心砌块墙的砌筑

1. 训练内容

砌筑小型空心砌块墙，高3m，横墙长4m，纵墙长2m。砌块主规格为390mm×190mm×190mm，墙中有一大小为0.8m×1.8m门洞。

2. 基本训练项目

(1) 砌筑准备

1）工具准备：瓦刀、大铲、灰板、灰桶、木锤及质量检测工具钢卷尺、墨斗及托线板、线锤、水平尺等。

2）材料准备：按训练的要求准备主规格为 390mm×190mm×190mm 的砌块，同时根据需要准备部分辅助规格的砌块；对砌块的外观、尺寸、强度和龄期等项进行验收检查；砂浆选用水泥混合砂浆，稠度在 50～80mm 之间。

3）技术准备：进行施工放线，并根据训练要求的墙体尺寸、砌块尺寸和灰缝厚度确定皮数和排数，制作皮数杆，画砌体砌块的排列图，绘制方法是在立面图上用 1∶50 或 1∶30 的比例在每片墙面上绘出纵横墙，然后将过梁、平板、大梁、混凝土垫块等在上标出。按照所需的规格，将砌块分类运至操作面。

（2）砌筑墙体

1）对照排列图，采用主规格进行排砖，在纵横墙交错搭接的交接处，使用辅助砌块；要求砌块应错缝对孔搭砌，搭接长度不小于 90mm。

2）铺好砂浆，砌块就位后，用木锤向外轻击，同时检查水平度和交接处的垂直度，水平灰缝是否与皮数杆灰缝持平等。

3）墙体纵横墙交接处的内外墙应同时砌筑。砌块应底面朝上砌筑，若使用一端有凹槽的砌块时，应将有凹槽的一端接着平头的一端砌筑。

4）砌块水平灰缝和竖向灰缝应砂浆饱满，竖缝凹槽部位应用砌筑砂浆填实，不得出瞎缝或者透明缝。还要注意竖缝的宽度，防止同一皮砌块最后闭合时接缝太松或太紧。

5）门洞边用实心砖镶边要与每皮砌块同时进行，其他需要镶砖时应尽量对称分散布置，镶砖量控制在不超过 10%。

6）按照训练要求砌筑完成以后，要及时地清理施工场地。

3. 训练注意事项

1）在砌筑过程中，需要移动砌体中的砌块或砌块被撞动时，应清除原有砂浆，重铺砂浆砌筑。

2）砌体在设置脚手眼的地方，用砌块侧砌，利用其孔洞作脚手眼，砌筑完成后用 C20 级混凝土将脚手眼填塞密实。

复习思考题

1. 空斗墙的构造形式有几种?
2. 空斗墙砌筑的工艺顺序是什么?
3. 空斗墙的砌筑要点有哪些?
4. 为提高受力性能，空斗墙的哪些部位应砌成实心墙?
5. 如何进行空心砖墙的排砖摆底?
6. 如何进行空心砖墙连接处的砌筑?
7. 空心砌块墙砌筑的工艺顺序是什么?
8. 空心砌块墙砌筑的操作要点有哪些?
9. 冬期施工的砌筑方法有哪些?
10. 雨期施工的防范措施有哪些?
11. 夏季施工的防范措施有哪些?
12. 空心砖墙、空心砌块墙的砌筑质量要求是什么?
13. 空斗墙、空心砖墙应预控的质量问题有哪些? 预防的方法是什么?
14. 空斗墙、空心墙砌筑的安全要求是什么?

第五章

毛石墙的砌筑

培训学习目标 通过本章的学习，熟悉毛石墙砌筑的基本知识和毛石砌体的组砌形式，通过毛石墙和毛石与砖的组合墙的砌筑技能训练，熟练掌握毛石墙角的砌筑和应预控的质量问题，因石块比其他砌块要重、大，且形状不规则，应注意施工时的安全防范。

第一节 毛石墙砌筑的基本知识

一、毛石砌体的组砌形式

用毛石来砌成的墙体，目前常常用作土体断面的挡土墙、河道的堤岸、公路路基的护坡、院落的围墙，一些公共建筑和民用建筑中的局部（一般在底部1~3层），为了在外观上取得某种效果，也通常用毛石墙来装饰。在石材资源丰富的城市和地区，也经常用毛石砌筑单层的住宅、多层房屋的底层或者仓库等。

毛石墙的外观要求较高，砌筑前要先选石和做石。选石是从石料中选取在应砌的位置上。大小适宜的石块，并有一个面作为墙面，原则是有面取面，无面取凸。做石是将凸部或不需要的部分用锤打掉，做出一个面，然后砌入墙中。砌筑毛石墙时，要根据基础顶面找平层上弹出的墙身墨线和在墙角标高杆上挂好的水平线进行施工。砌筑方法与砌基础墙基本相同。有的毛石墙在转角处采用砖包角，

则要先将砖包角砌成五进五出的弓形槎，然后再砌中间的石墙。

毛石墙的组砌方法有两种：

1. *角石砌法*

角石要选用三面都比较方正而且比较大的石块，如缺少合适的石块应进行加工修整。角石砌好后可以架线砌筑墙身，墙身的石块也要选基本平整的放在外面，选墙面石的原则是“有面取面，无面取凸”，同一层的毛石要尽量选用大小相近的石块，同一面墙应把大的石块砌在下面，小的砌到上面。

2. *砖抱角砌法*

砖抱角是在缺乏角石材料又要求墙角平直的情况下使用的。它不仅可用于墙的转角处，也可以使用在门窗口边。砖抱角的做法是在转角处（门窗口边）砌上一砖到一砖半的角，一般砌成五进五出的弓形槎，砌筑时应先砌墙角的5皮砖，然后再砌毛石，毛石上口要基本与砖面平，待毛石砌完这一层后，再砌上面的5皮砖，上面的5皮要伸入毛石墙身半砖长，以达到拉结加固形成一个整体的要求，如图5-1所示。

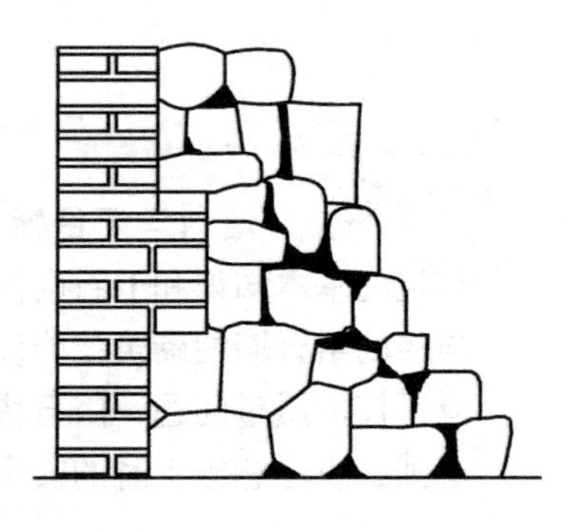

图5-1　砖抱角砌角示意图

二、毛石砌体砌筑用砂浆

一般来讲，毛石砌体所用的砂浆拌制时不能太稀，以用手握成团、松手不散开为宜，砂浆在操作时要具有良好的流动性和保水性，依据气温和湿度的不同，干热气温下，毛石砌体砂浆的稠度宜为40~60mm，湿冷气候时宜为30~50mm，冬期施工时砂浆中应掺入适量的防冻剂，以确保砂浆在凝结硬化前不冻结。常用的砂浆强度等级为M2.5和M5。在砂浆种类的选用上，一般用混合砂浆，当地下水位较高、石砌体经常处于地下水以下或地下水位经常变化，砌体处于潮湿环境里，应该用水泥砂浆代替混合砂浆。

第二节　复杂毛石墙的砌筑

一、毛石墙砌筑的工艺顺序

施工准备→盘角→墙体砌筑→勾缝→清理。

二、毛石墙砌筑的操作要点

1. 施工准备

毛石墙砌筑同其他砌筑工程一样要做好施工的准备工作，内容主要有：搭设双排脚手架并检查是否牢固；清理好施工范围内的道路，要平整压实畅通，该清理铲除的堆积物、杂草树木应一并清除运走，路面高低不平的部位应铲填平坦，如果是路面不够坚硬，要用砂或石回填压实，保证路面有一定的强度；组织学习施工图，要求技术人员和管理人员做到心中有数，同时施工员要向班组长和工人骨干做好交底工作，使在场的每一个人员清楚知道，将要进行砌筑工作的要点、难点和具体砌筑过程中应注意的事项；检查石料和砂浆的拌制情况是否符合设计或施工规范要求；画制皮数杆，在杆上要标出窗台、门窗上口、圈过梁、预留洞、预埋件、楼板和檐口等标高位置。

2. 毛石墙的盘角和砌筑

砌筑毛石墙体前要确定砌筑方法，对于墙角部位的选材做法常见有两种，一种是利用选出或者加工的角石进行盘角砌筑；另一种是用砖抱角砌筑。砌筑前根据墙体的位置和厚度，在基础找平层的顶面上弹出中线和边线，中线是定位的标准，边线是作为拉砌墙准线的依据。先盘角，依墙角拉通线再砌墙身，按线采用铺浆挤砌法分层砌筑。

（1）砌第一层石块　应选用较大的方整的石块先放在四角处，这些石块又叫角石，砌好转角处、交接处和门窗洞口处，房屋墙体位置也就固定下来了，所以角石也叫“定位石”。角石要三面方正，大小相差不多，以角石为基准，将水平线拉到角石上，再按线砌筑

内外皮石，（俗称面石），最后填中间石块（俗称腹石）。第一层石块的大面要朝下放在基础顶面上，石块与基础之间应先均匀摊铺一层砂浆（坐浆），并且要挤紧、稳实。砌完内、外皮面石，填充好内部腹石后，即可灌浆，方法是大的石缝中先填1/2～1/3的砂浆，再用石片或碎石块嵌实，并用手锤轻轻敲击，不准先将小石块塞填后灌浆，这样一来容易造成干缝和空洞，同时还影响砌体的质量。

（2）砌第二层石块　第二层石块所用毛石的厚度应不小于150mm。石块选好后要进行错缝试摆，试摆应确保上下错缝、内外搭接，从墙面到外形构造试摆合格即可摊铺砂浆。砂浆摊铺的面积约为所砌石块面积的一半，位置应在要砌石块下的中间部位，砂浆厚度控制在40～50mm，注意距外边30～40 mm内不铺砂浆。然后将试摆的石块砌上，将砂浆挤压成20～30mm灰缝厚度，达到石块底面全部铺满灰。石块间的立缝可采用石块侧面打碰头灰的方法，也可以直接灌浆塞缝。砌好的石块要用手锤轻轻敲实，敲实过程中如发现有石块不稳，可在外侧加垫小石片，使其稳固。切记石片不准垫在内侧，以免在荷载作用下，石块发生向外倾斜、滑移。

（3）设置拉结石　为了保证毛石砌体的整体性，每层间隔1m左右，应砌上一块横贯墙身的拉结石（又叫顶石和满墙石），上下层拉结石要相互错开位置，在立面的拉结石应呈梅花状。拉结石要选用表面平整、长度超过墙厚2/3的石块，其作用是将内外两层面石拉结在一起。砌筑拉结石时，要先砌面石再砌中间石，要防止出现夹心墙。有时会错误地将翻楂石砌在墙中，在受压时容易脱落；也有人不注意将斧刃石砌在墙体中，在压力作用下极易造成墙体外鼓。

如果墙体中有孔洞时，应先预留出来，不准砌后再凿洞；沉降缝各单元应分段砌筑完成，缝边的石块应选用比较平整的，且不准相互有凸尖顶头现象。

（4）毛石与烧结普通砖组合墙的砌筑　采用砖和毛石两种材料砌成的组合墙，当应用于外墙时，外侧用毛石，内侧用砖砌；有的外墙用毛石，内墙用砖砌。这种组合墙的砌法，要注意的是砖与毛石的交接处。

毛石砌体和砖砌体应同时砌筑，并每隔4～6皮砖将砖与毛石砌

体连接，两种砌体之间用砂浆填塞，砌砖咬合皮数要依据毛石的高度而定。

当用砖与毛石两种材料分别砌筑纵墙与横墙时，其转角和交接处也应同时砌筑，砖墙和毛石墙之间也采用伸出砖块的办法连接。内外层组合墙的构造如图 5-2 所示。

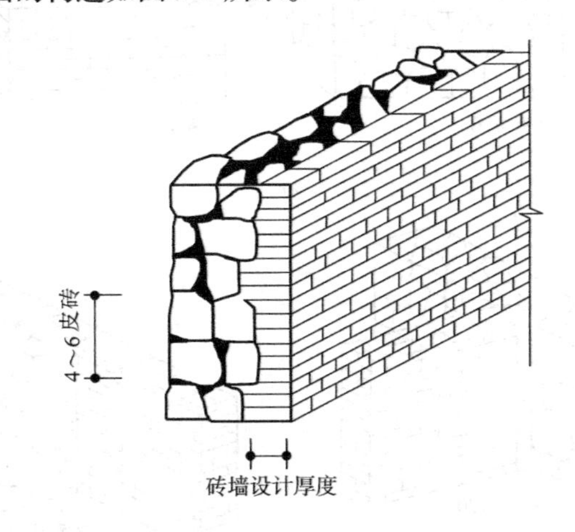

图 5-2　组合墙的构造示意图

毛石和砖内外墙组合的转角、交接处的构造如图 5-3a、b 所示。

毛石墙面的勾缝影响到外观，要认真对待。

3. 毛石墙面的勾缝

（1）勾缝的目的　勾缝的目的主要是增强灰缝对雨、雪等侵蚀的抵抗能力，使雨水不致通过不严密的灰缝灌入墙内，另外也可增加墙面的美观。

（2）勾缝的分类和工艺　勾缝按其形式一般有平缝、凹缝、凸缝三种，如图 5-4a ~ c 所示，使用工具有小抿子、小抹子等。毛石墙的勾缝的工艺过程主要是：清理墙面→抠缝→确定勾缝形式→拌制砂浆→勾缝。清扫墙面一般用竹扫帚在墙面上下扫动，露出石面及缝道轮廓，

（3）勾缝砂浆　勾缝砂浆宜用 1∶1 至 1∶3 的水泥砂浆，并采用普通水泥，不宜用火山灰质水泥。勾缝砂浆的稠度为 4 ~ 5cm。砂子宜用粒径为 0. 3 ~ 1mm 细砂。勾缝前将墙缝修剔好，先浇水湿润再勾，勾好缝待砂浆凝固后要适当浇水养护，防止干裂及脱落。

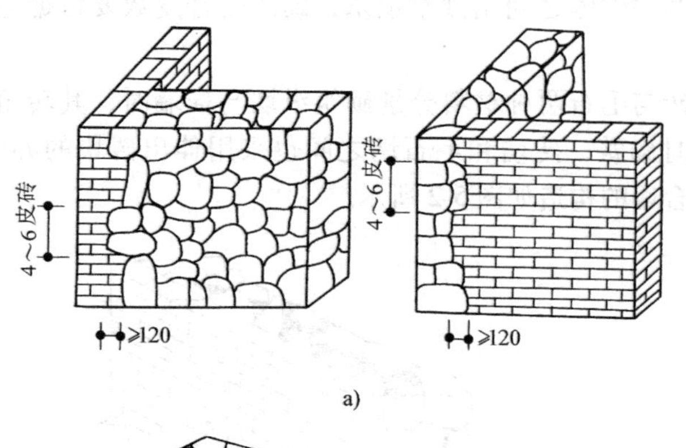

a)

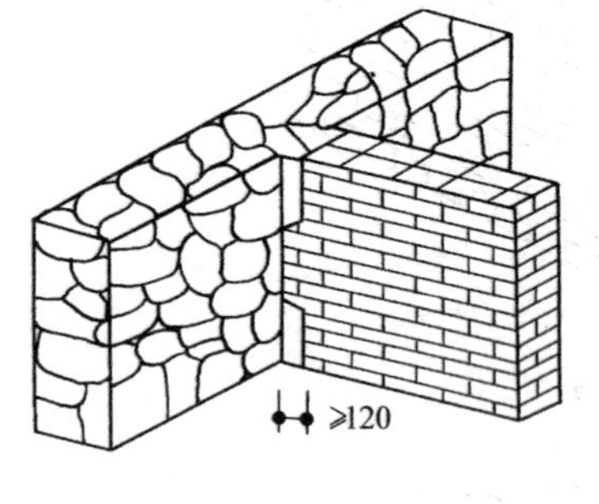

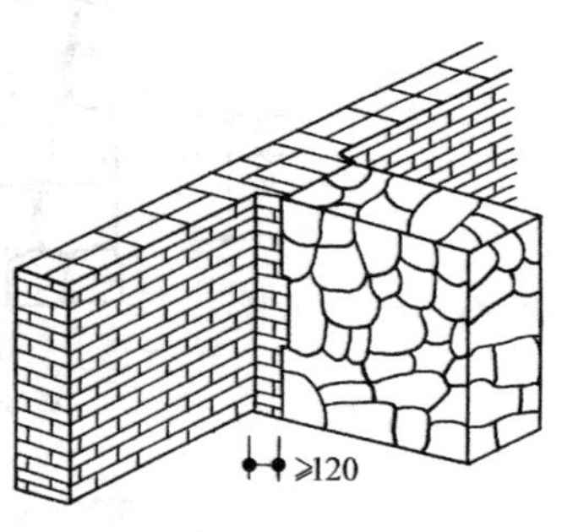

b)

图 5-3　毛石和实心砖组合墙的构造

a）转角处构造　b）交接处构造

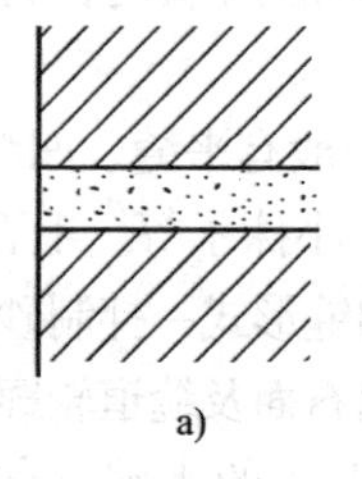

a)

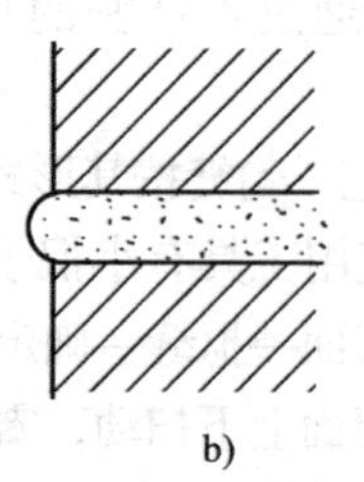

b)

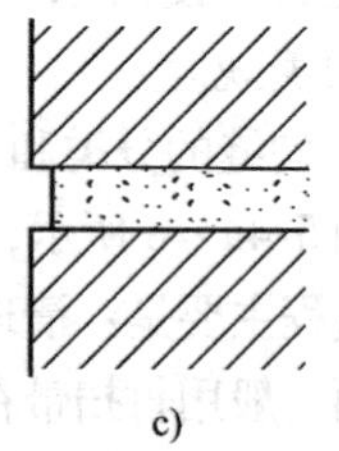

c)

图 5-4　毛石墙的三种勾缝形式

a）平缝　b）凸缝　c）凹缝

（4）勾缝的方法

1）勾平缝：先将毛石墙缝刮深20mm，再在墙上浇水，用小抿子将托灰板上的灰浆嵌入石缝中，要嵌严压实，表面抹光，顺石缝进行嵌塞，缝面与石面取平，勾完一段后用小抹子将缝边毛茬修理整齐。

2）勾凸缝：将墙面上原缝刮深20mm左右，浇水湿润后用砂浆打底，抹至与墙面平。然后用扫帚扫出毛面，待砂浆初凝后，抹第二层，其厚度约10mm，接着用小抿子抹光压实。稍停，等砂浆收水后，将灰缝做成10～25mm宽窄一致的凸缝。有时石面较大或缝隙过细的也可适当勾成假凸缝，使其匀称美观。

3）勾凹缝：先用铁纤子将毛石墙修凿整齐，并刮深30mm，在墙面浇水湿润后，用小抿子将砂浆勾入墙缝内，灰缝凹入墙面5mm左右，然后用小抹子抹光压平。

4. 毛石墙砌筑后的清理

一段墙体砌筑完成后，用扫帚或大笤帚将墙面刮一遍，去除施工时残留在墙面上的砂浆和其他粘附物，如有粘牢或石面不美观可用铁铲或小锤修整，使整个墙体表面看起来更美观干净。对刚完成的部分砌体，必要时还要对墙体进行洒水保湿，主要是让砌筑砂浆和勾缝砂浆中的水泥充分水化。对外观要求较高的毛石墙体，勾缝砂浆硬化后必须用清水清洗石头表面，当有明显泛碱或其他污染时，也可用加有草酸等弱酸的清水先抹洗后，再用清水冲洗墙面。

5. 毛石墙砌筑的注意事项

在砌筑毛石墙时上下石块要错缝，内外要搭接，不得采用外侧立石、中间填心的做法。灰缝厚度在20～30mm，每天的砌筑高度不应超过1.2m，以免因砂浆未充分凝固，造成墙身鼓肚倒塌。每砌完1.2m后要找平一次，在砌到找平高度时应注意选石和砌石，要求平面基本平整，不宜用砂浆或小石子事后填平，以免既浪费砂浆又影响质量。对临时间断处应留成踏步槎，踏步槎高度不应超过1.2m，当继续砌筑时，应将接槎处冲洗干净，并清除粘接不牢的石块和砂浆，这样新旧砌体才能牢固粘合在一起。对于砖抱角墙体，两种砌体间空隙必须用砂浆填满，使其成为一个整体。毛石墙的外观比基础要求高，砌筑时应注意选石，三面方正的用作角石，一面平整的用作面石，不规则的要打边取角，修凿时，要把石块垫起，把需打掉的边或角架空，顺石纹敲击，这样容易将石块敲击平整，石块与石块间规格大小应搭配使用，以免将大块砌在一边，而另一侧全是小块，这样造成一侧灰缝过多，使墙倾斜，形成滑面状态，上层无法砌筑，而且墙受力后也容易沿滑面破坏。砌筑好的墙，每层内外侧应稍高于墙体中间，便于找平和同下层咬接，以保证墙体受力均匀。当砌体快砌到墙顶设计标高时，应注意挑选尺寸大致相等的石块砌筑，如有低凹处，要用石块补砌平整，不宜全部采用砂浆补平，为提高砌体顶面平整与牢固的程度，可用砌筑砂浆（将其强度等级提高一级）将顶面找平。砌筑结束后，要把当天砌筑的墙都勾好砂浆缝，并根据设计要求的勾缝形式来确定缝的深度或凸出厚度，砌好的毛石砌体，要用湿草席覆盖养护。

三、毛石墙砌筑的五字操作法

毛石墙砌筑时，应掌握住“搭、压、拉、槎、垫”五字操作法。

1. 搭

砌毛石墙，都必须双面挂线，里外搭脚手架，两面都有人同时操作。砌筑时，为保证石块搭接，一般多采取“穿袖砌筑法”，即外皮砌一块长块石，里皮就要砌一块短块石；下层砌的是短块石，上层就要砌一块长块石，以确保毛石墙的里外皮和上下层石块都互相错缝搭接，砌为一个整体，如图 5-5 所示。

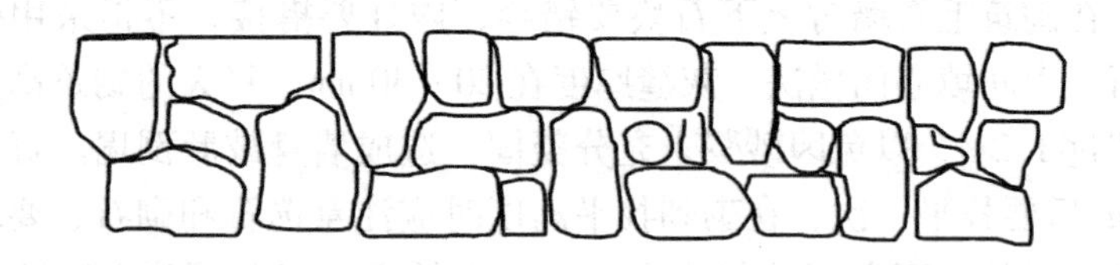

图 5-5　穿袖砌筑示意图

2. 压

指砌好的毛石墙要能够承受上层墙的压力，因此，在砌筑时，不仅要保证每块毛石安放稳定，压力传递下来之后还要增强下层毛石的稳定，这样就必须做到“下口清，上口平”。所谓下口清是指上

墙的石块需加工出整齐的边棱，砌完后确保外口灰缝均匀，内口灰缝严密；上口平则是留槎口里外要平，为下一步砌筑上层毛石创造有利的条件。

3. 拉

拉是指拉结，即通过安放拉结石将里外皮拉结成整体，增加墙体的稳定性和整体性，每皮毛石每隔1m左右要砌一块拉结石，拉结石的长度应为墙厚的2/3，当墙厚小于400mm时，可使用长度与墙厚相同的拉结石，但必须做到灰缝密实，防止雨水顺石缝渗入室内。拉结石在立面上要互相错开500mm，形成梅花状。

4. 槎

是指砌筑时留槎，即每砌一皮毛石，要给上一层毛石砌筑留出适宜的槎口以供咬合，槎口应保证对接平整，使上下层毛石能严密咬槎，既能使墙面组砌缝隙美观，又能提高砌体的强度和整体性。留槎时不准出现重缝、硬蹬槎和槎口过小。槎口的留制应根据毛石尺寸考虑，但不得小于100mm。

5. 垫

是指在砌筑时加小石片垫，垫是确保毛石墙稳定的重要措施之一。毛石砌体要做到砂浆饱满，灰缝均匀，但因毛石本身的不规则，会造成灰缝的厚薄不一，砂浆过厚砌体容易产生压缩变形；砂浆过薄或石块间硬搁，容易应力集中，影响砌体强度的均匀性。因此在灰缝过厚处要用石片垫塞，垫石片时，一定要垫在毛石墙的里口处，不应外露，并且要使石片上下粘满灰浆，不准干垫。灰浆薄或硬搁的应将砌的石块面略加工打去一些，使之灰浆适宜，垫坐稳固。

第三节　毛石墙砌筑的质量标准和应预控的质量问题

一、毛石墙砌筑的质量标准

1）石料的质量、规格必须符合设计要求和施工规范规定。

2）砂浆品种必须符合设计要求，同强度等级砂浆各组试块的平均强度不低于设计要求，最低强度不低于设计要求的75%。

3）转角处必须同时砌筑，交接处不能同时砌筑时必须留踏步槎。

4）内外搭接，上下错缝，拉结石、丁砌石交错设置，分布均匀；毛石分皮卧砌，无填心砌法，拉结石每 0.7m² 墙面不少于 1 块。要求勾缝密实、粘接牢固、墙面洁净、线条光洁、整齐、清晰美观。

5）允许偏差项目见表 5-1。

表 5-1　毛石墙砌筑的允许偏差项目

项次	项目		允许偏差/mm		检验方法
			基础	墙	
1	轴线位置偏移		20	15	用经纬仪或拉线和尺量检查
2	基础和墙顶面标高		±25	±15	用水准一和尺量检查
3	砌体厚度		+30 0	+20 -10	尺量检查
4	墙面垂直度	每层	—	20	用经纬仪或吊线和尺量检查
		全高	—	30	
5	表面平整度	清水墙	—	20	用两直尺垂直于灰缝拉线和尺量检查
		混水墙	—	20	

二、毛石墙砌筑应预控的质量问题

1. 基础根部不实

这种质量问题一般表现为地基松软，强度不一致，土壤表面有杂物，又由于砌筑时基础底部多为乱毛石或卵石，在上层石料压力作用下局部嵌入土中，以及上层石块未砌筑平稳、牢固等。产生上述原因是开槽后未认真检查土壤质量，对局部“软点”未经严格处理，未能进行清理、找平和夯实；再有，砌筑时基槽表面没有满铺砂浆，石块只是单摆浮搁在基土之上，或者底皮石块过小，没有大面朝下放，致使一些石块的尖棱、短边在压力作用下挤入土中；有些基础砌筑完毕没有能够及时进行回填土，被雨水浸泡而造成基土下沉。防治的方法是基础砌筑前认真检查和处理地基，清底并夯实平稳；砌筑底皮时选用较大的石块，并将石块的大面朝下坐浆卧实；基础砌完后要及时回填并逐步夯实，防止雨水或现场污、废水灌入。

2. 基础台阶上下层未压砌

造成这种质量问题的原因是毛石规格不合乎要求；砌筑时大小石块没有能够搭配使用；没有严格按照砌石工艺要求进行砌筑等导致上一层台阶压砌下一层台阶过少或根本没能达到压砌。防治的方法是第一皮石块砌筑选用比较方正的石料，并使石块大面朝下，放平放稳；上下层石块要错缝搭接，搭接长度不短于1/2的石料长度，高宽比不小于1:1。

3. 墙体出现垂直通缝和里外两层皮

毛石砌筑的墙体，特别是在墙角和丁字接槎的部位常出现通缝，缝呈垂直状态，有的墙体砌成里外互不连接，呈现两层皮的状态。这种石砌体承载能力极差，稳定性不好，在荷载作用下非常容易倒塌，产生的原因主要有石料选用的不好，砌筑时左右、上下、前后未能做到错缝搭接；施工时未按规定留槎，在墙体内未安放拉结石等。防止方法是认真选用石料，砌筑时大小块石料搭配使用，严格按操作规程施工。墙厚与石块厚度基本一致的可采取顺叠组砌法；墙体本身较厚者，可采取丁顺组砌法；若毛石规则程度较差，可采取交错组砌的方式。具体砌筑要求是每块石块都要与上下、左右的石块有叠靠，与前后的石块有搭接，每块石块安放稳定，砌缝错开。另外，墙体内应每隔1m砌一块拉结石，拉结石的长度应不小于墙厚的2/3，各层安放的拉结石要保证上下错缝，使其形成梅花形排列，如图5-6所示。

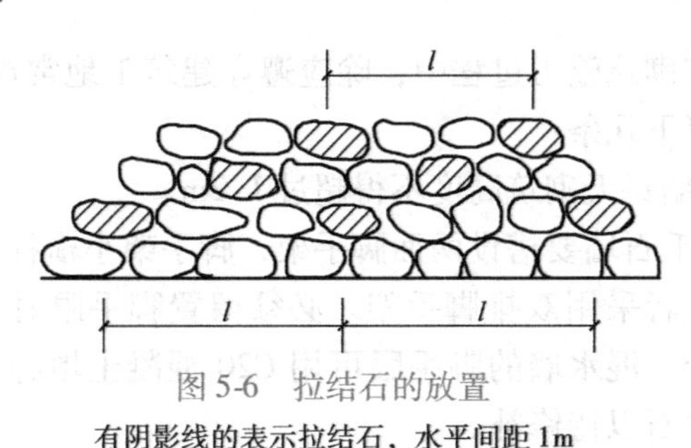

图5-6　拉结石的放置

有阴影线的表示拉结石，水平间距1m

流水砌筑或遇施工间歇时要留槎。槎一定要留斜槎，毛石墙的槎口大小应不小于石块长度的一半；有里外皮砌体留槎，槎口应里外皮错开，留槎的高度以每次1m左右为宜，不准一次到顶。

4. 毛石砌体的粘接不牢

造成此现象的主要原因是砂浆摊铺的不均匀、不连续，使某些石块没有粘上砂浆而与下层石块直接接触，该现象在砌筑质量问题中称为“瞎缝”。造成砌体粘接不牢的主要原因有石块表面不干净，粘附有粘土、残灰，影响了石块与砂浆的粘接；再有就是砌筑方法不得当，如砌筑不规则石块时，常用铺石灌浆法，这种方法稍不严格，就易出现灰浆不饱满或灰缝过大，砂浆收缩后与石块脱离的现象；还有砌筑时每次砌筑高度过高，致使灰缝产生压缩变形等。

防治方法是严格控制灰缝厚度，立好皮数杆，跟线砌筑。灰要满铺均匀，厚度一致，规范要求：毛石砌体的灰缝厚度为20～30mm；细料石砌体灰缝厚度在5mm以内；半细料石砌体灰缝厚度控制在10mm以内；粗料石砌体灰缝厚度可在20mm以内；再有，砌筑前一定要清洁石料表面，不准有粘带泥土、残灰的石块上墙，清洁的石块，若为常温施工最好先浇水湿润，后进行砌筑；此外，砌筑高度要严格控制，毛石砌体每天的砌筑高度不准超过1.2m，以免因砂浆未充分凝固，造成墙身鼓肚倒塌，每砌完1.2m后要找平一次，在砌到找平高度时应注意选石和砌石，要求平面基本平整，不宜用砂浆或小石子事后填平，以免既浪费砂浆又影响质量。

第四节 毛石墙砌筑的安全要求

毛石墙在砌筑施工过程中，除应遵守建筑工地常规安全要求外，还必须做到以下几条：

1）毛石墙每天砌筑高度不得超过1.2m。

2）砌筑毛石墙要搭设两面脚手架，脚手架小横杆要尽量从门窗洞口穿过，或者采用双排脚手架。必须留置脚手眼时，脚手眼要与墙面缝式吻合，混水墙的脚手眼可用C20混凝土填补，清水墙则要留出配好的块石以待修补。

3）抬运石料的斜道应有防滑措施，如采用垂直运输时，垂直运输设备应有防止石块滚落的设施。

4）毛石不得在墙上加工，以防止震松墙上石块滚落伤人。加工石头时应佩戴风镜或平光眼镜，以防石屑崩出伤人。

5）砌筑毛石砌体时，周围不应有打桩、爆破等强烈震动作业，以免震塌砌体。

第五节 毛石墙砌筑的技能训练

● 训练1 毛石和实心砖组合墙的砌筑

1. 训练内容

按图5-7所示砌筑毛石和实心砖组合墙，其中毛石墙长为2m，厚300mm，砖墙长3m，厚240mm；高度为1.2m；清水砖墙和石墙勾平缝。

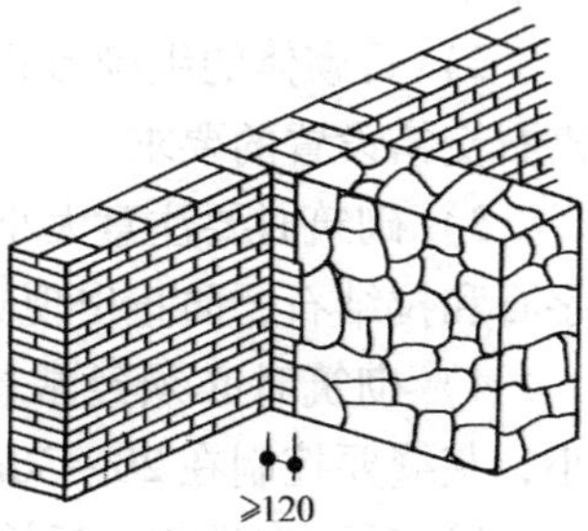

≥120

图5-7 毛石和实心砖组合墙

2. 基本训练项目

（1）砌筑准备

1）工具的准备：瓦刀、大铲、大锤、小锤、刨锛、灰板、灰桶、摊灰尺、溜子、抿子及质量检测工具钢卷尺、托线板、线锤、水平尺、皮数杆等，搭设双面脚手架。

2）材料的准备：根据训练的要求准备好石材和普通粘土砖；砂浆采用水泥砂浆，标号为M5。

3）技术准备：清扫场地，按照技能训练的要求，检查基层的标高和水平；进行施工放线，毛石墙要掌握好中心线和边线。

（2）毛石墙的砌筑

1）毛石墙砌筑首先要重视选石的工作，而且要注意大小石块搭配，各层石块应互相压搭，不得留通缝。

2）要严格掌握毛石砌筑的要领，保证石墙里外上下都能错缝搭接，砌好的石块要稳，要求“下口清、上口平”。

3）为了增加墙体的稳定性和整体性，每 0.7 ㎡要砌一块拉结石，拉结石的长度应为墙厚的2/3。每砌一层毛石，都要给上一层毛石留出槎口，槎的对接要平，使上下层石块咬槎严密。

4）毛石砌体要做到砂浆饱满，灰缝均匀。在灰缝过厚处要用石片垫塞，石片要垫在里口不要垫在外口，上下都要填抹砂浆。

5）砖墙的砌筑同普通粘土砖的砌筑方法相同。

6）在用石料砌筑纵墙的同时应砌筑砖墙，砖墙与毛石墙之间采用伸出砖块的办法连接，伸出砖块的长度应大于120mm。

7）砌筑结束后，要用抿子、溜子按照技能训练的要求把砌筑的石墙和砖墙勾好砂浆平缝，墙缝勾完后，可用钢丝刷等清刷墙面，以使墙面美观。

3. 训练注意事项

1）石材、砖和砂浆强度等级必须符合设计要求，砂浆饱满度不应小于80%。

2）石砌体的组砌形式应符合内外搭砌，上下错缝，拉结石、丁砌石交错设置的要求。

3）砌筑时要注意大小石块的搭配使用，并随时检查是否漏砌丁字石和拉结石，防止出现夹心墙

4）砌筑时必须经常检查准线，石料摆放要平稳，砂浆稠度要小，灰缝要控制在20~30mm。

5）毛石在砌筑、运输、搬运时要注意人身安全的防范。

训练2　毛石墙角的砌筑

1. 训练内容

砌筑毛石墙角，其中石墙每边长为2m，厚350mm，高度为2m，石墙勾凸缝。

2. 基本训练项目

（1）砌筑准备　同训练1。

（2）毛石墙角的砌筑　毛石墙砌筑首先要重视选石的工作，角石要选用三面都比较方正而且比较大的石块，必要时对不合适的石块进行加工修整，总之是“有面取面，无面取凸”。同一层的毛石尽

量选用大小相近的石块，同一面墙应把大的石块放在下面，小的放在上面。

3. 训练注意事项

（1）角石砌好后才可以架线砌墙身。

（2）其他训练注意事项与训练1的要求相同。

复习思考题

1. 毛石墙砌筑的选石原则是什么？
2. 简述毛石墙角的常见砌筑方法及操作过程。
3. 毛石墙砌筑用砂浆的要求是什么？
4. 毛石墙的砌筑工艺过程是如何进行的？
5. 毛石与砖组合墙的砌筑要注意哪几方面事项？
6. 毛石墙面勾缝的形式有几种？如何进行勾缝？
7. 毛石墙砌筑的注意事项是什么？
8. 毛石墙砌筑的五字操作法是什么？
9. 毛石墙砌筑的质量标准是什么？
10. 毛石墙砌筑应预控的质量问题有哪些？
11. 毛石墙面的质量与安全方面的要求有哪些？

第六章

地面砖和乱石路面的铺筑

培训学习目标　通过本章的学习，了解地面砖的品种、规格及性能和用途，能正确选择砖地面的结合材料，掌握在不同基层上进行地面砖的摆砖组砌技能，能按设计和施工工艺要求铺砌乱石路面，掌握地面砖和乱石路面铺砌的质量要求，对地面砖和乱石路面铺砌过程中常见的质量问题进行预控。

第一节　地面砖和乱石路面铺筑的基本知识

一、地面砖的类型和材质要求

1. 普通粘土砖

普通砖即一般砌筑用砖，规格为 240mm×115mm×53mm，铺砌用的地面砖要求外形尺寸一致，不翘曲，不裂缝、不缺角，强度不低于 MU10。

2. 缸砖

采用陶土掺以色料压制成形后烘烧而成。一般为红褐色，亦有黄色和白色，表面不上釉，色泽较暗。形状有正方、长方和六角等，规格有 100mm×100mm×10mm、150mm×150mm×15mm 等。质量上要求外观尺寸准确，密实坚硬，表面平整，无凹凸和翘曲；颜色一致，无斑，不裂，不缺损；抗压、抗折强度及规格尺寸符合设计

要求。

3. 水泥砖（包括水泥花砖、分格砖）

水泥砖是用干硬性砂浆或细石混凝土压制而成，呈灰色，耐压强度高。水泥平面砖常用规格为200mm×200mm×25mm。水泥格面砖有9分格和16分格两种，常用规格有250mm×250mm×30mm、250mm×250mm×50mm等。要求强度符合设计要求，边角整齐，表面平整光滑，无翘曲。水泥花砖系以白水泥或普通水泥掺以各种颜料用机械拌和压制成形，花式很多，分单色、双色和多种色三类。常用规格有200mm×200mm×18mm　200mm×200mm×25mm等，还有三角形、六角形等多种规格。要求色彩明显，光洁耐磨，质地坚硬，强度符合设计要求，表面平整光滑，边角方正，无扭曲和缺棱掉角。

4. 预制混凝土大块板

预制混凝土大块板用干硬性混凝土压制而成，表面原浆抹光，耐压强度高，色泽呈灰色，使用规格按设计要求而定。一般形状有正方体形、长方体形和多边六角体形。常用规格为495mm×495mm，路面块厚度不应小于100mm，人行道及庭院块厚度应大于50mm，要求外观尺寸准确，边角方正，无扭曲、缺棱、掉角，表面平整，强度不应小于20MPa或符合设计要求。现在也有用于人行道的彩色混凝土大块板。

5. 墙地砖

墙地砖是以优质陶土为主要原料，经成形后于1100℃左右焙烧而成，分无釉和有釉两种。墙地砖既可以用于外墙，又可以用于地面；该砖颜色繁多，表面质感多样，有平面、麻面、毛面、抛光面、仿石表面、压光浮雕面等多种制品。主要品种有双合砖、麻面砖、彩胎砖等，最小规格为95mm×95mm，最大规格为600mm×600mm。墙地砖具有强度高、耐磨、化学稳定性好、易清洗、吸水率低、不燃、耐久等优点，是理想的现代墙地面铺砌材料。

6. 天然石材

用于地面铺砌的天然石材有大理石板材、花岗岩板材；常见规格有长300~1220mm；宽150~915mm，厚15~40mm。天然石材具有强度高、耐磨性能好、色泽美观、耐风化等优点，但是，由于其加工、运输困难，价格高，只用于高级建筑墙地面的装饰。

7. 人造石材及制品

由于天然石材加工困难、花色品种较少，因此70年代后人造石材发展很快，人造石材具有天然石材的装饰效果，而且花色、品种、形状多样化，并具有重量轻、强度高、耐腐蚀、耐污染、施工方便等优点，可用于一般建筑的装饰，常见的有人造大理石、花岗岩、水磨石。

二、地面砖铺筑的结合层

砖块地面与基层的结合层有用砂子、石灰砂浆、水泥砂浆和沥青玛瑞脂等。砂结合层厚度为20～30mm，砂浆结合层厚度为10～15mm，沥青玛瑞脂结合层厚度为2～5mm，如图6-1所示。

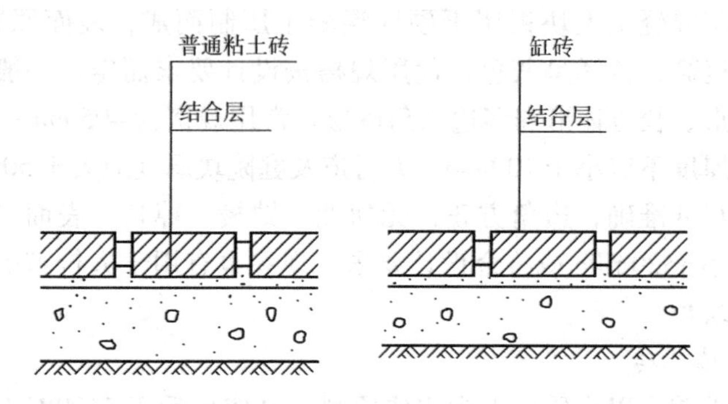

图6-1　砖面层

1）结合层用的水泥应采用强度等级不低于32.5的普通硅酸盐水泥或矿渣硅酸盐水泥。

2）结合层用砂应采用洁净无有机质的砂，使用前应过筛，不得采用冻结的砂块。

3）结合层用沥青玛瑞脂的标号应按设计要求经试验确定。

三、地面构造层次

地面的构造层次尽管与具体的面材有关，不尽相同，但从总体

来看，基本都包含以下几个构造层次，现分别介绍其名称及作用：

1）面层：直接承受各种物理和化学作用的地面或楼面的表层，地面与楼面的名称即按其面层名称而定。

2）结合层（粘接层）：面层与下一层相连接的中间层，有时亦作为面层的弹性底层。

3）找平层：在垫层上或轻质、松散材料（隔声、保温）层上起找平、找坡或加强作用的构造层。

4）防水（潮）层：防止面层上各种液体渗下去或地下水渗入地面的隔离层。

5）保温层：减少地面与楼面导热性的构造层，

6）垫层：传递地面荷载至基土或传递楼面荷载至结构上的构造层，

7）基土：地面垫层下的土层（包括地基加强层）。

砖地面和楼面的构造层次见图 6-2。

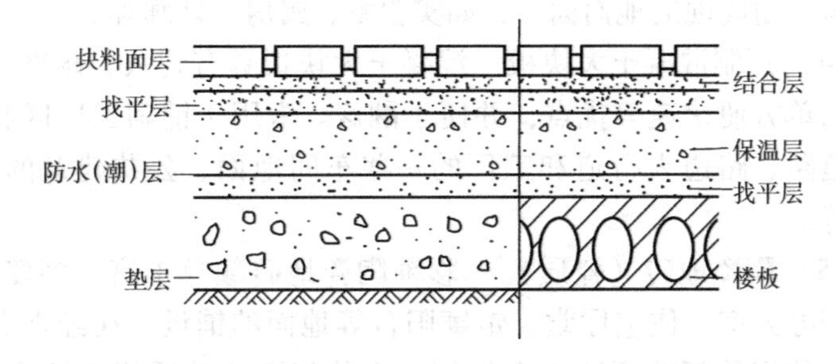

图 6-2　砖地面、砖楼面的常见构造示意图

现在从具体面材来看，了解具体面材所对应的具体构造层次。

常见的普通砖地面构造从下到上依次为：素土夯实，灰土地面，砂或白灰砂浆粘接层（兼微找平），砖面层。

水泥砖地面构造从下到上依次为：素土夯实，素混凝土垫层（有时也用灰土垫层），砂或干砂结合层（兼微找平），水泥砖面层。

预制混凝土板块构造层次和水泥砖相同，只是在垫层上一般都常用灰土，而不是素混凝土。

缸砖地面构造从下到上依次为：素土夯实，素混凝土垫层，砂浆找平层，水泥或水泥砂将结合层，砖面层（实际施工时结合层和面层是同时进行的，将结合层铺刮在砖背面贴到找平层上）。

乱石地面构造从下到上依次为：素土夯实，灰土垫层或砂土煤渣垫层，砂浆结合层或石灰粉干砂层，乱石面层（实际施工时结合层和面层是同时进行的，边铺结合层边放上乱石稳定）。

四、砖地面的适用范围

（1）普通粘土砖地面　室内适用于铺砌临时房屋和仓库及农用一般房屋的地面，室外适用于铺砌庭院、小道、走廊、散水坡等。

（2）水泥砖　水泥平面砖适用于铺砌庭院、商道、上人屋面、平台等的地面面层；水泥格面砖适用于铺砌人行道、便道和庭院等处；水泥花砖适用于铺砌公共建筑物部分的楼（地）面，如盥洗室、浴室、厕所等。

（3）缸砖（陶质）　缸砖面层适用于要求坚实耐磨、不起尘或耐酸碱、耐腐蚀的地面面层，如实验室、厨房、外廊等。

（4）预制混凝土大块板　混凝土大块板具有耐久、耐磨、施工工艺简单方便快速等优点，并便于翻修。常用于铺砌工厂区和住宅区的道路、路边人行道和工厂的一些车间地面、公共建筑的通道、通廊等。

（5）陶瓷地砖（瓷质）　彩釉陶瓷地砖颜色丰富，多姿多彩，适用于办公室、住宅厅堂、走廊阳台等地面的铺设。在经常有水的场所，使用釉面砖要防止人滑倒。无釉陶瓷地砖适用于厂房地面、地下通道、厨房、卫生间等多水场所的地面装饰，因具有防滑形，所以可以提高使用的安全性。麻石地砖是以仿花岗岩的原料配料，制成表面凹凸不平的麻石坯体，经一次焙烧后而成的面砖，其表面色彩和纹理与某些花岗岩相似，有黄、红、白、灰等，吸水率要求低于1%，抗弯强度应大于27MPa，抗冻性能经 -15 ~ 20℃的温差20次不破坏，耐急冷急热性好，砖的表面粗糙，防滑性能好，多用于广场、道路、地坪的铺设。

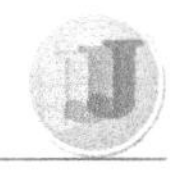

五、乱石路面的适用范围

乱石路面一般采用大卵石或约100mm×100mm×50mm形状的小块毛石铺筑，适用于庭院内小甬道、大街小巷或公园中局部起装饰作用的小地坪。其构造层次大致是素土夯实层，灰土垫层或砂土，煤渣等，再在其上用砂浆稳石或石灰干砂稳石砌成路面。

第二节　地面砖的铺筑

一、地面砖铺筑的工艺顺序

地面砖的铺筑是技能考核的重点。

准备工作→拌制砂浆→排砖组砌→铺筑地砖→养护、清扫干净。

二、地面砖铺筑的操作要点

1. 材料准备

砖面层和板块面层材料进场应做好材料的检查验收，按设计要求检查规格、品种和标号，按样板检查图案和颜色、花纹，并应按设计要求进行试拼。验收时对于存在裂缝、掉角和表面有缺陷的板块，应予以剔除，或放在次要部位使用。品种不同的地面砖不得混杂使用。地面砖材料应尽量堆放在可以避雨的室内仓库，如无仓库可以用临时的棚子防雨。

2. 施工准备

地面砖在铺筑前，要先将基层面清理、冲洗干净，使基层达到湿润。砖面层铺设在砂结合层上之前，砂垫层和结合层应洒水压实，并用刮尺刮平。砖面层铺设在砂浆结合层上的或沥青玛瑺脂结合层上的，应先找好规矩，并按地面标高留出地面砖的厚度贴灰饼，拉基准线，每隔1m左右冲筋一道，然后刮素水泥浆一道，用1∶3水泥砂浆打底找平，砂浆稠度控制在3cm左右。找平层铺好后，待收水后即用刮尺板刮平整，再用木抹子打平整。对厕所、浴室的地面，应由四周向地漏方向做放射形冲筋，并找好坡度。铺时有的要在找平层上弹出十字中心线，四周墙上弹出上平水平标高线。

3. 拌制砂浆

地面砖铺筑砂浆一般有以下几种：

1）1:2 或 1:2.5 水泥砂浆（体积比），稠度 2.5～3.5cm，适用于普通粘土砖、缸砖地面。

2）1:3 干硬性水泥砂浆（体积比），以手握成团、落地开花为准，适用于断面较大的水泥砖。

3）M5 水泥混合砂浆，配比由试验室提供，一般用作预制混凝土块粘接层。

4）1:3 白灰干硬性砂浆（体积比），以手握成团、落地开花为准，用作路面 25cm×25cm 水泥方格砖的铺砌。

4. 排砖组砌

地面砖面层一般依砖的不同类型和不同使用要求采用不同的排砌方法。普通粘土砖的铺砌形式有“直行”、“对角线”或“人字形”等，如图 6-3a～c 所示。在通道内宜铺成纵向的“人字形”，同时在边缘的一行砖应加工成 45°角，并与地坪边缘紧密连接。水泥花砖各种图案颜色应按设计要求对色、拼花、编号排列。

缸砖、水泥砖一般有留缝铺贴和满铺满砌法两种，应按设计要求选择铺砌方法。混凝土板块以满铺满砌法铺筑，要求缝隙宽度不大于 6mm。

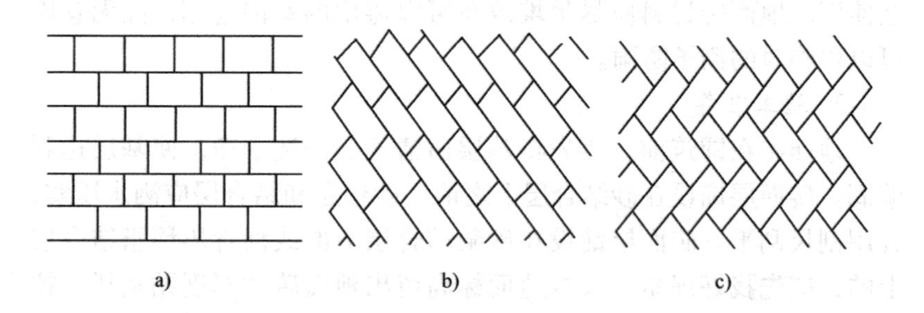

图 6-3　普通粘土砖铺地形式示意图
a）直行　b）对角线　c）人字形

5. 地面砖的铺筑

（1）在砂结合层上铺筑　按地面构造要求基层处理完毕，找平

层结束后，即可进行砖面层铺砌。

1）按设计要求选定的铺筑方法进行预排砖；如在室内首先应沿墙定出十字中心线，由中心向两边预排砖试铺，如铺筑室外道路，应在道路两头各砌一排砖找平，以此作为标筋码砌砖地面和路面。

2）挂线铺砌：在找平层上铺一层15~20mm厚的黄砂，并洒水压实，用刮尺找平，按标筋架线，随铺随砌筑。砌筑时上棱跟线以确保地面和路面平整，其缝隙宽度不大于6mm，并用木锤将砖块敲实。

3）填充缝隙：填缝前，应适当洒水并将砖拍实整平。填缝可用细砂、水泥砂浆。用砂填缝时，可先将砂撒于路面上，再用扫帚扫入缝中。用水泥砂浆填缝时，应预先用砂填缝至一半的高度，再用水泥砂浆填缝扫平。

（2）在水泥或石灰砂浆结合层上铺砌

1）找规矩、弹线：在房间纵横两个方向排好尺寸，缝宽以不大于1cm为宜，当尺寸不足整块砖的位数时，可裁割半块砖用于边角处，尺寸相差较小时，可调整缝隙。根据确定后的砖数和缝宽，在地面上弹纵横控制线，约每隔四块砖弹一根控制线，并严格控制方正。

2）铺砖：从门口开始，纵向先铺几行砖，找好规矩（位置及标高），以此为筋压线，从里面向外退着铺砖，每块砖都要跟线。铺砌时，先扫水泥浆于基层，砖的背面朝上，抹铺砂浆，厚度不小于10mm，砂浆应随铺随拌，拌好到用完不超过2h，将抹好灰的砖，码砌到扫好水泥浆的基层上。砖上棱要跟线，用木锤敲实铺平。铺好后，再拉线拨缝修正，清除多余砂浆。

3）勾缝：分缝铺砌的地面用1∶1水泥砂浆勾缝，要求勾缝密实，缝内平整光滑，深浅一致。满铺满砌法的地面，则要求缝隙平直，在敲实修正好的面砖上撒干水泥面，并用水壶浇水，用扫帚将水泥浆扫入缝内，将其灌满并及时用拍板拍振，将水泥浆灌实，最后用干锯末扫净，同时修正高低不平的砖块。

（3）在沥青玛瑞脂结合层上铺砌

1）砖面层铺砌在沥青玛瑞脂结合层上与铺砌在砂浆结合层上，

其弹线、找规矩和铺砖等方法基本相同，所不同的是沥青玛𤧛脂要经加热（150～160℃）后才可摊铺。铺时基层应刷冷底子油或沥青稀胶泥，砖块宜预热，当环境温度低于5℃时，砖块应预热到40℃左右。冷底子油刷好后，涂铺沥青玛𤧛脂，其厚度应按结合层要求稍增厚2～3mm，随后铺砌砖块并用挤浆法把沥青玛𤧛脂挤入竖缝内，砖缝应挤严灌满，表面平整。砖上棱跟线放平，并用木锤敲击密实。

2）灌缝：待沥青玛𤧛脂冷却后铲除砖缝口上多余的沥青，缝内不足处再补灌沥青玛𤧛脂，达到密实。

6. 地面砖铺砌后的养护

普通粘土砖、缸砖、水泥砖面层，铺完面砖后，在常温下48h放锯末浇水养护。3d内不准上人。整个操作过程应连续完成，避免重复施工影响已贴好的砖面。路面预制混凝土大板块铺完后应养护3d，在此期间不得开放交通。

三、地面砖的铺筑实例

1. 水泥砖的铺筑

水泥砖用在室外时一般用干砂或干砂拌石灰粉作结合层，当用于室内时一般用水泥砂浆作结合层。室外铺筑比较简单，只要拉好标高线，定出中心线和边界线，按预先定好的花纹格式排砖，根据标高线做好中间标筋并先铺一条砖带。然后，其他砖按标高线及标筋拉线铺砌，铺时要注意如果是模压花纹的砖必须核对花纹是否吻合，防止对错纹路而造成返工。同时在施工过程中要随时用靠尺检查平整度，用眼睛目测砖与砖间的缝隙不能过大。

如是室内铺贴，则要以房间的大小找规矩、弹线，铺时分为留缝和不留缝两种，留缝的缝宽度不大于8mm，无缝的砖与砖干拼约有1mm的干缝。铺砖时应从门口向里排砖，纵向先铺几行砖，找好规矩（即位置和标高），以此为标筋进行拉线，从里向外退着铺砖，每块砖要和拉好的线平齐（即俗称跟线）。铺时先在基层找平层上扫水泥素浆，然后在砖背面抹水泥砂浆往上铺筑，并用木锤敲击密实。扫浆应随铺随扫，砂浆也应随铺随拌制，拌好后放置的时

间最好不超过2h。铺好后，要检查平整度，如果有不平或错缝不齐，还要拨缝修正，达到平直美观。最后清理干净，擦光表面并进行养护。

如果是分缝的地面，完成铺砖后要进行勾缝，一般勾缝应凹进2～3mm，缝要勾抹平直，密实圆润，深浅一致。

2. 缸砖的铺筑

缸砖铺贴如用水泥砂浆作结合层的，其操作方法和水泥砖基本相同，应着重注意的是缸砖尺寸有误差，要事先进行选砖，可用木格模套放砖检查，有的尺寸误差可达1～2mm，因此选砖很重要。其次是砖要在铺前放在水中浸泡一下，让砖吸水后再拿出阴干，以便于操作和提高粘贴质量。第三是凡有泛水坡度的，要特别注意坡度交合处的铺贴。

缸砖当用沥青玛瑞脂作结合层时，其找规矩、弹线等与水泥结合层相同。所不同的是沥青玛瑞脂要油毡工配合加热到150～160℃后才能铺摊。铺时在基层上应刷冷底子油或沥青稀泥，砖块要预先加热一下，当环境温度低于5℃时，砖块应预热到40℃左右。冷底子油刷好后，再涂沥青玛瑞脂，其厚度应比图样要求的略厚2～3mm，随后铺砌砖块并把沥青玛瑞脂挤入砖缝中，砖要与拉好的线平齐，并用木锤敲打密实。表面要随铺随检查平整，做到缝严，面平，质量好。待沥青玛瑞脂冷却后，要铲除挤出的多余沥青，对少数缝口不足的再补灌达到密实，完成以上步骤后进行养护就可以了。

3. 混凝土板块的铺筑

混凝土板块不论用于道路还是厂房，均以灰土为垫层，石灰粉、干砂或石灰砂浆作结合层，操作时应做到以下几点：

（1）找规矩，设标筋　铺筑前应对基层进行验收，如灰土的密实度宜用环刀取样试验，灰土的平整度按规范进行验收。如铺厂房地面应按柱网分区分格定出十字中心线、标高线，分区分格铺筑。如铺道路应先把路边侧石（即俗称的马路牙子）拉线，挖槽，埋设好混凝土预制侧石，其上口要找平、找直，再找出道路中心线，定出标筋，并在侧石上弹出路边的标高线，由中心向两侧泛水，由此为铺混凝土板块提供依据。

（2）挂线铺筑　根据标筋拉线，在铺的地方先涂一层结合层，使板块放下去时略高于线，经过木锤敲击达到与线平齐，铺时可干缝，也可分缝，分缝不宜超过8mm。

（3）灌缝和清扫　凡铺完一段或一个区域，要用干细砂拌水泥扫入缝中填充密实，后浇水养护，最后清扫地面或路面，对多余剥落的砂浆应铲除清理，达到表面平整干净。浇水养护一周后，才可允许人员进入施工或其他工作。

四、基土层和垫层的处理

基土层和垫层的处理是地面砖铺砌的关键。

要保证地面砖铺砌的质量，就一定要做好基土层和垫层，下面重点叙述一下基土层和垫层的施工注意事项。

1. 基土层

地面应铺设在均匀密实的基土上，地面下的基土层不论是原状土或是填土均应达到均匀密实的要求，如果基土或土层结构被破坏应予以压实，以免基土不均匀沉降而导致地面下沉、起鼓、开裂等现象，影响地面工程质量。如用填土应选用砂土，粉土性土及其他有效填料的土类，并过筛除去杂质。填土的粒径一般不得大于50mm，并应控制在最优含水量的条件下施工（填土在最优含水量条件下，用手能握成团，用手指一捏即碎，一般工地可用此法做初步判断，重要工程则应通过试验来确定）。过干的填土在压实前应加水润湿，过于潮湿的土要晾干。压实方法可采用机械方法或人工分层夯实。每层虚铺厚度：用机械时，一般不应大于300mm，用人工时，一般不得大于200mm，每层压实后的干堆密度符合要求后，再回填夯实第二层。注意不得在冻土上进行压实工作。在基土上铺有坡度的地面时，应通过修整基土来达到所需的坡度。

2. 垫层

在铺设地面前应先铺垫层，以利地面荷载的均匀传递。

（1）灰土垫层　灰土垫层应用消解后的石灰粉和过筛后的粘土或粉土，按2∶8或3∶7的比例加水拌制均匀夯实而成，一般设置在不受地下水浸湿的基土上，其厚度一般不小于100mm，所用的石灰粉是在使用前3～4d将生石灰块予以消解，并加以过筛得到的，其

粒径不得大于5mm，不得夹有未熟化的生石灰块，也不得含有过多的水份。如用磨细生石灰代替熟石灰时，应按体积比与粘土拌和洒水堆放8h后使用。过筛后的粘土或粉土不得含有有机杂质，粒径不得大于15mm。施工时，灰土拌和料应保证准确配比，拌和均匀，并保持一定的湿度，然后将灰土拌和料分层铺平夯实，每层虚铺厚度150～250 mm，夯实后的表面应平整，经适当晾干后，在继续铺设前，应将接缝处清扫干净，并重叠夯实。

（2）砂或砂石垫层　砂或砂石垫层是基土与上部结构层之间较好的缓冲层，砂和砂石垫层是分别用砂、天然砂石铺设而成的垫层。砂和天然砂石中不得含有草根等有机杂质，砂垫层的厚度不宜小于60mm，砂石垫层的厚度不宜小于100mm，石子的最大粒径不得大于垫层厚度的2/3，且不得使用冻结的砂或冻结的天然砂石。砂垫层施工时，应适当洒水润湿，如地基土为非湿陷性的土层，砂垫层的砂土可浇水至饱和状态后加以夯实或振实，每层虚铺厚度一般不大于200mm，夯至密实度符合设计要求为止，砂石垫层施工时应选择级配均匀的砂石进行，用人工配制的砂石，最好用搅拌机拌匀后铺设，必须摊铺均匀，不得有粗细颗粒分离现象。如用碾压机碾压时，应根据其干湿程度和气候条件，适当洒水使砂石表面保持湿润，其最佳含水量为8%～9%，一般碾压不少于三遍，并压至不松动为止。如用人工夯实，也要夯实至砂石不松动为止。

（3）碎石和碎砖垫层　碎石垫层采用强度均匀、级配适当和没有风化的碎石或卵石铺成，其厚度不宜小于60mm，碎石或卵石的最大粒径不得大于垫层厚度的2/3，碎石层必须摊铺均匀，表面空隙应以粒径为5～25mm的细石填缝，然后碾压至石子不松动为止；碎砖垫层是采用碎砖铺设而成的，其厚度不宜小于100mm，碎砖料不得采用风化松酥的碎砖块，不得夹有瓦片及有机杂质，其粒径不应大于60mm，需要注意的是，不得在铺设好的垫层上用锤击的方法进行碎砖加工。铺设碎砖时应分层摊铺均匀，适当洒水润湿后，采用机械或人工夯实，并达到表面平整，夯实后的厚度一般为虚铺厚度的3/4。

（4）炉渣垫层　炉渣垫层是用炉渣或用水泥、炉渣，再或用水泥、石灰、炉渣的拌和料铺设而成，其厚度不宜小于60mm。所用的石灰是在使用前3～4d将生石灰块用水消解，并加以过筛得到的，其粒径不得大于5mm。炉渣的质量要求是，渣内不含有有机杂质和未燃烧尽的煤块，粒径不大于40mm，且不大于垫层厚度的1/2，粒径在5mm以下者，不得超过总体积的40%。炉渣铺设前应浇水焖透，焖透时间不得少于5d。对于水泥石灰炉渣垫层，应在使用前用石灰浆泼洒或用消解的石灰粉拌和后浇水焖透。炉渣垫层拌和料应按设计要求均匀拌和，并严格控制加水量，防止铺设时表面有泌水现象。在铺炉渣前，应将基层清扫干净并洒水润湿，铺设后压实拍平，压实后的厚度不应大于虚铺厚度的3/4。如垫层厚度大于120mm，应分层夯实。炉渣垫层内埋设管道时，管道四周宜用细石混凝土予以稳固，垫层施工完毕后应注意养护待其凝固后方可进行下一道工序。

（5）混凝土垫层　混凝土垫层的厚度不应小于60mm，其强度等级不低于C10，混凝土垫层应分区段（分仓）进行浇筑，宽度一般为3～4m，浇筑前，垫层下的基土应按要求润湿，并按设计要求预留孔洞，以备安置固定地面镶边连接件所用的锚栓或木砖。

第三节　乱石路面的铺筑

乱石路面一般情况分为大乱石（常为大卵石）路面和小毛石路面两种，它的铺筑工艺和要点如下。

一、乱石路面铺筑的工艺顺序

准备工作→拌制灰土→排石组砌→铺石块→养护、清扫干净。

二、乱石路面铺筑的操作要点

大乱石路面用于园林、庭院，有一定的装饰作用。基层要求坚硬些，乱石挤紧后灌浆，将石面露出10～20mm，或用砂浆铺筑挤紧，砂浆层要低于石面。

小毛石块的路面，一般选用拳头大小的石块，铺筑在较坚实的

基层上和较松散的垫层中，边铺边用石块挤紧，后灌砂压实做成路面。

1. 乱石路面的材料要求和构造层次

乱石路面是用不整齐的拳头石和方头片石铺砌。它的构造分别为：基层、垫层、找平层、结合层和面层。使用的垫层和结合层材料一般为煤渣、灰土、砂石、石碴。

2. 摊铺垫层

在整好的基层上，按设计规定的垫层厚度均匀摊铺砂或煤渣或灰土，经压实后便可铺排面层块石。

3. 找规矩、设标筋

铺砌前，应先沿路边样桩及设计标高，定出道路中心线和边线控制桩，再根据路面和路的拱度和横断面的形状要求，在纵横向间距2m左右的地方设置标志石块，即一断面的路形带，带宽约300～500mm，然后纵向拉线，按线铺砌面石。

4. 铺砌石块

铺砌一般从路的一端开始，在路面的全宽上同时进行。铺砌时，先选用较大的块石铺在路边缘上，再挑选适当尺寸的石块铺砌中间部分，要纵向往前赶砌。路边块石的铺砌进度，可以适当比路中块石铺砌进度超前5～10m。铺砌块石的操作方法有顺铺法和逆铺法两种：顺铺法，人蹲在已铺砌好的块石路面上，面向垫层边铺边前进，此种铺法，较难保证路面的横向拱度和纵向平整度，且取石操作不方便；逆铺法是人蹲在垫层上，面向已铺砌好的路面边铺边后退，此法较容易保证路面的铺砌质量。要求砌排的块石，应将小头朝下，平整面、大面朝上，块石之间必须嵌紧、错缝，表面平整、稳固适用。

对于卵石路面，一般在做完一段后砂浆未硬化时，进行检查有无缺陷，发现问题及时修补重新铺筑，完成后，主要依靠石块和砂浆的结合来承受荷载，不再用压路机等碾压。

5. 嵌缝压实

铺砌石块时除用手锤敲打铺实铺平路面外，还需在块石铺砌完毕后，嵌缝压实。铺砌拳头石路面，第一次用石碴填缝、夯打，第二次用石屑嵌缝，小型压路机压实。方头片石路面用煤渣屑嵌缝，先用夯打，后用轻型压路机压实。

6. *乱石路面铺筑后的养护*

乱石路面铺筑完成后，一般浇水清扫，养护3d以上才能通行。如用卵石浆铺的路面要用湿草帘覆盖，浇水养护7d以上才能走人。

第四节 地面砖和乱石路面铺筑的质量标准和应预控的质量问题

一、地面砖铺筑的质量标准

1）面层所用板块的品种、质量必须符合设计要求，面层与基层的结合（粘接）必须牢固、无空鼓（脱胶）。

2）板块面层的表面质量应符合以下规定：表面清洁，图案清晰，色泽一致，接缝均匀，周边顺直，板块无裂纹、掉角和缺棱等现象。

3）地漏和供排除液体用的带有坡度的面层应符合以下规定：坡度符合设计要求，不倒泛水，无积水，与地漏（管道）结合处严密牢固，无渗漏。

4）楼梯踏步和台阶的铺贴应符合以下规定：缝隙宽度基本一致，相邻两步高差不超过15mm，防滑条顺直。

5）楼地面镶边应符合以下规定：面层邻接处镶边用料及尺寸符合设计要求和施工规范规定，边角整齐、光滑。

6）路面排水应符合以下规定：路面的坡向、雨水口等符合设计要求，泄水畅通、无积水现象。

7）预制混凝土块路面应符合以下规定：铺设稳固，表面平整，无松动和缺棱掉角，缝宽均匀、顺直。

8）各种路面的路边石应符合以下规定：路边石顺直，高度一致，棱角整齐。

9）普通粘土砖、水泥花砖、缸砖的允许偏差见表6-1，预制混凝土板块和水泥方格砖路面允许偏差见表6-2。

表 6-1　普通粘土砖、水泥花砖、缸砖的允许偏差

项次	项目	水泥花砖/mm	缸砖/mm	普通粘土砖/mm		检验方法
				砂垫层	砂浆垫层	
1	表面平整度	3	4	8	6	用2m靠尺及塞尺
2	缝格平直	3	3	8	8	拉5m通线和尺量
3	接缝高低差	0.5	1.5	1.5	1.5	尺量及塞尺
4	板缝间隙	2	2	5	5	尺量

表 6-2　预制混凝土板块和水泥方格砖路面允许偏差

项目	允许偏差/mm	检验方法
横坡	0.5 /100	用坡尺检查
表面平整度	7	用2m靠尺及塞尺
接缝高低差	2	用直尺及塞尺

二、地面砖、乱石路面铺筑应预控的质量问题

1. 地面标高错误

地面标高的错误大多出现在厕所、盥洗室、浴室等处。一般要求这些房间地面比其他房间低 20～30mm，出现标高错误的主要原因是楼板上皮标高超高，防水层或找平层过厚，做完铺贴的砖面层后不显得低，甚至高出别的房间，造成水向室外流泄。

预防措施：在施工结构或做地面之前，应对楼层房间的标高认真核对，防止超高或错误，有问题应事先设法纠正。其次做地面各层构造层时应严格控制每遍构造层的厚度，防止超高。

2. 泛水边小或局部倒坡

主要原因有：地漏安装的标高过高，基层处理不平，有凹坑而造成局部存水，基层坡度没有找好，形成坡度过小或倒坡。

解决办法是：首先应给准墙上 50cm 的水平线，水暖工安装地漏时标高要正确，依据标高线确定地漏面比地面低 20～30mm，使地面做好后在该处形成一圆形凹坑，以便于排水，并应在做房间找平层时，由四边墙向地漏披水，抹好朝地漏落水呈放射形的坡度筋，按规矩施工。

3. 地面不平、出现小的凹凸

造成此问题的原因是：砖的厚度不一致，没有严格挑选，或砖面不平，或铺贴时没敲平、敲实，或养护未结束，过早上人等。

解决方法是：首先要选好砖，不合格、不标准的砖必须剔除不用，铺筑时要敲实平整，在施工中和铺完后一段时间内封闭入口，经养护达到要求后才可进人操作。

4. 黑边

一般出现在边角处，铺至边缘时不足一块或一块稍多，不是按规定切割砖块补足，而是用水泥抹平处理，形成黑边影响观感。

解决方法是排砖时要算准砖块，对边缘不足的地方按规定切割砖块补贴好，不能图一时省事或省料而随意处理。

5. 路面塌陷

主要原因是：路面下基层、垫层分层夯实不足，没有达到应有的密实度。

解决办法是：要将路面下的基层、垫层分层夯实，而后做好密实度的取样试验工作，试验合格后方可进行上部面层的施工。再有应查清该路面下是否有暗沟、暗管，这些部位受荷载后就会下塌，要根据具体情况按上述原则进行处理到合格为止。

6. 路面混凝土板块松动

造成原因是：砂浆干燥、影响粘接度，夏季施工浇水养护不足、早期脱水。若用砂与石灰拌制的混合料做结合层时，可能其中夹杂石块造成软硬不均匀，受力后翘曲。

解决办法是：用砂浆铺筑时要求砂浆的稠度适当，铺设时应边铺砂边码砌边砸实，检查平整，充分养护；用砂和石灰做结合层铺筑时，砂要过筛，石灰粉化应充分，并要过筛，拌和均匀；砂浆铺面不宜过大，防止砂浆在未铺砌砖时已干燥；夏期施工必须浇水养护 3d，养护期内严禁车辆滚压和堆放重物。

第五节　地面砖和乱石路面铺筑的技能训练

● 训练1　普通粘土地面砖的铺筑

1. 训练内容

在砂垫层上铺砌普通粘土砖，图案为“人字形”。地面4m宽，5m长，用水泥砂浆填缝。

2. 基本训练项目

(1) 铺砌准备

1) 工具准备：小水桶、扫帚、平锹、抹子、喷壶、木锤子、方尺、粉线包、切砖机、钢卷尺和水平尺等。

2) 材料准备：按质量标准和技能训练要求检查普通粘土砖外观形状、色彩，对色彩不均匀、有裂纹、掉角、缺棱或者表面有缺陷的砖块，应予以剔除或放在次要部位使用。水泥砂浆随拌随用。

3) 铺砌准备：在铺设前，要先将基层面清理、冲洗干净，使基层达到湿润。按地面构造要求将基层处理完毕，找平层结束后，即可进行砖面层铺砌。

(2) 地面砖的铺砌

1) 挂线铺砌：在找平层上铺一层60~80mm厚的黄砂，并洒水压实，用刮尺找平，按标筋架线，随铺随砌筑。砌筑时上棱跟线以保证地面和路面平整，其缝隙宽度不大于6mm，并用木锤将砖块敲实。

2) 填充缝隙：填缝前，应适当洒水并将砖拍实整平。填缝用水泥砂浆，先用砂填缝至一半的高度，再用水泥砂浆填缝扫平。

3. 训练注意事项

1) 铺砌时对普通粘土砖要认真选择，质量、规格尺寸不合格的砖一定不能用。铺砌时要砸实，防止出现地面凹凸不平。

2) 铺砌时要认真地核对检查地面的标高，发现偏差，及时纠正。

3) 铺砌时在边缘的一行砖应加工成45°角，并与地坪边缘紧密连接。铺砌时，相邻两行的错缝应为砖长度的1/3～1/2。

4）在铺砌时，要严格按照弹线进行，注意留好灰缝，灰缝的宽窄要一致。

5）铺砌时砖的表面平整度、缝格平直、接缝的高低差及砖块间隙应该符合允许偏差的要求。

训练2　室内水泥砂浆结合层上铺砌地面砖

1. 训练内容

在室内水泥砂浆结合层上铺砌300mm×300mm规格的地面砖。地面长4.2m，宽3.3 m；有一个地漏；地面砖缝5mm，勾缝；不考虑图案的拼接。

2. 基本训练项目

（1）铺砌准备

1）工具准备：小水桶、扫帚、平锹、抹子、钢丝刷、喷壶、木锤子、硬木拍板、方尺、粉线包、溜子、切砖机、磨砖机、钢卷尺和水平尺等。

2）材料准备：检查验收地面砖的产品合格证，按质量标准和技能训练要求检查规格、品种和标号。对于有裂缝、掉角和表面有缺陷的板块，应予以剔除或放在次要部位使用。地面砖在铺砌前1d用水浸2～3h晾干后备用。铺砌用砂浆为1∶2（体积比）水泥砂浆，稠度25～35mm，砂浆应随铺随拌，拌好的砂浆应在初凝前用完。

3）技术准备：在墙面弹好+500mm的水平线，根据技能训练的要求绘制分块大样图。

（2）地面砖的铺砌

1）施工准备：地面砖在铺设前，要先将基层面清理、冲洗干净，使基层达到湿润。

2）按地面标高留出地面砖的厚度贴灰饼，拉基准线，每隔1m左右冲筋一道，然后刮素水泥浆一道，用1∶3水泥砂浆打底找平，砂浆稠度控制在30mm左右，其水灰比宜为0.4～0.5。找平层铺好后，待收水后即用刮尺板刮平整，再用木抹子打平整。

3）由四周向地漏方向做放射形冲筋，并找好坡度，坡度一般为

0.5% ~1%；必须保证地漏低于地面3~5mm，防止倒坡现象。

4）在房间纵横两个方向排好尺寸，缝宽5mm，在尺寸不足整块砖的位置，裁割半块砖，用于边角处；尺寸相差较小时，可调整缝隙。根据确定后的砖数和缝宽，在地面上弹纵横控制线，约每隔四块砖弹一根控制线，并严格控制方正。

5）从门口开始，纵向先铺几行砖，找好位置及标高，从里面向外退着铺砖，每块砖要跟线。铺砌时，先扫水泥浆于基层，砖的背面朝上，抹铺砂浆，厚度不小于10mm，将抹好灰的砖，铺砌到扫好水泥浆的基层上，砖上棱要跟线，用木锤敲实铺平。铺好后，再拉线修正，清除多余砂浆。砖块间和砖块与结合层间，以及在墙角、镶边和靠墙边，均应紧密贴合，不得有空隙，亦不得在靠墙处用砂浆填补代替砖块。

6）勾缝：面层铺贴应在24h内进行擦缝、勾缝和压缝工作。缝的深度为砖厚的1/3，要求勾缝密实。缝内平整光滑，深浅一致。面层溢出的水泥浆或水泥砂浆应在凝结前予以清除，待缝隙内的水泥凝结后，再将面层清理干净。

7）养护：铺完砖后，在常温下24h应覆盖湿润，或用锯末浇水养护，其养护不宜少于7d，3d内不准上人。整个操作过程应连续完成，避免重复施工影响已贴好的砖面。

3. 训练注意事项

1）铺砌时对地面砖要认真选择，质量、规格尺寸不合格的砖一定不能用。铺贴时要砸实，防止出现地面凹凸不平。

2）铺砌时要认真地核对检查地面的标高，发现偏差，及时纠正。特别是地漏的周围，一定要按照规范要求找好坡度，防止倒泛水。

3）在铺砌时，要严格按照弹线进行，注意留好灰缝，灰缝的宽窄要一致，勾缝要密实。在施工时应对楼层标高认真核实，防止超高，并应严格控制每遍构造层的厚度，防止超高。

4）铺砌砂浆要饱满，铺砌前基层清理要干净，要适量地洒水以保持湿润，防止空鼓现象。

训练3 乱石路面的铺筑

1. 训练内容

在砂垫层上铺砌鹅卵石路面，长4m，宽2.5m；要镶边；用干砂填缝。

2. 基本训练项目

（1）铺砌准备

1）工具准备：小水桶、扫帚、平锹、抹子、喷壶、木锤子、方尺、粉线包、钢卷尺和水平尺等。

2）材料准备：按质量标准和技能训练要求检查鹅卵石外观形状、色彩，有裂纹、掉角、缺棱或者表面有缺陷的，应予以剔除或放在次要部位使用。

3）铺砌准备：在铺设前，要先将基层面清理、冲洗干净，使基层达到湿润。按地面构造要求将基层处理完毕，找平层结束后，即可进行石面层铺砌。

（2）石子的铺砌

1）挂线铺砌：在找平层上铺一层80mm厚的黄砂，并洒水压实，用刮尺找平，厚度应均匀一致，并要压密实，沿路边样桩，按设计标高定出道路中心线和边线控制桩，根据路面形状安置标志石块，架线铺石。铺筑最好采用逆铺法，要从路的一端开始，在路面上全宽同步进行。边缘要选较大的石子，且比中间石子超前一段距离。

2）填充缝隙：填缝前，应适当洒水并将路面拍实整平。填缝用干砂，将砂撒于路面上，再用扫帚扫入缝中。

3. 训练注意事项

1）铺砌时对鹅卵石要认真选择，质量、规格尺寸要符合要求。

2）铺砌时要认真地核对检查地面的标高，发现偏差，及时纠正。

3）铺砌时在边缘的一定要认真选石，中间石块大小要适宜。

4）在铺砌时，要严格按照弹线进行，注意留好灰缝，灰缝的宽窄要一致。石块大头朝上，小头朝下，块石之间必须嵌紧，错缝，表面平整、稳固适用。

复习思考题

1. 简述地面砖材料的规格和质量要求？
2. 简述地面的构造层次。
3. 简述砖地面的适用范围。
4. 地面砖面层铺砌前要做哪些准备工作？
5. 怎样在砂结合层上铺砌地面砖？
6. 怎样在水泥或石灰砂浆结合层上铺砌地面砖？
7. 怎样在沥青玛瑺脂结合层上铺砌地面砖？
8. 如何处理好基土层和垫层？
9. 乱石路面铺砌要求是什么？
10. 地面砖铺好后应做哪些养护工作？
11. 地面砖铺砌容易发生哪些质量问题？怎样解决？

第七章

瓦屋面的铺筑

培训学习目标 通过本章的学习，了解坡屋面的铺筑用瓦材种类、规格性能及质量要求，掌握瓦屋面的构造、施工知识、铺筑工艺及操作要点，能铺筑筒瓦屋面、阴阳瓦的斜沟，掌握筒瓦的简单正脊和垂脊的铺筑工艺和质量要求，同时掌握瓦屋面的质量预控知识和施工安全要点。

第一节 瓦屋面铺筑的基本知识

屋面起着挡风、遮阳、防雨和阻雪的作用，在建筑物中占有十分重要的地位，因此在房屋建筑时，要认真地做好屋面工程，以充分发挥屋面的功能作用。屋面工程的做法很多，根据屋面的形式来划分，有坡屋面（又叫斜屋面）、平屋面和拱屋面等。其中坡屋面做法多为挂瓦，工程中常见的坡屋面挂瓦有平瓦、小青瓦和筒瓦。瓦屋面的排水功能与所用的材料有直接的关系，利用平瓦、小青瓦或筒瓦做屋面工程，其特点是面积小，搭接缝隙多，抗渗性能差，于是要求下雨时排水速度要快，这样，瓦屋面的坡度必须大，故又称斜屋面。

一、瓦屋面的种类、规格及质量标准

瓦是屋盖与坡屋面作为防水用的传统材料，分为粘土平瓦、粘土脊瓦、水泥平瓦、水泥脊瓦、粘土小青瓦、粘土筒瓦、琉璃瓦等，

其他还有石棉瓦、钢丝网水泥大波瓦、玻璃钢波形瓦、碳化灰砂瓦、炉渣瓦等等。

1. 粘土平瓦

粘土平瓦根据颜色可分为青色和红色两种，规格、质量要求和质量等级在初级工培训教材中已经做了介绍，这里不再重复。

2. 小青瓦

小青瓦也称土瓦、蝴蝶瓦和合瓦，是阴阳瓦的一种。小青瓦是我国传统屋面防水覆盖材料，以粘土为原料，经拌和压形制坯，风干后烘烧而成。小青瓦一般应在烘烧中从窑顶洒入清水而形成青瓦，瓦为弧形片状物，其规格各地不一，大致长度为 170 ~ 200mm，宽度为 130 ~ 180mm，厚度为 10 ~ 15mm。

小青瓦烘烧的火候必须足够，色青，敲击时声音清脆，断开后横剖面色泽均匀、颗粒细腻、杂质少、不裂不缺。目前生产的小青瓦的规格见表 7-1，与之相配合的还有盖瓦和檐口滴水瓦等。

表 7-1　小青瓦的规格

规格/mm			
长度	大口	小口	厚度
200	155	145	10 ~ 13
200	180	160	12 ~ 15
200	145	130	14
180	160	150	12 ~ 15
175	145	140	15
170	170	150	12
170	180	160	10

粘土筒瓦也是阴阳瓦的一种。

3. 粘土筒瓦

粘土筒瓦是由粘土制坯熔烧而成的古建筑大型坡屋面采用的瓦，呈青灰色，分底瓦和盖瓦两种，在檐口处还有带滴水的底瓦和带勾头的盖瓦，它与琉璃瓦造型相同但原材料不同。

底瓦又称板瓦，其长度为 280 ~ 350mm，宽度小头为 145 ~

240mm，大头为175～280mm。当板瓦尺寸长为350mm时，则大头宽280mm，小头宽240mm。

盖瓦形如半圆筒，故又称筒瓦；盖瓦尺寸为300mm×175mm、300mm×150mm、250mm×125mm、250mm×100mm。

滴水和勾头的尺寸应相配合，滴水和勾头只是板瓦头上多一片向下的滴水片和盖瓦头上有一块堵住筒瓦孔的勾头片。各类筒瓦的外形如图7-1a～f所示。

粘土筒瓦的质量要求和小青瓦一样，应火候足，色青，色泽一致，敲击声清脆，无裂纹和缺棱掉角。

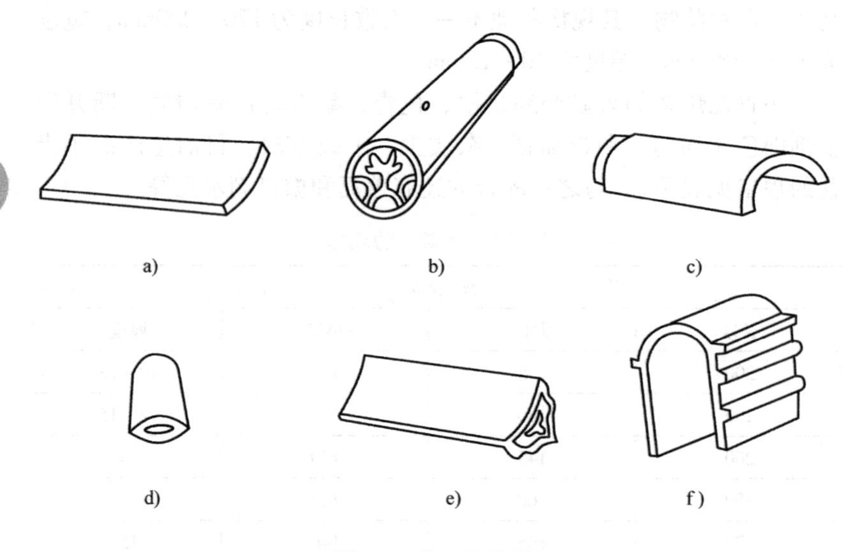

图7-1　筒瓦的外形

a）板瓦　b）勾头　c）盖瓦　d）顶帽　e）滴水　f）脊瓦

4. 琉璃瓦

琉璃瓦是我国陶瓷宝库中的古老珍品之一，它色彩绚丽、坚固耐久、造型古朴、富有传统的民族特色，是我国古代高级建筑的屋面防水材料。它主要用在古建筑的宫殿、文庙、大寺院等建筑，近代也用于仿古建筑的屋面和园林中的亭廊屋面。

琉璃瓦有黄、绿、蓝、紫、青、黑、翡翠等色，根据使用部位不同分为吻头、通脊、垂脊、板瓦、筒瓦、勾头、滴水、顶帽、兽饰等。

在古建筑上根据屋面的规模大小，把琉璃瓦制品分为两样、三样、四样、……九样八个规格档次。两样的制品尺寸最大，依次缩小。例如，两样的吻头尺寸高为10.5尺，长为9.1尺，宽为1.6尺（旧长度计量单位，1m=3尺）。

琉璃瓦应色泽一致，釉彩均匀有光泽，不缺棱掉角，无裂缝。在运输、堆放和施工中都应小心谨慎，避免损坏，因为它系配套烧制，很难补缺重做。

其他类型的瓦本处不再作详细介绍，学员需要时自己再参看相关书籍和资料。

二、瓦屋面的构造

不同的瓦屋面，在构造层次上会有些不同，但大致结构相差不多，一般将瓦屋面构造分成两部分，即基层和面层，下面就介绍一下几种常见瓦的基层构造。

1. 筒瓦、小青瓦的木基层屋面

木椽条一般平直钉在檩条上，木椽条的断面一般为40～70mm，长度不宜小于两个檩条的间距，木椽条接头端面采用斜口，在一根檩条上接头左右相邻不得连续超过三根，椽条与每个檩条交接处都要用钉钉牢，做到牢靠、平稳（不平处应用小木条垫平再钉），椽条的间距要根据青瓦的尺寸大小而定（一般为青瓦小头宽度的4/5），椽子间距要相等，基层完成应按标准进行全面地验收检查，对檩条和椽条要进行截面尺寸的检查验收，如果是原木则要检查其梢头直径，检查方法就是用尺直接量取实际数值，每种各抽查三根，对原木取直径平均值，同时还要对檩条的表面平整度、悬臂接头等做相应的验收。

2. 小青瓦的荆笆、秸杆草泥基层

在椽子上铺荆笆、秸杆（常用芦苇杆或长茅草杆），再铺瓦。其檩条和椽子要求同前，在铺秸杆或荆笆时注意，最好将材料先分束，用线绳扎紧，然后一排排密铺在椽条或檩条上，要使荆笆或秸杆束与椽条或檩条间成垂直向搁置，将草泥拌和均匀，自下而上前后两坡同时铺抹在荆笆或秸杆的底层上，抹出的草泥坡面应基本平整，

对于仰瓦屋面又有有灰埂和无灰埂之分别，抹泥时就应注意，抹完的草泥偏高和偏低处要做一下修整。

3. 平瓦的木基层

先钉好檩条和椽条，要求同小青瓦，但间距可依据平瓦的尺寸大小来定，也可直接将木椽条铺钉在檩条上，接着铺油毛毡，油毛毡要沿屋脊平行方向自下而上进行铺钉。檐口处油毡应保证盖过封檐板上边口10~12mm，油毡长边搭接长度不小于70mm，短边搭接长度不小于15mm，搭边处用压毡条沿屋脊的垂直方向钉固，间距应小于500mm。油毡铺完后必须平直，表面完整无损，不得有缺边、破洞等缺陷。接着再上挂瓦条，根据平瓦的尺寸和一面坡的长度来计算瓦条的间距，瓦条的断面尺寸一般为30mm×30mm，长度大于三根椽条的间距。瓦条挂上后要平直，钉置檐口条时要比瓦条高出20~30mm，顺序是从檐口开始逐步向上到屋脊。为保证尺寸的准确，可在一面坡的两端，准确地量出瓦条间距，拉出通线后再进行瓦条的钉挂。

4. 钢筋混凝土板基层

在钢筋混凝土板上铺瓦，要求板面基本平整，对过高和过低处用砂浆找平层修整即可，当防水要求较高时，在找平层干燥后做1~2遍防水层，防水层可采用防水油毡，也可直接刷防水涂料。

面层随瓦材的不同而不同，如平瓦屋面、小青瓦屋面、筒瓦屋面等，在基层施工完成后，根据设计的要求，采取相应的工艺进行铺设即可。

筒瓦铺筑是中级工考核的重点。

第二节　筒瓦屋面的铺筑

筒瓦因其形状呈半圆筒形而得名。粘土筒瓦为青黑色，用粘土烧制，无釉彩，主要由底瓦、筒瓦（即盖瓦）、滴水、勾头（俗称瓦挡）四种瓦片组成。

一、筒瓦屋面铺筑的工艺顺序

准备工作→基层验收→运瓦→挂屋面瓦→挂斜沟、斜脊瓦、山

边瓦→做平、斜屋脊→屋面泛水→屋面验收

二、筒瓦屋面铺筑的操作要点

1. 准备工作

(1) 铺瓦前应对瓦片进行挑选，凡裂缝、砂眼、缺棱、掉角和翘曲过大者均不能使用。选好后应提前浇水湿润，以便砂浆与瓦片有较好的粘接力。对选出的较差瓦片，视其可利用的程度，分开堆放，以备砍磨加工后使用。

(2) 铺瓦前应对基层进行检查。过去筒瓦屋面多为所谓大户人家才用，因此基层必须铺望砖，望砖不应有裂缝、缺角、翘曲等，排放应紧密整齐。

(3) 在铺瓦前进行瓦棱分档是一项重要的工作，首先砖瓦工应按筒瓦搭接要求，在地上试铺1~2棱，顺坡方向铺设长1m左右，铺完后检查一遍，认为合适后即可根据沟宽与瓦距画出样棒，然后按照样棒在屋面上进行瓦棱分档。如最后不成一棱，半棱又有多余时，要根据山墙的形式进行调整（硬山边棱为盖瓦，女儿墙边棱为底瓦，无论是盖瓦还是底瓦都要有一半嵌入墙中）。

2. 筒瓦的铺筑

铺瓦时的搭接要求是：上底瓦压搭下底瓦约30mm，上盖瓦与下盖瓦平头对齐，盖瓦边棱应每侧扣入瓦底25~30mm，底瓦与底瓦边棱间的净距离约为60mm，盖瓦与盖瓦之间的边棱净距离约为80mm（即瓦沟的宽度），作为屋面排水的沟道。檐口第一张瓦伸出封檐板的外挑尺寸为50~60mm，如图7-2所示。

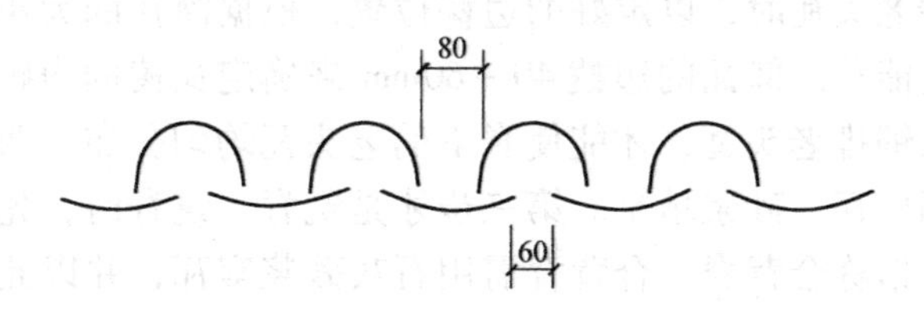

图7-2　筒瓦垄沟尺寸示意图

根据试铺确定出样棒，然后以样棒为准在屋面上划分瓦垄，若到最后不足垄，但半垄又有余时，可视山墙形式适当调整。铺老头瓦时按分好的垄沟铺瓦，一般铺2～3节筒瓦长度。上盖瓦扣住下盖瓦的小头，瓦缝对平。同时铺筑应从下到上，从左到右或从右到左皆可，大片铺瓦应弹线按线铺筑，底瓦应大头在上，盖瓦应小头在上，第一皮瓦出檐50～60mm，底瓦下灰要坐足，筒瓦中也事先窝填砂浆，并以碎砖、碎瓦垫塞密实。

铺一段距离后，用靠尺检查瓦片是否平直、整齐、通顺。待第二列底瓦铺出一段后就可铺挂盖瓦。此时，在盖瓦下要铺满砂浆，但不要超出搭接范围，使盖瓦能坐灰覆上，用手推移找准，使盖瓦能对称搭在两列瓦上，合适后方可将盖瓦压实。其余部分均按此法继续铺挂，瓦缝应随铺随勾，但在平接的地方不放砂浆。扣盖瓦时，要看一看扣入两边底瓦的宽度是否相等，避免盖偏造成沟宽不等，影响外观。

（1）筑脊的方法　筒瓦筑脊的过程与小青瓦屋面相仿，只是两端纹头要单做，中间脊可用专用的脊瓦做背脊，然后在其上用立瓦筑脊或望砖砌脊。筒瓦脊均较高，可达600～800mm。中间还要做出灰线，脊顶可抹成圆弧形，也有专门制作的脊瓦。脊上还可做出各种花饰与两纹头相呼应，有的还做泥塑人物或动物、花卉等贴在脊的侧面上。

做脊前应计划好张数，尽量避免破活。第一步先在山墙做出软边棱，即沿山墙放一皮盖瓦（也有人叫俯瓦），并挑出半张瓦，然后再在边瓦处铺放一皮仰瓦，在第一皮盖瓦与仰瓦上再盖一皮盖瓦，这样软边棱就形成了。第二步为端老头瓦，即在屋脊的两坡坡顶堆放三张仰瓦、五张盖瓦并从一侧山墙做到另外一侧山墙，以备筑脊使用。端老头瓦时，以定好的边棱位置，根据筒瓦的大小，保证盖瓦的边棱能盖入仰瓦的边棱40～60mm来确定瓦棱的净距，然后以此间距来铺排老头瓦，才能使脊下的老头瓦均匀分布。两坡的仰瓦下面应用碎瓦，砂浆填平。第三步才是筑脊，筑脊时，先在脊上扣两层瓦，俗称合背脊。合背脊需用石灰砂浆窝瓦，并以此将屋脊找平、找直。合背脊时，第一层瓦平口对接，盖瓦铺放到山头，第二层瓦则要骑缝压在第一层背脊瓦上。背脊合好以后，在上面砌一皮瓦条，将背脊找平，铺上砂浆，再将筒瓦均匀地排列于砂浆之上，瓦片下端要嵌入砂浆中，使其窝牢不动。屋脊端头可用专门的端头脊瓦收头或放一摞盖瓦作挡头，铺设完一段瓦后，用直尺靠平拍直，再用麻刀灰将瓦缝嵌密，露出的砂浆要抹光。脊背瓦之间的灰可加一些颜料拌和，使灰的颜色与瓦的颜色一致，让屋顶的色调协调、美观。

如做纹头高脊，要在边棱做好后，首先做托盘，托盘由山墙进来二棱半瓦开始砌筑，是用望砖挑砌向上，再用筒瓦的一头在上的形式，倒拖瓦拖下来与合脊背的瓦接通。背脊合好后，先做纹头，纹头的端头不能超出山墙，纹头的形式由砖瓦工的手艺决定。纹头做好后，在合脊上砌一皮望砖，在望砖上再立瓦做脊，由两头纹头处向中间做，脊做好后，用三角直尺抹出起线（即在砌的那皮望砖上抹出灰线），再抹盖头灰及纹头的花纹，最后把背脊处抹好，即为高脊铺筑完成。

如铺设到屋脊必须砍瓦时，应该用钢锯条把瓦锯断，不能随意用瓦刀或砖块敲打成形。在统一加工好后，再开始做脊。做脊时，先将脊瓦分布在屋脊的第二棱瓦上，窝好一端脊瓦，另一端干叠两张脊瓦，拉好准线，然后在两坡屋脊的第一棱瓦口上铺设水泥石灰砂浆，宽约50~80mm，把脊瓦放上，对准准线用手揿压窝牢，铺好后用水泥、麻刀灰嵌缝（脊瓦与脊瓦之间的缝以及脊瓦与筒瓦之间的搭接缝）。

（2）戗角的做法　大型歇山式或庑殿式屋面还有斜脊，斜脊端头往往伸出戗角形成气势。做戗角时先在斜脊处用铁条与基层结合牢固，然后从脊角外伸翘起。再在铁条上用砖条（可用望砖长向一开二做成）砌上，边砌边抹成弧形和做成戗角的托底，再在上面分层起线，最后在脊上扣上筒瓦，抹成半圆形脊背，即成为戗角，如图7-3所示。

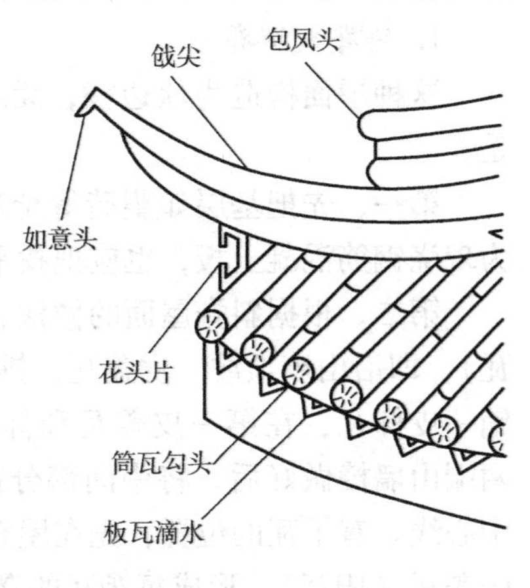

图7-3　戗角示意图

（3）斜脊根部铺瓦　斜脊处根部的屋面铺瓦，应先按排过来的垄沟顺序试铺，再按斜脊斜度弹出墨线，对瓦的斜向切割进行统一加工，最后按斜脊与顺向的交角铺筑该部分筒瓦屋面。

在斜缝（或天沟）交接处应先试铺，弹线，编好号，再按编号进行铺设。在下面一节将详细介绍工艺要求和过程。

筒瓦屋面根据瓦质的好差分为清水筒瓦和混水筒瓦两种。瓦形瓦色好的可做成清水瓦屋面，铺筑时只要接口的熊头灰抹塞严密，缝道干净即可，混水筒瓦则要用水泥纸筋加碳黑把筒瓦外全部抹成圆筒形。

第三节　屋脊和斜沟的铺筑

在屋面瓦铺筑过程中，重点和难点是屋脊和斜沟的铺筑。如何将各种屋脊和斜沟铺好是瓦工必须重点掌握的技能，因此有必要对屋脊和屋面的斜沟提出来单独讲一讲。

一、屋脊挂瓦

为避免将屋面铺好的瓦踩碎，屋面瓦铺前要先将屋脊做好，屋脊的做法一般用两种：斜脊或游脊和纹头高脊。

1. 斜脊或游脊

这种屋面构造为软边棱，无纹头，屋脊构造简单。施工的步骤是：

第一，先把基层如望砖等全部铺好，使人有站脚的地方。如果为现浇钢筋混凝土板，也应把找平层抹好。

第二，根据斜脊屋面的做法，先在山墙做出软边棱（俗称蓑衣瓦），即沿山墙顶放一皮盖瓦，挑出半张瓦出山墙，然后再在边瓦处铺一皮仰瓦，在第一皮盖瓦和仰瓦上再盖一皮盖瓦，做成软边棱。两端山墙棱做好后，将中间部分按瓦的宽窄分垄排瓦，确定每垄的中心线。有了瓦的位置，先在屋脊两坡各铺放三张仰瓦（阴瓦）、五张盖瓦（阳瓦），形成每垄瓦的脊端的垄头，为筑脊创造条件，俗称端老头瓦。有了两坡的老头瓦即可开始筑脊，这时候人站在或蹲在

望砖上可以不踩瓦。垄沟的大小距离，一般以盖瓦的边棱能扣住仰瓦边棱40mm以上为准。排瓦时以最少为40mm扣盖做标准，可以进行调整，使整个屋面垄沟均匀、整齐美观。

第三，进行筑脊，筑脊时先在屋脊上扣盖两层瓦片，俗称合背脊。合背脊时要用石灰砂浆窝瓦，并以此找平找直屋脊，合屋脊时第一皮瓦口对接铺放，第二皮瓦则要骑缝盖压在第一皮背脊瓦上。背脊合好后，在上面砌一皮瓦条，然后进行筑脊。普通筑脊法也有三种，一种是瓦片立直，先在上山头平放一叠瓦封头，再从两边端头向中间筑脊合垄，屋脊中央也可以适当地做些花饰；第二种是把瓦片斜放挤紧，由两山头向中央筑脊，脊中成V形处可做些花饰挤紧两端；第三种最简单，即在合脊上一张瓦搭一张瓦从一个山头铺到另一个山头，俗称游脊，两头用砂浆封固即可。

第四，脊筑完之后，把背脊处用纸筋灰嵌抹好，立瓦脊或斜瓦脊上面要抹一层盖头灰，盖头灰用纸筋灰加颜料拌制，达到与瓦色接近。

2. 纹头高脊

纹头高脊用立瓦筑脊，并要出一、二道灰线。纹头高脊的屋顶为硬边棱。硬边棱的做法就是在山墙处盖瓦，只盖一皮，第一棱盖瓦的边棱与山墙平齐，下垫瓦条，另一边扣入第一皮瓦边棱内同样约40mm。接着开始筑脊，筑脊时要先做托盘，用望砖由山墙进来两棱半瓦开始向上挑砌，再用瓦拖下来与合脊的瓦接通。背脊合好后，先做纹头，纹头的形式由瓦工自己设计并施工，但纹头的端头不准超过山墙。纹头做完，在合脊上砌一皮望砖，在望砖上再立瓦筑脊。筑脊的方法是从两端的纹头处开始向中央筑，合拢后用三角直尺抹起线（即在砌的那皮望砖上抹出灰线），再抹盖头灰及修饰纹头的花纹。最后把背脊处与老头瓦的空隙抹好，该类筑脊就算完成。

总之，在做脊时，必须先在屋脊两端各稳上一块脊瓦，然后拉好通线，用低等级的砂浆（如M0.4石灰砂浆）将屋脊处铺满，先后依次扣好脊瓦，要求脊瓦内砂浆饱满密实，以防被风掀掉，脊瓦盖住平瓦边必须大于40mm。脊瓦之间的搭接缝隙和脊瓦与平瓦之间的搭接接缝，应用掺有麻刀的混合砂浆填实，砂浆中可掺入与瓦颜色相近的颜料，做好后的屋脊应平直。扣脊瓦的具体步骤是：第一步，备瓦。将脊瓦分布在屋脊下的第二楞瓦上备用，并检查油毡是否伸过屋脊150mm，第二步，挂通线。先窝好一端的脊瓦，在另一端干叠两块脊瓦，然后从两端拉好通线，作为扣脊瓦的依据，保证屋脊和戗角的平直，无起伏现象。第三步，扣脊瓦。在屋脊或戗角的两坡面第一楞瓦口上铺设水泥石灰砂浆（1∶1∶4，可加适量麻刀）宽度约50～80 mm，然后，将脊瓦依次扣上，扣瓦时应注意要搭接紧密，间距均匀，与通线对齐。脊瓦下的空隙也可用1∶5白灰黄泥垫底墁瓦填实，并用手按压窝牢，同时还要保证脊瓦扣压在坡面瓦上边缘40 mm以上。第四步，勾缝，脊瓦与坡面瓦之间搭接处的缝隙和脊瓦与脊瓦之间搭接的缝隙，应用掺有麻刀的混合砂浆勾缝，要求缝内砂浆填实，抹平，线条平直。为了达到美观，色调一致的效果，可在砂浆中掺入一些与平瓦色调相似的颜料。

天沟、戗角的铺筑质量直接影响屋面的防水。

二、天沟、戗角的铺筑

坡屋顶两斜面相交而形成的斜天沟极其容易漏水，为了保证雨水经过斜天沟向下排泄时无渗漏现象，一般采用镀锌薄钢板制作斜天沟。镀锌薄钢板厚度常为0.45～0.75mm，并应经风化或涂刷专用的底漆（锌磺类或磷化底漆等）后再涂刷罩面漆两度。如用薄钢板制作，其两面均应涂刷两度防锈底漆（红丹油、铁丹油等），再涂刷罩面漆两度。斜天沟的宽度一般不应小于300mm，薄钢板伸入瓦下面的尺寸一般不应小于150 mm，并将薄钢板的边缘卷起钉在木条或挂瓦条上，以防溢水和爬水。天沟两侧的平瓦应盖过薄钢板的卷边部位40mm以上。铺挂斜天沟处的平瓦时，需割角、砍边，因此，需采用试挂斜天沟的办法，首先将整个瓦挂上，接着根据天沟的设计尺寸宽度和倾斜度，用墨线在整瓦上弹出割角线，并且当场按顺序进行编号，以方便后面施工时确定其铺设的位置。将整瓦按墨线砍磨整齐，放好，统一运到屋面上，按预先编号依次铺在斜天沟两侧。要注意。弹墨线时，要保证沟边的平瓦盖过薄钢板卷起部位

40mm 以上。坡屋面两斜面相交的戗角部位也需要将平瓦割角，割角的方法与斜天沟相同，构造上的区别是在戗角形成的是鼓凸出来的阳角，此部位扣盖是脊瓦，而天沟形成的是凹下去的阴角部位，铺薄钢板将汇集来的雨水排走。

三、封檐、封山的砌筑

在屋面铺瓦施工中，经常会遇到封檐、封山的屋面情况，下面介绍一下封檐、封山的操作过程与注意事项。

1. 封檐

屋顶的檐口是指屋盖的下边缘，檐口的做法习惯称为封檐。封檐的办法有两种：对于檐口挑出墙面的采用封檐板封檐，对于墙体超出屋面将檐口包住的采用女儿墙封檐。

（1）封檐板封檐　挑檐木见构造，檐口部分的重量通过檐檩和挑檐木传到墙上，所以挑檐木压在墙里的长度不应小于伸出长度的两倍，以平衡檐口的重量。檐口下常做板条吊顶，因为檐口上边第一排瓦下端的挂瓦条要比其他挂瓦条高，所以此部位的瓦条与其他稍不同，通常的做法是采用双挂瓦条或用 50mm × 70mm 对开的三角木，以使瓦面与上边的瓦平行。檐口瓦和油毡必须盖过封檐板 50 ~ 70mm，以防止雨水流入到檐口内部。对于出檐较小的檐口可采用砖挑檐的方法，用砖叠砌挑出长度一般为墙厚的 1/2 且不大于 240mm，檐口第一排瓦伸出砖挑檐的尺寸约为 50mm。对于有檩条的屋面可采用椽条挑檐，椽条出檐长度一般为 300 ~ 500mm，檐口处可使椽条外露，也可在椽条上钉封檐板。对于挑出长度比较大的檐口，也可采用屋架附木挑檐。

（2）女儿墙封檐　这种封檐为了解决排水问题，需要做内檐沟及泛水处理，构造较复杂，施工不当则极易漏水。采用 24 号镀锌铁皮作内檐沟时，屋面一侧与天沟做法相同，女儿墙一侧需做铁皮泛水，将铁皮用防腐过的木条固定在预埋木砖上，并用铁皮压顶及滴水，防止雨水顺铁皮与墙体之间的缝隙渗漏，也可采用铁皮上铺设油毡，再用水泥白灰砂浆做泛水。

2. 封山

山墙尖与屋面连接部位的做法俗称为封山。根据山墙尖与屋面间的相互关系，可分为悬山和硬山两种封山方法。

（1）悬山　悬山是将屋面挑出山墙之外的做法，一般是将檩条挑出，檩条做两端钉博风板（又叫封檩板、封山板、山墙封檐板等），檩条下钉木条做檐口顶棚。博风板与屋面瓦的相交处，应先将屋面瓦砍斩整齐，再用碎瓦和1:3水泥砂浆填实，然后用1:3水泥砂浆做出宽度80~100mm的披水（也叫披水线）将边瓦封固，也可以将披水做成凸起的棱形，俗称的“封山压边”或“瓦出线”。

（2）硬山　山墙尖与屋面坡等高时或山墙超出屋面时封山的构造做法称为硬山。此时山墙尖按屋面坡砌筑，铺设瓦片时，屋面瓦应盖过山墙，然后用水泥石灰砂浆嵌填，再用1:3水泥砂浆抹瓦出线。当山墙高出屋面时，则山墙、女儿墙与屋面相交处要做泛水。

第四节　筒瓦屋面铺筑的质量标准和应预控的质量问题

一、筒瓦屋面铺筑的质量标准

筒瓦屋面一般按下列标准进行验收检查：

1）选瓦必须严格，不应有缺角、砂眼、裂纹和翘曲的瓦上屋面，尤其筒瓦的小头处更应注意不应有裂纹。

2）铺底瓦时，瓦棱中所用的掺灰泥应填实达到饱满、粘接牢固，不允许积浆，应保持整洁。

3）相邻上下两张筒瓦的接头应吻合紧密，当脊下坡势较陡时，每相隔三、四张瓦时须加钉荷叶钉1只。瓦片的窝坐应牢固无下滑现象，搭接均匀，无稀密不均。

4）屋面弧形曲线（即囊度）应符合设计要求。

5）屋脊、戗脊上的线条应柔和、匀称、平直无波浪形，屋脊两边端头应在同一标高上，脊与瓦的接缝处应严密无渗漏缝隙。

6）斜沟和泛水的质量应符合设计要求。检查数量。应达屋面面积的50%，正脊、戗脊每5m应抽查1处，且不少于3处。

7）山墙及檐口处均应用灰浆将孔洞缝隙填塞密实。

8）檐口瓦头出檐应均匀一致，成一条直线。

9）瓦枝应直，外观整齐，感观良好。

10）烟囱、斜沟等与屋面相连的细部，必须严格做好防渗漏的处理。

11）筒瓦屋面施工的允许偏差见表7-2。

表7-2　筒瓦屋面工程的允许偏差表

项次	项　　目	允许偏差/mm	检验方法
1	脊瓦应座中，老头瓦伸入脊内不少于瓦长50%	10	拉线，用尺量
2	滴水或底瓦瓦头挑出瓦口板长不大于瓦长40%	5	拉线，用尺量
3	檐口花边齐直	4	每间用尺量
4	檐口滴水头齐直	8	每间用尺量
5	清水筒瓦上下接缝宽度	5	用尺量
6	混水筒瓦上下粗细差	3	用尺量
7	瓦棱单面齐直	4～6	每条上下拉线，用尺量
8	相邻瓦棱档间距离	8	每条上下两端拉线，用尺量
9	正脊戗脊垂直度 500mm 以上 500mm 以下	5 3	吊线尺量
10	戗脊顶部弧形盖筒	5	用样模塞尺检查
11	正脊戗脊线条的间距	5	抽点用尺量
12	每座建筑纹头标高	8	用水平仪量

二、筒瓦屋面铺筑应预控的质量问题

1. *屋面渗漏*

筒瓦屋面渗漏的原因，从工艺上分析有屋面坡度不够，基层材料刚度不够，铺设不平引起的出水不畅或局部倒泛水，也有细部处理不当引起的。从瓦片的质量上分析，因瓦片材质差如缺角、砂眼多、有裂缝和翘曲等缺陷引起的。要避免筒瓦屋面渗漏，施工时必须做到屋面坡向合理，符合设计和施工规范要求。基层材料，主要是檩条和椽子的断面尺寸与铺钉方法均应符合设计要求，材质不好的应剔除不用。同时要选用合格的筒瓦，质量低劣欠火的瓦应坚决不用。细部处理，主要是在有天沟、斜沟、封山和砖烟囱与屋面交接处的处理要符合质量要求。铺瓦时要挤紧密；瓦铺好后不得在瓦面上行走而踩坏瓦片，在严格挑选瓦片后，还要组织好先后顺序，可在盖瓦前做的工作不得放到盖瓦后再去做；如实在不得已在瓦面上行走，一定要踩在瓦头上，不要踩在瓦的中间。

2. 沟垄不直

沟指天沟，垄为瓦垄。沟垄不顺直影响屋面上积水的排泄速度，有时就产生聚积水，特别是当屋面有大量的枯枝败叶或其他堆积物时，容易引起渗漏。铺瓦时一定要弹出与屋脊垂直的线，用以检查瓦垄的顺直度。

3. 瓦面不平

瓦面不平主要是由于用在屋面的筒瓦中混入翘曲瓦片或瓦与瓦之间没有挤紧引起的，也有的是铺完后走动造成瓦面松动不平。消除办法是铺完瓦后进行全面检查，发现问题及时纠正。

4. 出檐不一致

瓦的出檐大小，应按一般的施工要求确定，但由于个人操作不细就会出现伸出长度长短不一，除引起外观不美外，如果伸出长度不够，可能把雨水延到屋檐下，渗到室内造成渗漏；如果伸出过长，可能又会在遇到大风或狂风暴雨时，被大风刮掉。要防止出檐不一致，应在铺瓦开始时在两山头出檐处各先固定铺好一块瓦，量准出檐尺寸，然后拉上通线，如果线较长的话，可在中间腰定尺寸，檐口瓦以此为准进行铺设就能达到出檐一致。

5. 瓦片脱落

屋面瓦片脱落，其原因有筒瓦屋面底瓦没有垫平窝牢，筑脊底部与瓦棱的空隙处，麻刀灰浆堵塞得不严实，以及檐口瓦的盖瓦未按规定抬高。解决瓦片脱落的办法是，要从工艺上控制筒瓦屋面的铺筑过程，筑脊要求平直，施工时要拉通长麻线，筑脊下合背脊瓦的底部要求垫塞平稳，坐浆饱满，使老头瓦与屋脊结合牢固，屋面

不沉陷变形，檐口瓦的盖瓦应抬高 30～80mm，以防止下滑，底瓦和盖瓦的铺筑应符合要求。

第五节　筒瓦屋面铺筑的安全要求

在铺筑筒瓦屋面时在安全方面有以下一些相应的检查制度：

1）屋面上堆放瓦片前，必须检查木基层是否牢固，运瓦时要两坡同时进行，每次不得超过 20kg。

2）人工传送瓦片时，每次不得超过 4 片瓦，瓦片堆放要平稳。

3）人在屋面上行走，必须踏实站稳。

4）工作完毕后，必须及时清除多余材料。

5）严禁操作时间向下抛投碎瓦片等杂物。

6）操作前应检查脚手架，脚手架要稳固，至少要高出屋檐 1m 以上，并做好相应的维护工作。

第六节　筒瓦屋面铺筑的技能训练

● 训练 1　筒瓦屋面的铺筑

1. 训练内容

铺筑筒瓦屋面，基层为钢筋混凝土板。

2. 基本训练项目

（1）铺筑准备

1）工具准备：瓦刀、大铲、灰板、灰桶及质量检测工具钢卷尺、水平尺、墨斗等。

2）材料准备：按照筒瓦的质量要求进行检查验收，对瓦片中含有石灰块杂质、砂眼多、裂缝、欠火较重、质量差的筒瓦，一律不得使用。用垂直运输和人工传递的方法将瓦运送到屋面；在屋面上应均匀而有次序地摆在椽条部位处，阴瓦、阳瓦应分行堆放，屋脊处应多堆放些瓦片，以筑脊之用。铺瓦用的灰浆和筑脊用的望砖根据需用量随用随运。

3）技术准备：首先检查铺瓦的基层，主要检查基层是否平整，凡不平的应调整平直；基层检查合格后才可运瓦上瓦摆放均匀，然后再开始铺瓦。

（2）筒瓦屋面的铺筑

1）根据斜脊屋面的做法，先在山墙做出软边棱，即沿山墙顶放一皮盖瓦，挑出半张瓦出山墙面；然后再在边瓦处铺一皮仰瓦，在第一皮盖瓦和仰瓦上再盖一皮盖瓦，做成软边棱。

2）两端山墙边棱做好后，将中间部分按瓦的宽窄分垄排瓦，确定每垄的中心线。有了瓦的位置，先在屋脊两坡各铺放形成脊端垄头瓦（俗称端老头瓦），为筑脊创造条件。

3）有了两坡的老头瓦，即可开始筑脊，因为只有三张仰瓦、五张盖瓦，所以人站或蹲在望砖上可以不踩瓦。垄沟大小的距离，一般以盖瓦的边棱能扣住仰瓦边棱 40mm 以上为准，排瓦时以最少为 40mm 的扣盖为标准，可进行调整，使整个屋面垄沟均匀、整齐美观。

4）筑脊时先在老头瓦脊上盖扣两层瓦片，用石灰砂浆窝瓦，并以此找直找平屋脊，第一皮瓦平口要对接铺放，第二皮瓦则要骑缝盖压在第一皮背脊瓦上。背脊合好之后，在上面砌一皮瓦条，然后进行筑脊，普通脊筑法的封头要单独做，再从两边端头向中间筑脊合拢，中间脊可用大块青瓦做，然后在其上立脊瓦，因筒瓦脊较高，中间要做灰线，脊顶可抹圆滑，也可选专用的脊瓦。

5）脊筑完之后，把背脊处用纸筋灰嵌抹好，立瓦脊或斜瓦脊上面要抹一层盖头灰。盖头灰用纸筋灰加颜料拌制，达到与瓦色接近。

6）进行大片铺瓦。铺瓦时从檐口到老头瓦拉线领直，并单垄排瓦，要求瓦面上下搭接 2/3，俗称“一搭三”，确定阴阳瓦一垄各用多少量。

7）瓦全部铺好后，应清扫屋面、清理垄沟、掉换碎瓦。最后在脚手上把山头蓑衣瓦下与山墙顶处、前后檐口处及瓦头的空隙处用石灰砂浆填实，再用纸筋灰抹好压光。

3. 训练注意事项

1）做脊前，先按瓦的大小，事先在屋脊处安排好。两坡仰瓦下

面用碎瓦、砂浆垫平，将屋脊分档，瓦棱窝稳，再铺上砂浆，平铺俯瓦3~5张，然后在瓦的上口铺上砂浆，将瓦均匀地竖排（或斜立）于砂浆上，瓦片下部要嵌入砂浆中窝牢不动。铺完一段，用靠尺拍直，再用麻刀灰浆将瓦缝嵌密，露出砂浆抹光，然后铺列屋面筒瓦。

2）铺瓦时，檐口按屋脊瓦棱分档，用同样方法铺盖3~5张底盖瓦作为标准。

3）檐口第一张底瓦，应挑出檐口50mm，以利排水。檐口第一张盖瓦，应抬高约20~30mm（约2~3张瓦高），其空隙用碎石、砂浆嵌塞密实，使整条瓦棱通顺平直，保持同一坡度，并用纸筋灰镶满抹平；不论底瓦或盖瓦，每张瓦搭接不少于瓦长的2/3。

4）铺完一段，用2m长靠尺板拍直，随铺随拍，使整棱瓦从屋脊到檐口保持前后整齐顺直。檐口瓦棱分档标准做好后，自下而上，从左到右，一棱一棱地铺设，也可以左右同时进行。为使屋架受力均匀，两坡屋面应同时进行。

5）筒瓦屋面的斜沟处斜铺宽度不小于500mm的白铁或油毡，并铺成两边高中间低的洼沟槽，然后在白铁或防水卷材两边，铺盖小瓦（底瓦和盖瓦），搭盖100~500mm，瓦的下面用混合砂浆填实压光，以防漏水。

6）屋面铺盖完后，应对屋面进行全面清扫，做到瓦棱整齐，瓦片无翘角破损和张口现象。

7）筒瓦屋面铺筑时，檐口处必须搭设防护设施，要按照要求设置三道防护栏，外挂安全网；挂铺前应先检查脚手架的稳固情况。

训练2　筒瓦屋面正脊和垂脊的铺筑

1. 训练内容

铺筑筒瓦屋面正脊和垂脊。

2. 基本训练项目

(1) 铺筑准备

1）工具准备：瓦刀、大铲、灰板、灰桶及质量检测工具钢卷尺、水平尺、墨斗等。

2）材料准备：按照筒瓦的质量要求进行检查验收，对瓦片中含有石灰块杂质、砂眼多、裂缝、欠火较重、质量差的筒瓦，一律不得使用。用垂直运输和人工传递的方法将瓦运送到屋面；铺瓦用的灰浆和筑脊用的望砖根据需用量随用随运。

3）技术准备：首先检查铺瓦屋脊的基层，主要检查基层是否平整，凡不平的应调整平直；基层检查合格后才可运瓦上瓦、摆放均匀，然后再开始铺瓦。

（2）筒瓦正脊和垂脊的铺筑

1）两坡的老头瓦做好后，即可开始筑脊，筑脊时先在老头瓦脊上盖扣两层瓦片，用石灰砂浆窝瓦，并以此找直找平屋脊，普通脊筑法的封头要单独做，再从两边端头向中间筑脊合拢，中间脊用专用的脊瓦做，因筒瓦脊较高，中间要做灰线，脊顶可抹圆滑，要与纹头相呼应。

2）脊筑完之后，瓦缝用加颜料水泥浆拌制的纸筋灰填抹，达到与瓦色接近。

3. 训练注意事项

与铺瓦面要求相同，不再重复。

训练3　阴阳瓦斜沟的铺筑

1. 训练内容

铺筑普通小青瓦斜沟，基层为望砖，沟宽≥300mm。

2. 基本训练项目

（1）铺筑准备

1）工具准备：瓦刀、大铲、灰板、灰桶及质量检测工具钢卷尺、水平尺、墨斗等。

2）材料准备：按照小青瓦的质量要求进行检查验收，对瓦片中含有石灰块杂质、砂眼多、裂缝、欠火较重、质量差的青瓦，一律不得使用。用垂直运输和人工传递的方法将瓦运送到屋面；在屋面上应均匀而有次序地摆在椽条部位处，阴瓦、阳瓦应分行堆放，屋脊处应多堆放些瓦片，以筑脊之用。铺瓦用的灰浆和筑脊用的望砖根据需用量随用随运。

3）技术准备：首先检查铺瓦的基层，主要检查望砖是否有损坏，对铺瓦的面层要求平整，凡不平的应调整椽条的平直来解决；基层检查合格后才可运瓦上瓦、摆放均匀，然后再开始铺瓦。

（2）普通小青瓦斜沟的铺筑

1）根据斜脊屋面的做法，先在山墙做出软边棱，为筑脊创造条件。

2）有了两坡的老头瓦，即可开始筑脊，因为只有三张仰瓦、五张盖瓦，所以人站或蹲在望砖上可以不踩瓦。垄沟大小的距离，一般以盖瓦的边棱能扣住仰瓦边棱 40mm 以上为准，排瓦时以最少为 40mm 的扣盖为标准，可进行调整，使整个屋面垄沟均匀、整齐美观。

3）脊筑完之后，把背脊处用纸筋灰嵌抹好。

4）进行大片铺瓦，铺瓦时从檐口到老头瓦拉线领直，并单垄排瓦 。

5）瓦全部铺好后，应斜沟铺筑，用镀锌薄钢板，厚度约 0.45 ~ 0.75mm。涂刷专用的锌磺类或磷化底漆，后再涂罩面漆两度，薄钢板伸入瓦下面不小于 150mm，并将薄钢板的边缘卷起钉在瓦条上，天沟两侧的瓦应盖过钢板卷起部位 40mm 以上，铺筑一等高相交屋面处的斜沟和一有高低错落相交屋面的斜沟，屋面的坡度和相交的角度按实训现场给出的做，铺设时可根据个人习惯做法（在符合构造范围内）选用相应的材料。

3. 训练注意事项

天沟处瓦需割角砍边，因此要先试挂，弹铺瓦线，对瓦进行编号，依次放在天沟两侧，砍瓦要整齐，必要时磨边。屋面斜沟铺盖完后，应对屋面进行全面清扫，做到沟边瓦整齐，瓦片无翘角破损和张口现象。

小青瓦屋面斜沟铺筑的安全要求和注意事项与筒瓦相同。

复习思考题

1. 屋面瓦的种类有哪些，分别有何质量要求？
2. 瓦屋面常见的构造有哪几种？基层的构造如何？

3. 筒瓦屋面铺筑的工艺过程有哪些？
4. 筒瓦屋面铺筑的操作要点是什么？
5. 屋脊有几种铺筑方法？铺筑步骤有哪些？
6. 简述天沟和戗角的铺筑方法。
7. 封檐封山的砌筑过程是什么？
8. 简述阴阳瓦斜沟的铺筑注意要点。
9. 筒瓦屋面铺筑的质量标准有哪些？
10. 屋面瓦铺筑应预控哪几方面的质量问题？
11. 屋面瓦施工时安全方面的措施有哪些？

第八章

砖拱的砌筑

培训学习目标 通过本章的学习，了解简单拱的力学知识，熟悉拱屋面的构造知识，通过技能训练，熟练地进行单曲和双曲砖拱屋面的砌筑，掌握拱体屋面的砌筑工艺、操作要点和质量要求，并对拱的砌筑安全知识有比较全面的了解。

第一节 砖拱砌筑的基本知识

一、拱的力学知识

拱是一种传统建筑结构形式，在一些较早的砖石等砌体建筑中，为满足大跨度建筑的力学方面需要，常把那些抗压性能较好，但抗拉性能较差的材料砌筑成拱圈形式,如古代的桥梁洞、城门洞。当前的有些房屋建筑，为了达到外形美观的设计要求，也常常将某些门窗洞做成拱的形式。作为一种有效的传力结构形式，我们有必要了解一点拱的力学知识。

拱受力后产生的内力，与普通的梁在受力后产生的内力不一样，具体内容参见第一章第一节中“拱的受力”，这里不再重述。

二、砖拱的构造

砖拱一般有单曲拱（筒拱）和双曲拱两种，双曲拱又可分为双曲连续砖拱和砖薄壳拱。单曲拱可作为民用建筑的楼盖或屋盖，主要适用于地基比较均匀、土质较好的地区，以及不经常受水侵蚀的楼面和无大量水蒸汽与其他有害物质侵蚀的楼面和屋面，跨度不宜超过4m。双曲拱适用于地基比较均匀且地基土为中低压缩性土和无腐蚀性作用、无振动设备的车间、仓库等，跨度不宜超过24m。

单曲拱屋盖是房屋建筑中常见的拱的形式。

1. 单曲砖拱的构造

（1）单曲筒拱屋盖　使用筒拱的屋盖，一般有单跨的和多跨的房屋，其高跨比例为1/5～1/8，厚度一般为120mm，筒拱的形状如图8-1所示。筒拱屋盖拱座下的外墙上均设有钢筋混凝土圈梁，圈梁在拱脚处应做成斜度，斜度与拱的要求相吻合，使拱能够均匀地支座在受力点上，筒拱的拱脚形式如图8-2所示。筒拱屋盖的内墙，在拱脚处墙身顶部叠用丁砌砖层挑出，拱脚下墙顶砖砌法如图8-3所示。

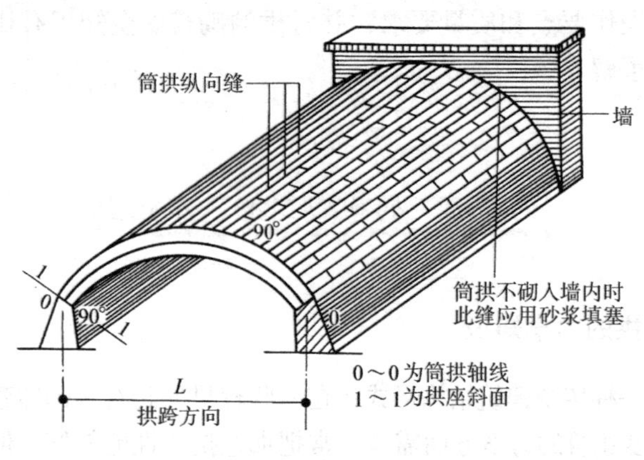

图8-1　筒拱形状

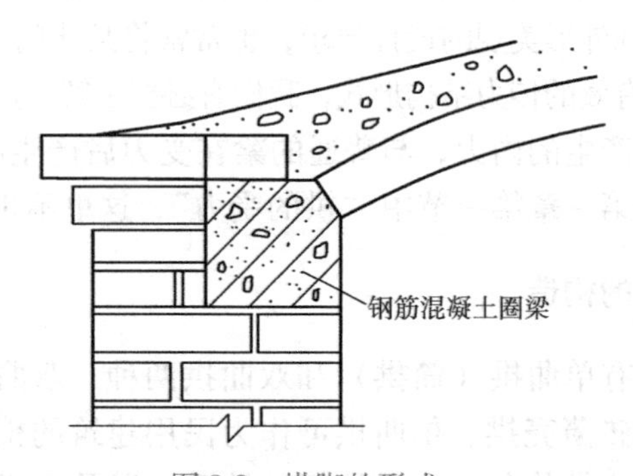

图8-2　拱脚的形式

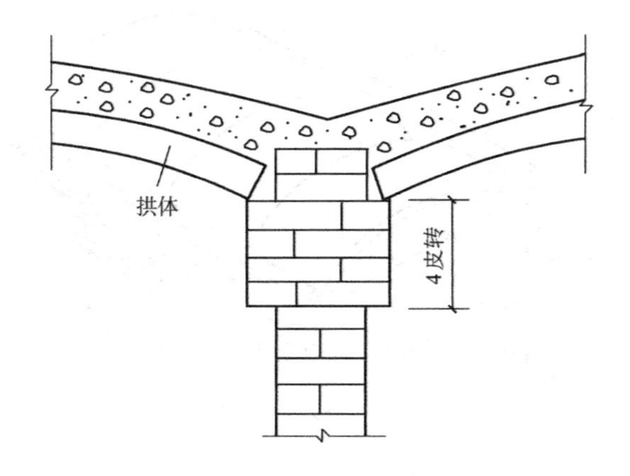

图 8-3　拱脚下墙顶砖砌法

（2）单曲砖拱楼盖　砖拱楼盖在50年代曾推广使用，当房间开间较大时中间用倒T形小梁作为支承，拱的高跨比为1/8左右，其形式如图8-4所示。其优点是可以节约水泥和钢材，但施工麻烦，效率不高，现在已经使用不多。

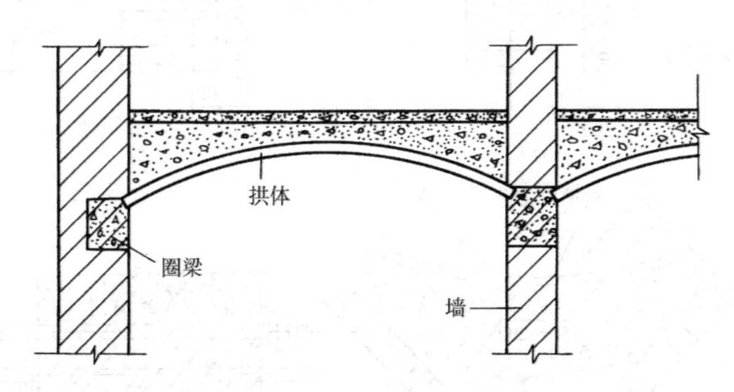

图 8-4　楼盖筒拱支承构造

2. 双曲连续砖拱的构造

双曲砖拱系由拱波和拱圈组成，如图8-5所示，拱波的矢高一般为拱波跨度的1/3～1/5。拱跨最大不超过24m，其矢高应根据建筑物要求的覆盖空间、承受水平推力的大小而定，一般矢高取拱圈跨度的1/2～1/5。拱的厚度有1/4砖厚和1/2砖厚两种。

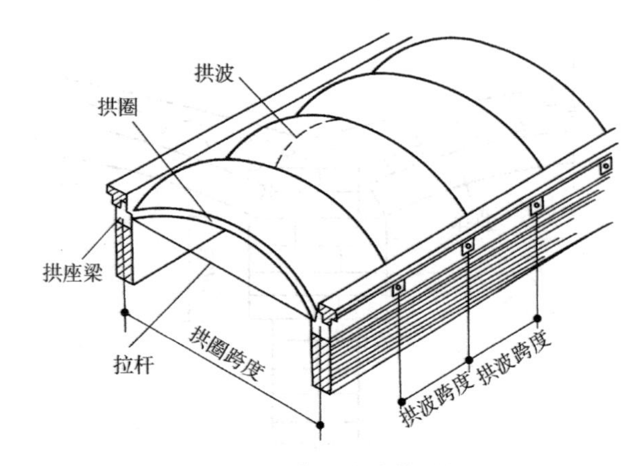

图 8-5　双曲连续砖拱形状

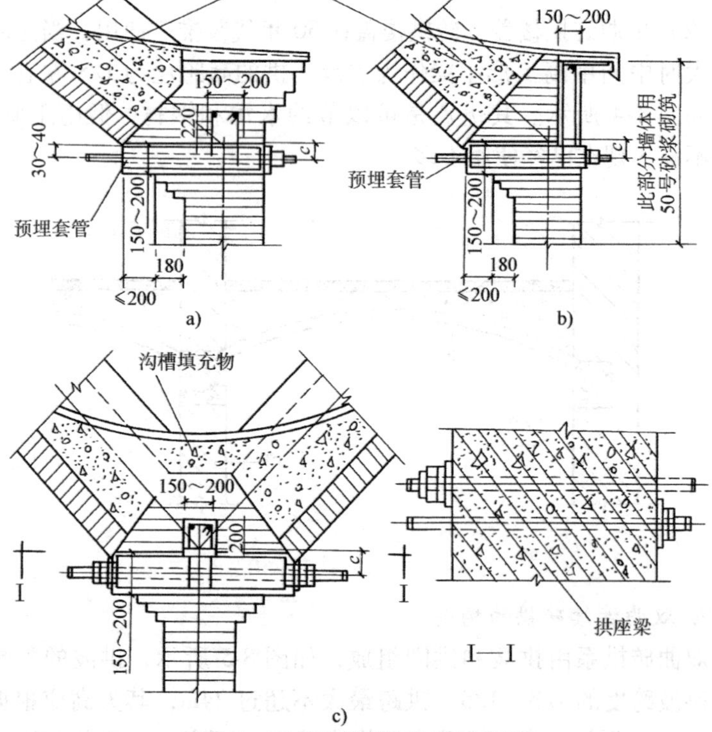

图 8-6　双曲连拱拱座构造示意图

a）砖檐口拱座　b）钢筋混凝土挑檐拱座

c）中间支座拱座

拱座是拱圈的支承点，应做成斜面，并与起拱处的拱轴线相垂直，拱圈端部截面切实支承于拱座上，如图 8-6a ~ c 所示，有钢拉杆的拱圈，通常由砌体和钢筋混凝土拱座共同形成支承体。为了承担水平推力，钢拉杆安装于两拱波接合处下方，当拱波宽度≤1.5m 时，也可每隔两个拱波安装一根钢拉杆。拱座梁与建筑物的钢筋混凝土圈梁交接成封闭整体，达到屋盖稳定。

为了防止温度伸缩对拱产生推拉力，因此双曲连续砖拱房屋伸缩缝的最大间距一般不超过 40m。在伸缩缝处拉杆应对称地配置在两个拱波连接处的下方，伸缩缝的构造如图 8-7 所示。

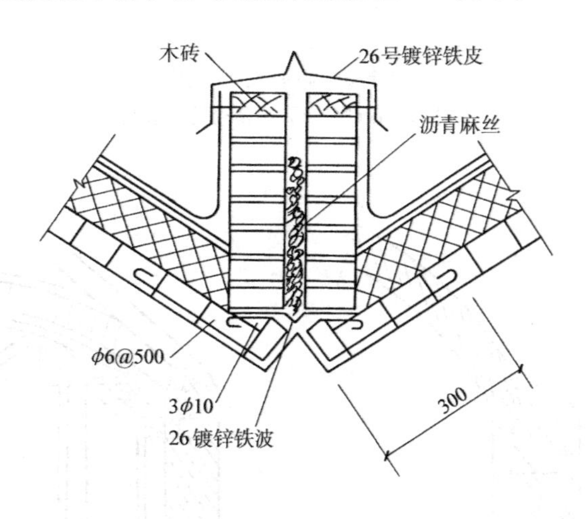

图 8-7　双曲砖拱的伸缩缝构造示意图

3. *砖薄壳的构造*

砖薄壳多用作屋盖，其投影平面有正方形和圆形两种，壳体厚度有 1/4 砖长及 1/2 砖长，跨度分为 5m、12m、18m 和 20m 几种，它四边拱座高度应一致，并坐落在四周的环梁上，环梁下部的墙身同时承受砖薄壳带来的荷载，如图 8-8a、b 所示。薄壳环梁（拱座处）构造如图 8-9 所示。

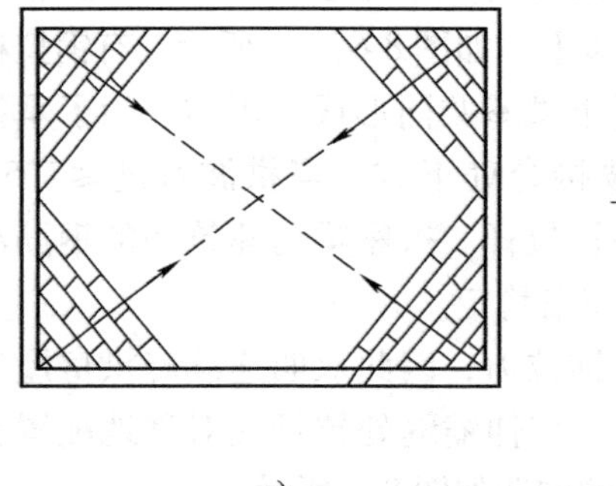

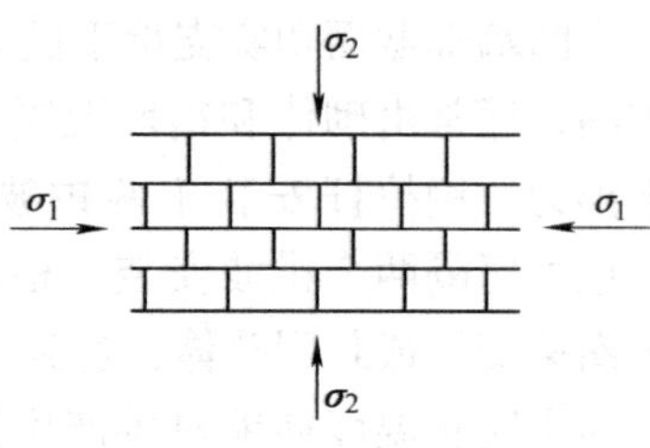

图 8-8　砖薄壳示意图

a）砌筑顺序　b）砖薄壳受力情况

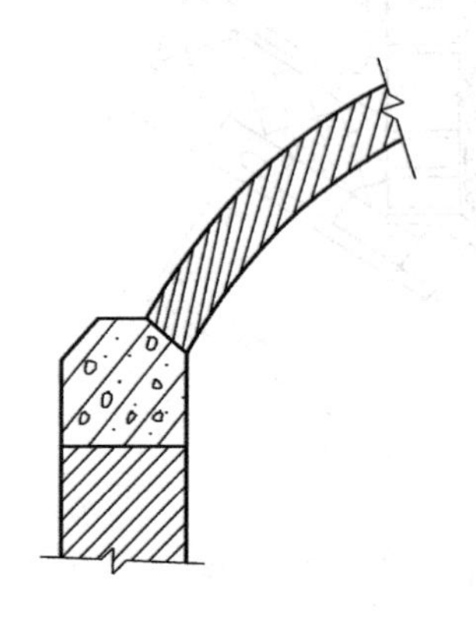

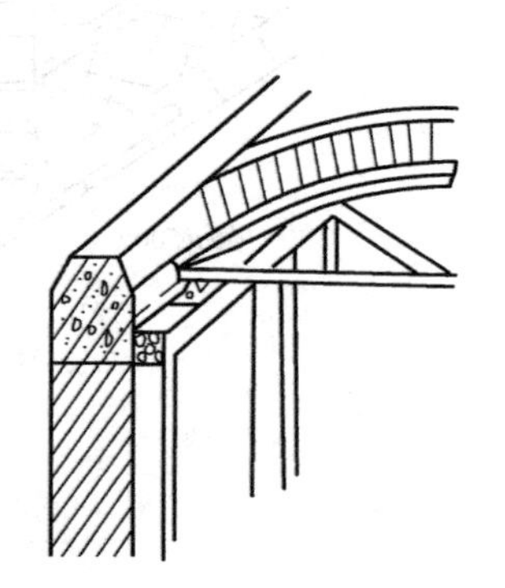

图 8-9　薄壳拱座处构造

第二节　单曲砖拱屋面的砌筑

单曲筒拱亦称筒子碹，主要用于曲屋顶、隧道、烟道，不适合于有振动荷载和需要抗震设防的工程。单曲筒拱的砌筑方法与弧形砖过梁的施工方法大致一样。

一、砌筑的工艺顺序

准备工作→模架支撑→材料运输→砖拱砌筑（包括单曲、双曲、薄壳）→养护→落拆模架（紧好拉杆）→全面检查、结束施工。

二、砌筑的操作要点

1. 准备工作

（1）熟悉图样　按图复核墙身高度及制作的拱模尺寸、矢高等，搞清楚砖拱厚度，并计算出砖块数和灰缝厚度（拱底灰缝厚度不小于5mm），并要求砖块为单数。

（2）对墙身及拱座进行检查　对墙身应检查垂直度和砂浆强度，墙身垂直度应控制在允许偏差范围之内，砖拱砌筑时拱座下砖墙砂浆强度应达到70%以上。拱座混凝土圈梁或砖圈梁应先做成斜面并垂直于拱的轴线，拱座混凝土强度应达到设计强度的50%以上，方可进行砌筑。

（3）材料准备　单、双曲拱和砖薄壳用普通粘土砖砌筑，砖宜采用MU10及其以上的砖，砖的外形尺寸要一致，要求棱角整齐，无凹陷、粗裂痕、翘曲、欠火、疏松等疵病。砌筑砂浆强度应用M5以上和易性好的混合砂浆，流动性为5~12cm。砌筑前对砖应进行挑选，并浇水湿润，最好使用前1~2d将砖浇水浸湿，稍阴干后再用。因为砖过干，会吸收砂浆中的水分，影响砂浆强度和粘接强度；砖过湿，砂浆结硬时间长，强度发展慢，易开裂变形。

砖拱的砌筑，支模是很重要的环节。

2. 模架支撑

（1）单曲筒拱模架　单曲筒拱模架可根据建筑物进深尺寸制作，每段模架可做成0.1~0.2m左右，模架宽度比开间净空稍狭些，以便于装拆，如图8-10所示。筒拱模架有两种支设方法：一种是沿纵墙各立一排立柱，立柱上钉木梁，立柱用斜撑固定，拱模支撑在木梁上，拱模下垫木楔，以调整拱模的水平高度，如图8-11所示；另一种是在拱脚下4~5皮砖的墙上，每隔0.8~1m穿透墙体放一横担，横担下加斜撑，横担上放置木梁，拱模支设在木梁上，拱模下垫木楔，如图8-12所示。两种支撑方法的选用依施工时实际情况而定。

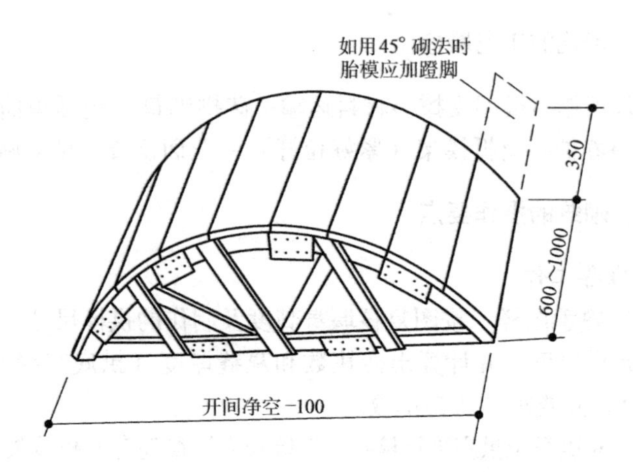

图 8-10　砖拱胎模形式示意图

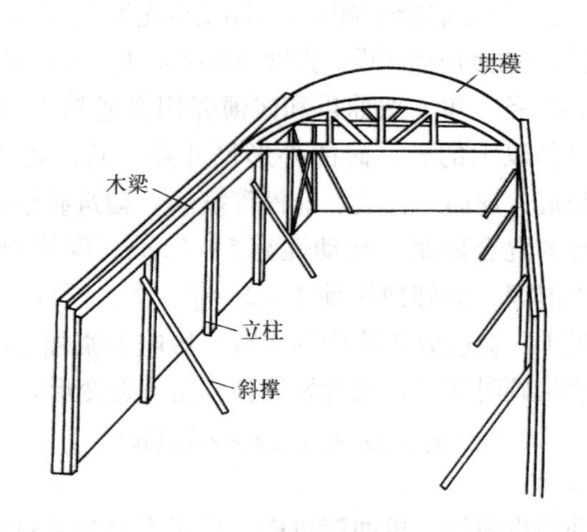

图 8-11　模架支设方法之一

（2）砖薄壳模架、模板　砖薄壳模板一般为壳体形状，曲率制作外形要准确，模板要坚固轻便，最好采用定形模板，以便于安装、拆卸和重复使用。模板形式视壳体的种类而定，一般由壳面板，支架和支撑三部分组成。壳面板厚 10 ~ 20mm，单块板宽以不大于 150mm 为宜，板与板间的缝隙不大于 20mm。支架一般采用桁架，其间距依壳体的厚度和施工荷载而定，一般不大于 800mm。支架可

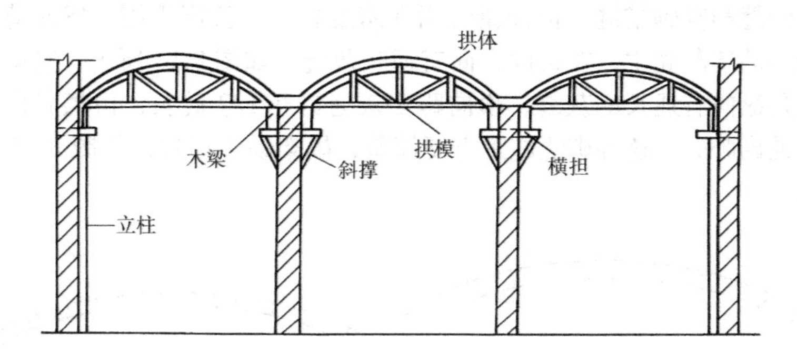

图 8-12　模架支设方法之二

根据壳体形状支成平行式、米字式、十字 45°交叉式，支架之外可设肋条，肋条间距可取 500 ~ 700mm。当薄壳直径或对角线小于 10m 时，模板按 3‰起拱，大于 10m 时，按 5‰起拱，安装支架必须垂直。砌筑前，必须对支架进行尺寸、曲度的检查复核。

筒拱模板安装尺寸的允许偏差不得超过下列数值：

1）任何点的竖向偏差不应超过该点拱高的 1/200。

2）拱顶模板沿跨度方向的水平偏差不应超过矢高的 1/200。

3. *砖拱的砌筑*

单曲砖拱厚度有 60mm 和 120mm 两种。砌筑方法有两种：一种是挤浆法，另一种是灌浆法。排砖与组砌又分为以下三种：

第一种是 1/2 砖厚的组砌，砖块沿筒拱纵向排列，纵向灰缝通长成直线，横向灰缝相互错开 1/2 砖长，砌筑时由拱脚向拱顶砌筑，采用两边快中间慢的砌法，这种砌法咬槎严密、受力较好，如图8-13所示。

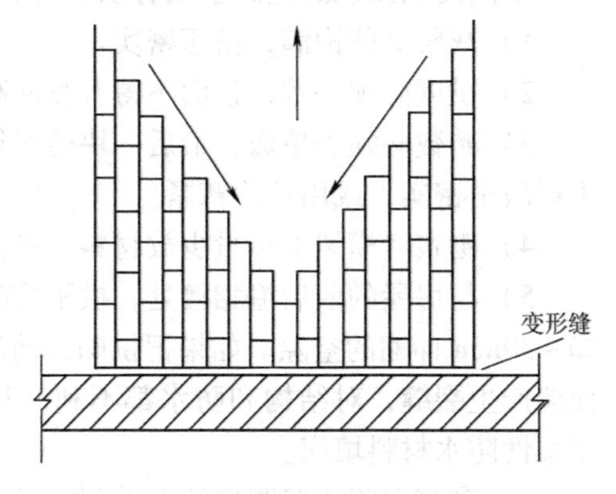

图 8-13　1/2 砖厚筒拱组砌排列形式示意图

第二种和第三种都是 1/4 砖厚的砌法，分别为横砌错缝和竖砌错缝。横砌错缝用在跨度较大、弧度平缓、屋面荷载较小的砖薄壳中，在跨度方向有通长灰缝，如图 8-14 所示。竖砌错缝是纵向有通长的灰缝，横向跨度灰缝错开 1/2 砖长，由拱脚向拱顶铺砌卧砖，这种砌法施工方便简单，模架易于周转，如图 8-15 所示。

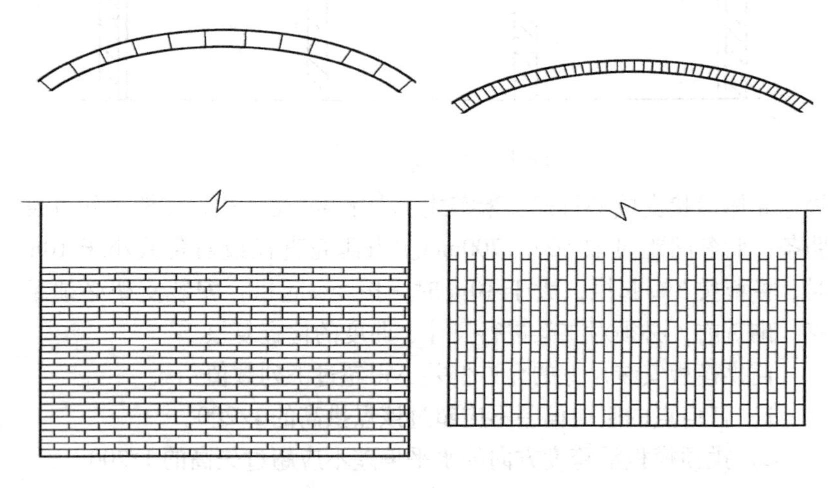

图 8-14　1/4 砖厚拱壳横砌错缝示意图

图 8-15　1/4 砖厚拱壳竖砌错缝示意图

单曲砖拱砌筑的注意事项有以下几点：

1）灰浆必须饱满，挤压密实。

2）拱度必须一致，顶面不得有纵向高低不平的现象。

3）砖数必须为单数，最后一块砖必须披好砂浆用力挤入后用小木锤敲击密实，或用铁片塞紧。

4）砌筑时模架上尽量少放材料，必要时应对称少量放置。

5）与房屋的前后檐相接处，拱不应砌入前后檐墙内，而应留出 20～30mm 伸缩的空隙。如果把拱砌入前后檐墙内，在受力时很容易使墙产生裂缝，对结构和防水都不利。其两端与墙面接触的缝隙应用柔性防水材料填塞。

6）砌筑多跨或双跨连续单曲拱屋面时，要做到各跨同时施工，防止单个施工时对未施工的跨造成水平推力，使墙发生变形，对结

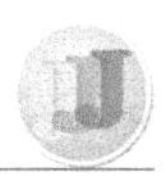

构不利。如施工条件限制不能同时施工时，应在相邻跨采取抵抗水平推力的措施。

7）凡拱屋顶上的孔洞，应预先做好洞口模板或铁的加固件，在砌筑时预先留出，绝不允许砌完之后再去凿洞，因为拱是受压构件，凿洞会使砖块松动而破坏整体性，造成结构破坏，甚至拱身坍塌。此外，每座拱顶屋面应连续砌筑，中间不可长时间停歇，临时停歇留接槎时，应把先砌的舌头灰清干净，防止先砌与后砌的变形不同，以及接槎不严密产生裂缝。

8）砌筑时，砖块应满面抹砂浆，采用满刀抹灰砌砖法。要求灰面上口略厚，下口略薄，使灰缝上面不超过12mm，灰缝下面在5～8mm之间。筒拱砌完一段后，随即刮平，并适当灌浆使灰缝饱满密实。注意浆水不能太稀，避免造成水冲现象。

4. *砖拱砌筑后的养护*

1）单筒拱砌筑完毕后，应用砂浆将灰缝空隙填满，并用湿草帘遮盖养护，养护期14d左右，养护期内应防雨水冲刷、冲击和振动，待砂浆强度达70%以上，才可进行上部工程施工。

2）砖薄壳砌筑完成后，应进行护盖洒水养护3d以上，养护期14d左右。养护期间内应防止暴雨冲刷、动力冲击及振动，并严禁人在壳面上走动，待砂浆强度达到设计要求70%以上方可拆模。

拆模必须按照规范的要求进行。

5. *模架的拆除*

1）单曲筒拱的模架拆除应在保证横向推力不产生有害影响的条件下进行。拆模时先降下100～200mm，进行检查，无异常现象才可以全部拆除。有拉杆的筒拱，应在拆模架前将拉杆按设计要求拉紧（同跨内各拉杆的拉力应均匀），方可拆除模架。

2）砖薄壳模板必须待砌体强度达到70%以上后方可拆除。拆模应从中央向四周依次将木模打掉，使模板均匀下落50～200mm，经检查壳体无裂缝、变形，才可继续拆除，拆模时应防止向上的冲力破坏壳体。

总之，砌筑单曲筒拱的模板，必须放实样配制，模板安装的尺寸偏差在允许控制值范围内，要注意控制好任意点上的竖向偏差和拱顶位置沿跨度方向的水平偏差。凡作屋顶的模板应满支，如作烟道，隧道等的模板，则视其长度而定，如果长度超过10m时，可做3m左右长的模板，周转使用，即为“活动样架”。支好的模板要固定牢靠。如在设计上无要求，拱脚上面4皮砖和拱脚下面6~7皮砖的墙体部分，砂浆强度等级不应低于M5。当这部分的砂浆强度达到设计强度的50%以上时，方可砌筑拱体。拱筒的砖块不仅在厚度上要互相咬合，而且在长度方向上也要相互咬合，也就是拱体的砌筑要错缝。砌拱时，在长度方向上必须交替咬合半砖，自两侧拱脚向拱顶同时砌筑，拱顶中间的“锁砖”必须塞紧，并保证拱体灰缝全部用砂浆填满，拱底灰缝宽度宜为5~8mm。砌筑拱体时应保证拱座斜面与筒拱轴线垂直，筒拱的纵向缝应与拱的横断面垂直。筒拱的纵向两个端面一般不砌入墙内，以免墙面产生裂缝。对拱长超过60m的应设置伸缩缝。如遇多跨连续筒拱时，相邻各跨最好同时施工，如不能同时施工，应采取抵消横向推力的措施。对于穿过拱体上的洞口应在砌筑时预留，洞口的加固环应与周围砌体紧密结合，已经砌筑完成的拱体不得在上面任意开凿洞口。拆模要在拱脚墙能承受一定水平推力的条件下才能拆卸，对于有拉杆的筒体，应在拆模前，将拉杆按设计要求拉紧。同时注意，同一跨内各根拉杆的拉力应保持均匀。

第三节　双曲砖拱屋面的砌筑

一、砌筑的工艺顺序

准备工作→模架支撑→材料运输→砖拱砌筑（包括单曲、双曲、薄壳）→养护→落拆模架（紧好拉杆）→全面检查、结束施工。

二、砌筑的操作方法

砌筑双曲砖拱屋面应先在檐口墙上设置一道钢筋混凝土圈梁，并在墙角隅与圈梁一起同时浇筑一块与拱壳砖等厚的钢筋混凝土包角，以用来加强抵抗拱的推力。拱壳砖是浇筑在钢筋混凝土圈梁中

的第一皮砖（亦即拱壳砖埋在圈梁之中）。砌筑双曲砖拱屋面常见有两种砌法：圆砌法和方砌法，两种方法的工艺区别在于圆砌法包角的大边成圆弧形并与拱面平，方砌法则为三角形。

1. *方砌法*

方砌法先沿四周立好固定样架，活动样架放在固定样架之上，砌砖时在固定样架上滑移。固定样架的间距是按拱面圆弧长度等分的，不应按平面方向上的距离等分。用样架砌筑双曲扁壳（即双曲拱）时，样架要从中心向四边对称支设。砌筑时，每人沿一根活动样架由生根的拱壳砖开始挂砖，并沿四条边一方圈一方圈地由外向内作“回”字形砌筑。在挂砌时，应准确掌握拱底距离样架面为20mm，砌好一皮砖，把活动样架向中间移动一次。外圈（距拱中心1m以外一般称为外圈）砌好后，将固定样架移至当中，再砌拱顶，直至合拢。方砌法也有用桁架式固定样架和活动样架相配合挂砌的。

2. *圆砌法*

圆砌法必须用多种曲度的样架，曲面弧度比较难以控制，最好在样架上稀铺木板，但是这种方法比较费工费力费时间。砌筑方法为：从角部开始，一皮砖形成一个圆圈，从外向里挂砌，每皮砖合拢成一个环拱。在合拢时用带有大小头的拱壳砖砌筑，亦可用粘土砖或混凝土封顶。方砌法与圆砌法的砌筑拱向力的在拱平面内的传递也是不一样的，在施工过程中要注意平衡，但拱形成的拱向力最终都沿四角传到四角的支撑处。

3. *方砌法与圆砌法的比较*

方砌法只用一种规格的拱壳砖，而圆砌法在砌到壳顶中心2m直径范围内时，需用到多种规格的楔形拱壳砖。方砌法由于纵横两个方向的拱面曲度一样，因此可以采用一种规格的样架，而圆砌法则需用多种规格曲度的样架。采用方砌法时，由于拱的推力基本上集中在四角的钢筋混凝土包角上，所以比较安全可靠，而采用圆砌法时，拱对边梁的推力较大，使边梁产生较大的侧向弯曲变形，甚至引起开裂。方砌法的破坏荷载值较圆砌法要低5%左右。

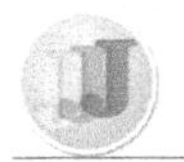

三、砌筑的操作要点

1. 准备工作

（1）熟悉图样　按图复核墙身高度及制作的拱模尺寸、矢高等，搞清楚砖拱厚度，并计算出砖块数和灰缝厚度（拱底灰缝厚度不小于5mm），并要求砖块为单数。

（2）对墙身及拱座进行检查　对墙身应检查垂直度和砂浆强度，墙身垂直度应控制在允许偏差范围之内，砖拱砌筑时拱座下砖墙砂浆强度应达到70%以上。拱座混凝土圈梁或砖圈梁应先做成斜面并垂直于拱的轴线，拱座混凝土强度应达到设计强度的50%以上，方可进行砌筑。

（3）材料准备　单、双曲拱和砖薄壳用普通粘土砖砌筑，砖宜采用MU10及其以上的砖。砖的外形尺寸要一致，要求棱角整齐，无凹陷、粗裂痕、翘曲、欠火、疏松等疵病。砌筑砂浆强度应用M5以上和易性好的混合砂浆，流动性为5～12cm。砌筑前对砖应进行挑选，并浇水湿润，最好使用前1～2d将砖浇水浸湿，稍阴干后再用。因为砖过干，会吸收砂浆中的水分，影响砂浆强度和粘接强度，砖过湿，砂浆结硬时间长，强度发展慢，易开裂变形。

2. 模架支撑

双曲连续砖拱模架的制作与支撑方法基本与单曲筒拱相同。应该注意的是，模架制作宽度应按拱波宽度，当拱波宽度≥1.5m时，模架宽度可一分为二，再拼装。支撑时应考虑稍加起拱，起拱量为拱跨度的3‰～5‰，施工后降落模架时，使大拱圈的竖向挠度下落不超过拱圈跨度的1‰。

3. 双曲连续砖拱屋盖的砌筑

双曲连续砖拱屋盖一般有1/4砖长和1/2砖长两种厚度，1/4砖长厚的双曲砖拱用砖平砌，如图8-16所示。图中单数砖列砌法由右向左砌筑，双数砖列砌法由左向右砌筑。砖的长边与拱跨方向平行砌放，砖的短边邻近两排砖相互错开1/4砖，这样可使邻近两拱波相接简便。

1/2砖长厚的双曲拱用侧砌法砌筑，如图8-17所示。砖的长边与横跨方向垂直砌放，相邻两排砖互相错开半砖，墙上端拱圈支座

处（拱脚）应砌成阶梯形，并用水泥浆抹成斜面，使之垂直于拱轴线。为避免在拱支座内出现弯矩，通常把拱脚挑出，使拱、拉杆和墙三者横断面的重心轴交于一点。

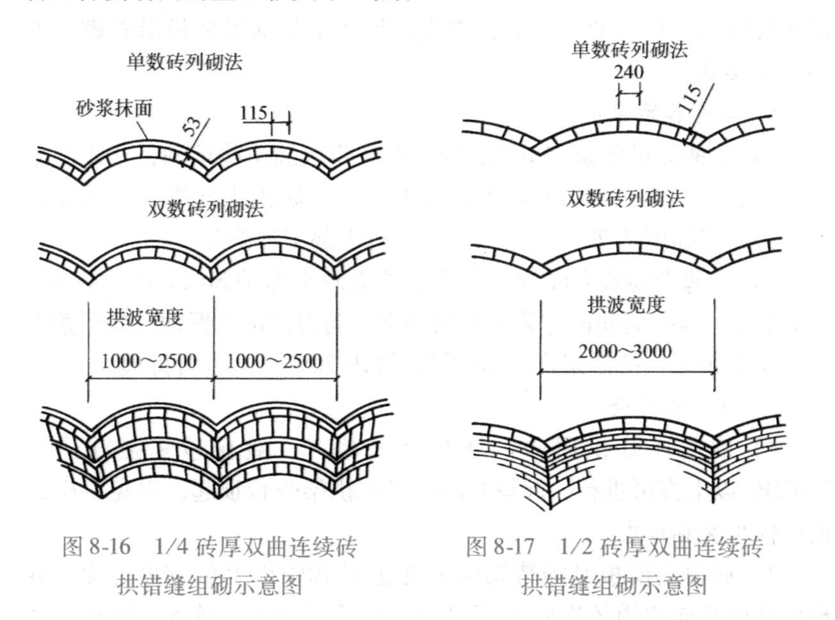

图 8-16　1/4 砖厚双曲连续砖拱错缝组砌示意图

图 8-17　1/2 砖厚双曲连续砖拱错缝组砌示意图

4. *砌筑注意事项*

1）砌筑工作应在拱座强度达 70% 后方可进行，同时模板尺寸必须准确，并且有良好的刚度。

2）整个双曲拱砌筑应由两端拱脚向跨中进行。每段两端同时向拱顶对称进行，砌砖时每一块砖都应挤紧，灰缝不大于 12mm，特别是顶头灰缝一定要饱满。对 1/4 砖长厚的砌体，每砌一列砖后应在该拱体上表面抹 5～10mm 厚的水泥砂浆，以更好填满砖缝。

3）在砌筑拱波时边缘应留出一砖的空档形成接槎，以便与相邻的拱波连接。

4）大拱圈的拱顶合拢时，砖不能干挤，一定要砌满浆，每一个大拱圈必须当天砌完，不得留槎。

5）拱体砌筑前，将拉杆穿入拱座上预留的孔洞内，待拱圈顶部合拢后，自外墙将螺母拧紧，使拉杆受力，

6）房屋两端山墙，应先砌至拱座梁底标高处，暂时停止，等连接山墙的拱波砌完，横架移出后方可继续进行。

7）拱体砌筑应与移动拱模配合好，当完成一列砖，已构成的拱形足够相当于拱波的宽度时，准模顺模架上的孤形槽板沿着砌完方向向前移动。

5. *砌筑后的养护*

1）双曲筒拱砌筑完毕后，应用砂浆将灰缝空隙填满，并用湿草帘遮盖养护。养护期 14d 左右，养护期内应防雨水冲刷、冲击和振动，待砂浆强度达 70% 以上，才可进行上部工程施工。

2）砖薄壳砌筑完成后，应进行护盖洒水养护 3d 以上，养护期 14d 左右。养护期间内应防止暴雨冲刷、动力冲击及振动，并严禁人在壳面上走动，待砂浆强度达到设计要求 70% 以上方可拆模。

6. *模架的拆除*

1）双曲连续拱屋盖的落模和起模，一般在砂浆强度达到 3.0MPa 以上方可进行，起模时决不可将拱架强行顶起，以免将砌好的拱体顶裂和顶塌。

2）砖薄壳模板必须待砌体强度达到 70% 以上后方可拆除。拆模应从中央向四周依次将木模打掉，使模板均匀下落 5～20cm，经检查壳体无裂缝、变形，才可继续拆除，拆模时应防止向上的冲力破坏壳体。

总之在双曲砖拱屋面砌筑时应注意的事项有：控制拱面曲度的样架尺寸一定要准确，才能砌成符合要求的拱壳，并不致产生附加的压力；生根的拱壳砖埋入混凝土中一定要牢固准确，否则会影响整个壳体的质量；不论是方砌法还是圆砌法，第一圈的最后一砖一定要挤紧。这样才能在砌成一环后，形成环向的挤压力，形成空间刚度，使壳面不至于坠落；同时，每一环的挤压力要均匀一致，才能保证整个壳体的质量；从拱脚开始 2m 的范围内，每圈的周长较大，如砂浆的强度较低的话，则抵抗环向压力的能力很小，再加上砖的自身重量，容易发生下垂现象，因此要加以顶撑，最好每三皮砖加一道，随砌随移可以减少或避免壳面的下垂及开裂。其他双曲拱的砌筑注意事项参看单曲拱。

第四节　砖拱砌筑的质量标准和应预控的质量问题

一、单曲砖拱屋面砌筑的质量标准

1）重点是砂浆饱满度要满足要求。
2）砖缝平直和咬合处不应有透亮的地方。
3）允许偏差同砖砌体中的允许偏差。
4）其他参看砖砌体质量标准。

二、双曲砖拱屋面砌筑的质量标准

1）重点是砂浆饱满度要满足要求。
2）砖缝平直和咬合处不应有透亮的地方。
3）其他所有要求与砖砌体质量标准相同。

三、砖拱砌筑应预控的质量问题

1. 灰缝不均匀

主要现象有灰缝宽狭偏差较大，超差现象严重。其原因有筒拱砌筑时没有弹线和预排砖，砌筑时心中无数，到顶时为凑皮数致使灰缝不均匀。还有砖的规格不一致，也是造成灰缝不均匀的原因之一。解决方法：砌筑前应先预排砖，按砖的模数及筒拱形式和砌筑要求，分派尺寸和干排砖，排砖合适后，方可砌筑，砖薄壳应先弹线做好规矩才可砌筑。砌筑前还应选择规格一致的砖砌筑。

2. 拱度不正确

主要原因是拱模没有按要求起拱，尺寸偏大或偏小，拱架支设不稳、下沉，砌筑时拱座处理不当。解决办法：首先，要抓好拱模的质量，拱模应按要求起拱，支设前应对拱模进行检查，重点要对其矢高和直径做好检查。其次，拱架支设应牢固，特别是支撑底部应夯实，使拱架受力后不致下沉变形。再有拱座处理应使拱、墙和拉杆三者横断面的重心交于一点，拱座表面应平整并垂直于拱轴。

3. 拱顶灰缝不密实

主要表现为排砖不正确或砌筑时出现跑缝或压缝现象，两坡合拢时拱心砖出现干挤砖或大灰缝，造成拱顶灰缝不密实。解决办法是：排砖要均匀，要选择正确的砌筑方法，如单曲筒拱砌筑时不宜齐头并进，而应两边先砌，后砌顶部，做成斜槎形式往前砌筑，双曲筒拱应自拱脚两侧开始同时向中央砌筑，而砖薄壳应从四角、周边同时开始向中央砌筑；重要的还是要依线和依规矩砌筑。要适当润湿砖块和掌握砌筑砂浆的流动性，满足砌筑要求。

4. 咬合接槎不符合组砌要求

主要表现为接槎咬合处灰缝不饱满，出现空缝、瞎缝、通缝，接缝不均匀，塞头进出长短不一。解决办法：首先要把留槎留好，尽量留斜槎或不留槎，如必须留直槎时，应注意缝道的横平竖直、错缝一致。留槎时应出清舌头灰，使接槎顺利。接槎时应对留槎认真检查，对于留槎偏差超出规范的则应拆除，偏差部分修正，接槎时应掌握其操作要点，用披灰法砌筑接槎时应满浆满灰，保证灰浆饱满，咬槎接好后，及时用流动性稍大的砂浆灌足。

5. 砖筒上口灰浆强度偏低

主要原因是表面脱水，而表面脱水的原因是砌筑后没有安排专人养护，经阳光曝晒后造成，还有砌筑后养护期内表面没有适当地覆盖，被暴雨冲刷所致。解决这一问题的主要办法是：做好养护工作，保证规定的养护期限，特别是夏季施工时，必须覆盖草帘、草包等，并由专人负责洒水养护，这样既做到表面不致脱水，还能防止暴雨的袭击，保护砂浆不致被暴雨冲刷。

第五节　砖拱砌筑的安全要求

在砌砖拱时应特别注意以下安全方面的事项：

1）拱模上不得堆放材料，如操作时必须堆放材料，应注意两边同时少量堆放一些，并要求做到随放随用完。

2）上拱模砌筑前或雨雪后，应先检查模架是否牢固、稳定，有无松动和下沉现象。

3）模架支撑时，立杆底部应加设垫木，垫木下土方应夯实，横拉杆必须固定牢。支撑、拉杆不得连接在窗间墙和脚手架上。

4）在砌筑过程中要经常检查，如发现有变形、松动等要及时修整。

5）人工传砖时，要搭设脚手架、站人的脚手板宽度应不小于600mm。传运时必须瞻前顾后、步调一致，禁止开玩笑，以防落砖伤人。

6）严禁多人挤在拱模上一起操作，严禁站在刚砌好的筒拱上工作或行走，工作完毕，将多余的材料和工具清除干净。

7）落模架须经施工技术人员检查，确认筒拱砂浆达到一定强度后方可落模。落模应徐徐而下，要求先落50～200mm时，观察检查筒拱有无异常情况，检查无异常情况后才能继续落模。

第六节　砖拱砌筑的技能训练

训练1　单曲砖拱屋面的砌筑

1. 训练内容

砌筑120mm厚的单曲砖拱，拱的高跨比为1/6。

2. 基本训练项目

（1）砌筑准备：

1）工具准备：瓦刀、大铲、刨锛、灰板、灰桶、锯子、锤子和质量检测工具钢卷尺、墨斗及托线板、线锤、水平尺等。

2）材料准备：砂浆用M5混合砂浆，控制好稠度和易性，普通砖用MU10以上，准备模板及架子材料，如选用木支架准备钉子，钢支架选卡扣件；水泥砂浆的配合比根据设计的要求进行配制；还要准备少量的湿砂砖；砖应该提前浇水湿润。

3）技术准备：用钢卷尺、托线板、线锤按图样复核墙身高度和放样做好拱模尺寸，矢高、拱跨比要求为1/6，跨度由现场确定，推算矢高f=跨度宽/6。

检查墙身的垂直度和砂浆的强度，拱座下的砂浆强度应达70%

以上，混凝土拱座圈应达50%以上（普通水泥拌制的混凝土日均20℃时大约需4d左右），拱模由学员自己做，支撑的布置由学员自己进行，应符合强度、刚度及稳定性的要求。

4）对砌筑使用的脚手架进行安全和质量的检查。

（2）拱顶的砌筑

1）先支模架，每段模架可做成不超过10m。（规范提法为10～20m，考虑到实训场地小，故做不超过10m），模架宽度比开间净尺寸要窄点，方便拆卸，一般可按模架宽=开间净尺寸－100mm确定，具体支模是用立柱还是用拱圈下穿横担由学员自己决定。

2）砖块沿筒拱纵向排列，纵向灰缝成直线，相互错开1/2砖长，由拱脚向拱顶砌，采用两边快中间慢的砌法，可保证咬槎严密受力较好。

3）要先排好块数和立缝宽度，砌拱时从两侧同时往中间砌，砖应用披灰法打好灰缝，不过要留出砖的中间部分不披灰，待砌完后灌浆。最后拱顶的中间一块砖要两面打灰往下挤塞，俗称锁砖。

4）养护14d后进行后一步工作，拆模架保证不产生横向推力。

3. 训练注意事项

1）拱底灰缝厚不小于5mm，砖棱角整齐，无凹陷、粗裂缝、翘曲、酥松等疵病，砖达标，浇水润湿要把握好度。

2）模板的竖向偏差控制在该点拱高的1/200以内，水平偏差控制在矢高的1/200以内。支架多做斜撑固定，保证稳固。

3）砌拱时为保证砂浆饱满，可用砖块满面抹灰浆，用满刀灰砌法，灰缝上口不超过12mm，下口在5～8mm之间，必要时适当对灰缝灌浆，但注意浆不能太稀。拱度一致，砖数为单数，拱顶最后一块砖用木锤敲入挤紧。模架上少放材料，放少量时也应对称堆放，与前后檐交接处要留伸缩缝，缝宽20～30mm。

4）养护要保持一定的湿度，防止水冲刷、振动，砂浆强度达70%以上方可拆模。

5）拆模时应先降50～200mm，观察无异常后，再全部拆，如果用拉杆紧固的要拉紧拉杆再拆。

● 训练2　双曲砖拱屋面的砌筑

1. 训练内容

砌筑一1/4砖长的双曲砖拱，拱波的矢高取拱波宽度的1/5，跨度根据现场情况确定。

2. 基本训练项目

（1）砌筑准备

1）工具准备：瓦刀、大铲、刨锛、灰板、灰桶、锯子，锤子和质量检测工具钢卷尺、墨斗及托线板、线锤、水平尺等。

2）材料准备：砂浆用M5混合砂浆，控制好稠度和易性，普通砖用MU10以上，准备模板及架子材料，如选用木支架准备钉子，钢支架选卡扣件，水泥砂浆的配合比根据设计的要求进行配制。

3）技术准备：用钢卷尺、托线板、线锤按图样复核墙身高度和放样做好拱模尺寸，矢高、拱跨比要求为1/5，跨度由现场确定，推算矢高f=跨度宽/5。

检查墙身的垂直度和砂浆的强度，拱座下的砂浆强度应达70%以上，混凝土拱座圈应达50%以上（普通水泥拌制的混凝土日均20℃时大约需4d左右），拱模由学员自己做，支撑的布置由学员自己进行，应符合强度、刚度及稳定性的要求。

4）对砌筑使用的脚手架进行安全和质量的检查。

（2）拱顶的砌筑

1）先支模架，当拱波宽度≥1.5m，模架宽度可一分为二再拼装，施工后降落模架时使大拱圈的竖向挠度下落不超过拱圈跨度的1‰，具体支模是用立柱还是用拱圈下穿横担根据现场情况决定。

2）双曲砖拱用砖平砌，单数排砖可由右向左砌，双数列由左向右砌，砖长边与拱跨方向平行砌放，短边错缝，邻近两排砖错开1/4砖，主要方便邻近的两拱波相接简便。整个双曲拱由两端拱脚向跨中进行，每段两端同时向波顶对称进行，每一块砖都应挤紧，灰缝不大于12mm。每砌一列砖后在拱体表面抹一层砂浆，以便填满砖缝，拱波边缘要留一砖空档，以便与相邻的拱波连接。注意砌筑与模板的移动配合。大拱圈的拱顶合拢时砖不能干挤，一定要砌满浆，

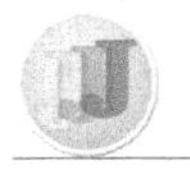

每一个大拱圈必须当天砌完，不得留槎。在砌拱前，将拉杆穿入拱座上预留孔洞内，待拱圈顶部合拢后，自墙外将螺母拧紧，使拉杆受力。

3）养护14d后进行后一步工作，拆模架保证不产生横向推力。

3. 训练注意事项

1）拱底灰缝厚不小于5mm，砖棱角整齐，无凹陷、粗裂缝、翘曲，酥松等疵病，砖达标，浇水润湿要把握好度。

2）模板支模时稍加起拱量，约为跨度的3‰～5‰，支架多做斜撑固定，保证稳固，模板尺寸必须准确，并有良好的刚度。

3）砌拱时为保证砂浆饱满，可用砖块满面抹灰浆，用满刀灰砌法，灰缝上口不超过12mm，下口在5～8mm之间，砖块要挤紧，为避免在拱支座内出现弯矩，将拱脚挑出，使拱、拉杆和墙三者横断面的重心轴交于一点。模架上少放材料，放少量时也应对称堆放。房屋两端山墙，应先砌至拱座梁底标高处，暂停施工，等连接山墙的拱波砌完，横架移出后再继续进行。

4）养护保持湿度，防止水冲刷、振动，砂浆强度达3.0MPa以上才能拆模，起模时决不能将拱架强行顶起，以免将砌好的拱体顶坏。

5）拆模时应先降50～200mm，观察无异常再全部拆，如果用拉杆紧固的要拉紧拉杆后再拆。

复习思考题

1. 砖拱构造有几种类型，各有何特点？
2. 简述单曲砖拱、双曲砖拱的模架支设方法，它们有哪些不同？
3. 单曲砖拱砌筑中要注意哪些操作要点？
4. 双曲砖拱在施工中的操作要点是什么？
5. 砖拱在养护方面有什么要求？
6. 落模架应注意哪些问题？
7. 砌筑砖拱过程中应控制好哪几方面的质量问题？
8. 在砖拱施工中应注意哪些安全事项？

第九章

炉灶及锅炉的砌筑

培训学习目标 通过本章的学习，熟悉食堂大炉灶及一般工业炉灶的尺寸构造知识，掌握食堂大炉灶和一般工业炉灶的砌筑工艺及操作要点，通过技能训练，掌握炉灶锅底的砌筑、食堂大炉灶的砌筑、简单工业炉灶的砌筑，熟悉并掌握食堂大炉灶和一般工业炉灶砌筑的质量标准。

第一节　炉灶及锅炉砌筑的基本知识

一、炉灶和锅炉砌筑用材料

炉灶砌筑的材料必须是耐火材料哦！

（1）粘土耐火砖　常见的粘土耐火砖是由耐火粘土和熟料（煅烧和粉碎后的粘土）经成形、干燥、煅烧而成，呈棕黄色，属于中性耐火材料。它的特点是能抵抗急剧变化的温度，对酸性和碱性渣的作用均较稳定，缺点是荷重软化温度低，只有1250～1450℃，较1610℃耐火度要低得多，但它是用的最广的一种耐火材料。

（2）耐火泥　耐火泥是砌筑耐火砖的粘接材料，在砌筑时要按耐火砖的品种、性能及使用部位，采用相同品种的耐火泥。常用的粘土耐火泥其水分含量不大于6%，所使用的耐火泥和耐火砖的化学成分、耐火度等，应与炉窑使用的工艺要求相匹配。工业炉应采用成品耐火泥，且其最大颗粒不应大于砖缝厚度的1/2。

耐火材料和制品均应按现行有关标准和技术规定进行验收，运输和保管应防止受潮，常用的耐火砖和耐火泥均不能受潮及雨淋，因此材料进场后应做好保管和存放工作。如在室内砌筑有车间厂房的围护，只要把耐火砖和耐火泥分类整齐堆放即可。耐火砖和粘土砖一样，要码丁成垛，每垛有一定的数量便于计算；耐火泥以包堆放，一般可20包堆放为一垛，砖垛及泥堆前应标明品种，防止错用。如露天作业，应先建临时仓库，仓库应选地势较高处，把场地平整夯实，做一层灰土面层或混凝土面层，以便堆放材料能有较干净的环境，仓库应能避雨不受潮湿，在仓库内应按砖、泥的类别标牌分开整齐堆放。

镁质制品、硅砖、炭砖、轻质砖、硅藻土砖和用于重要部位的高铝砖、粘土砖均应存放在有屋盖的仓库之中，应按牌号、等级、砖号、应用顺序放置，装运应轻拿轻放。

选用的普通粘土砖应用优等品机砖，其强度不低于MU10。

石棉绳的水分不应大于3.5%，烧失量不应大于32%。

石灰膏、砂等应符合砌筑规范要求。

二、食堂大型炉灶的构造

食堂大炉灶的构造可要搞懂呀！

食堂大型炉灶比家用炉灶体形大，用锅多，外形多为长方形，燃料以煤为主。按通风形式不同可分为抽风灶和鼓风灶两类，目前主要以鼓风灶为主。炉灶一般砌筑于靠外墙的地方，墙外设附墙烟囱和炉灶门，以便于煤烟排入附于外墙的附墙烟囱，炉灶的烧火间也在厨房墙身以外。灶内炉膛四周外围用粘土砖，内用半砖厚耐火砖作内衬。由于炉膛内分锅不设回风烟道（即不共用一个烟道），避免共用一个烟道使烟气互相贯通，造成厨房内烟雾弥漫的现象。生火以后，炉火从下向上沿着锅底回旋，可以充分利用余热，成烟以后单独进入烟囱排走，其构造形式如图9-1a、b所示。

食堂的炉灶由于灶锅较大，炉膛又深，所以烧火间都放在厨房之外，并比厨房地坪低300～500mm，烧火间在室外也合乎卫生要求。

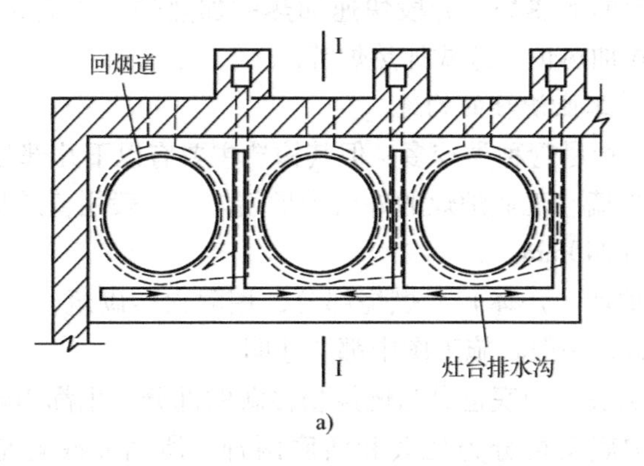

a)

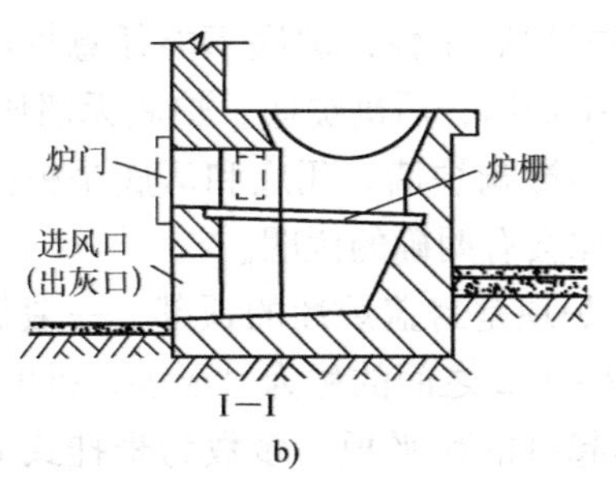

b)

图 9-1　食堂大炉灶的构造形式

a）平面图　b）剖面图

三、简单工业炉灶的构造

1. 工业炉灶的种类

工业炉灶形式多种多样，由于生产行业不同，炉灶的形式也就不同。以冶金工业为例，有焦炉、高炉、热风炉、炼钢平炉、旋转氧气转炉、混铁炉、加热炉等，其炉灶之大有的可容几千立方米，非生活炉灶可比，凡这些工业炉灶一般都由专业筑炉工来施工。此外由于生产工艺要求不同，工业炉的炉型也不同。同一种用途的工业炉，由于加热系统、燃料种类以及空气和煤气的预热方式不同，其炉体的结构构造也就不同。例如，常见的冶金行业的简易加热炉就可以分为炉体呈长条形的连续式加热炉、炉体成坑形的均热炉、炉体成环形的加热炉、分段快速加热的加热炉、坑道式的车底式加热炉、室式加热炉、缝式加热炉等。

2. 简单工业炉灶的构造

工业炉灶尽管种类较多，但其构造主要有以下几部分：

（1）炉墙　工业炉灶的外层围护墙体，一般用普通粘土砖砌筑，厚度一般为240mm。

（2）炉灶（炉体）　燃烧部分，用耐火砖砌筑，厚度根据炉灶性质来决定，一般在施工图中都会注明。

（3）炉底　炉底也是与燃烧物接触的部分，也都用耐火砖砌筑，工业炉灶炉底又可分为死底和活底两种。所谓死底就是先砌炉底，后砌炉墙，炉墙把炉底压住，炉底不能任意拆除，所以称死底。所谓活底，就是先砌炉墙，后砌炉底，炉底无墙压住，炉底一旦损坏，拆修方便，而且不影响炉墙。死底和活底是根据炉灶燃烧性质而决定的，图样上同样会有明确的说明。

（4）炉顶　炉顶是封盖炉灶的顶部，一般做成拱形。起拱度和跨度之比在1/12～1/2之间的称为弓形拱，拱度和跨度之比等于1/2的叫半圆拱。不起拱的称平顶，多数为悬挂式的，炉底和平顶如图9-2所示。

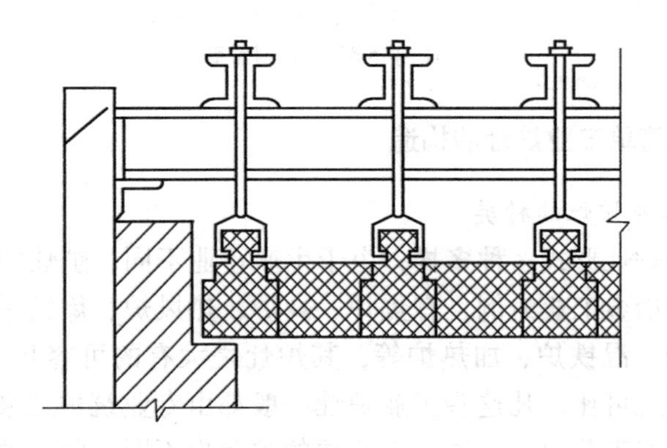

图9-2　工业炉灶平顶式的构造示意图

第二节　食堂大炉灶的砌筑

食堂大炉灶通常是长方形，放置于靠外墙的地方，墙外可设置烧火间，烟囱可附在外墙上并高出屋脊。下面就介绍其砌筑工艺过程和砌筑操作注意要点。

一、砌筑工艺顺序

准备工作→拌制砂浆和胶泥→砌筑炉灶→试火检验、完成灶台。

二、砌筑操作要点

1. 准备工作

先要弄清炉灶使用何种燃料、锅的数量和直径，按图样上布置的炉灶位置进行定位放线。同时要估算需用粘土砖、耐火砖以及水泥、耐火泥、砂子、石灰膏、纸筋灰等材料的用量，并准备好炉栅及炉门等附加零件，炉栅和炉门的大小根据锅的大小而定。炉栅一般用 ϕ14 以上钢筋焊成，也可买生铁铸的成品。炉门、吸风口等均用成品，也可以用黑铁皮或薄钢板制作，同样应注意其尺寸与锅的大小相匹配。

2. 拌制砂浆和胶泥

材料准备齐全后即可拌制砂浆，砂浆拌制要求与一般砖墙砂浆相同，砌筑砂浆强度等级一般不小于 M2.5 混合砂浆。砂浆可采用人工拌制，应随拌随砌，拌制好的砂浆与砌筑间隔时间不宜超过 2h。砌炉膛内衬用的耐火泥浆，其生熟耐火泥掺用量一般为生∶熟＝3∶7或4∶6。调制泥浆时，必须称量准确、搅拌均匀，不应在调制好的泥浆内任意加水或胶结料。

3. 砌筑炉灶

炉灶的形式确定之后，即可砌筑炉灶，炉灶的大小根据锅的直径和数量而定，若设计无规定，要先量取铁锅的尺寸，而后确定炉灶的大小。炉灶的高度当设计无规定时，一般在 800～900mm 之间，以便于炊事人员操作。烟道分锅砌筑，不共用一个烟道，以免烟气互相贯通；炉膛的形状近似于倒置的圆台形，象缸钵的样子。炉膛的大小和深浅由锅的大小和所用燃料而定。炉膛周围的大小，按铁锅直径决定，一般以炉膛上口的直径比铁锅外直径小60mm为宜。炉栅一般离铁锅底约150mm。炉灶的灶台部分要外挑出炉座侧壁120~240mm，这样可使炊事人员在操作时，身近灶台而脚趾不致碰触炉座，便于工作。

先按放线位置砌炉座，炉座下一般为混凝土垫层，底上可先铺一、二皮砖然后再砌四壁墙，墙厚一般为一砖，每锅之间用间壁墙隔开。中间的分隔墙厚度视锅与锅之间应有的距离而定，有时也可以砌得厚些，以满足锅台上锅与锅之间的距离要求。炉座砌筑时应根据锅的中心位置定出中心线，在靠烧火间处对准中心线留进风槽，也作为出灰口，进风槽一般宽200mm，高300mm。留进风槽时要看附墙烟囱所处位置，如果烟囱在灶口处，则风槽应往里留些，反之则往外留些。进风槽上面放置炉栅，放置时可往里稍倾斜些，放炉栅和留进风槽时最基本的要求是使炉火能保持在锅底心。

根据进风槽、炉栅放好后的位置，定出炉膛底及炉门位置，继续砌筑炉身和留出炉膛，留时要考虑留出内衬半砖耐火砖的厚度。砌炉座时应先预埋一两根下水管作为排除灶台上洗刷水的管道。

砌炉膛时，炉膛内的耐火砖要将炉栅四周压住，炉身四周仍用普通砖砌筑。在炉栅水平以上和在灶口对准炉膛中心处要留炉门，炉门大小以所用燃料种类而定。炉门可选用专门生产的铸铁门，型号按尺寸大小而定，炉门可先砌入也可后安装，后安装的留洞口要比门膛口小20mm。炉膛通向烟囱时应采用回烟道，使火焰不直接进入烟囱，可节约燃料。

4. 试火检验、完成灶台

炉膛砌筑完毕，应拿锅试放，用柴草或者煤炭点火观察检查，如有不符合要求的，应取下锅，对不合适的部位进行修正，观察认为合适后再砌灶台，灶台面要做出泄水槽，通向预先埋设的排水立管，便于排除灶面水。安放铁锅后铺贴灶面瓷砖，最后擦洗干净完成砌筑工作。

第三节 简单工业炉灶的砌筑

一、砌筑工艺顺序

准备工作→拌制砂浆及胶泥→砌筑内外炉墙→砌筑炉底→砌筑炉顶→烘炉验收。

二、砌筑操作要点

1. *砌筑准备*

按图样要求弄清所施工的炉灶的构造和特点，弄清不同材料的使用要求以及工艺要求，按设计要求复核炉灶的位置，校核砌体的放线尺寸。

2. *材料准备*

各种耐火材料必须按品种、性能的不同要求分别堆放，并应存放于有遮盖的仓库内，做好防潮防湿的保管工作。按设计要求计算出各不同种类和性能的异形砖的数量，预先准备好。对于炉灶必备的预埋件和各种设备材料均应在砌筑前准备好。

3. *拌制砂浆和胶泥*

简单工业炉灶砌筑砂浆依设计而定，其强度等级一般不小于M2.5，拌制要求与一般砖墙砂浆相同。砌筑耐火制品用的耐火泥的耐火度，应同所用耐火制品的耐火度相适应。工业炉采用成品耐火泥，耐火泥的最大颗粒不应大于砖缝厚度的50%。砌筑炉灶前，应根据砌体类别通过试验确定泥浆稠度和加水量，同时检查泥浆的砌筑性能是否能满足砌筑要求。调制泥浆时，必须称量准确，搅拌均匀，不应在调制好的泥浆内任意加水或胶结材料。

4. *砌筑内外炉墙*

炉灶的炉墙分外墙身和内衬，砌外墙和内衬（包括砖垛）均与普通砖墙的砌筑方法相同。要排砖错缝，互相咬合，四角均立标杆，拉线砌筑内外壁。炉墙的垂直平整、水平度要求均比砌筑普通砖墙要求高，因此，砌筑时一定要拉紧弦线，并随时用靠尺和水平尺检查墙身。砌砖中断或返工拆砖而必须留槎时，应作成阶梯形的斜槎，不得留直槎。砌体的一切砖缝均应泥浆饱满，表面应勾缝。墙体上小于450mm的孔洞，上部可用耐火砖逐层挑出过口成洞，每层挑出的尺寸不大于75mm，直到盖过洞口为止，如图9-3a所示。洞口小于250mm的，可按图9-3b所示的形式砌出。

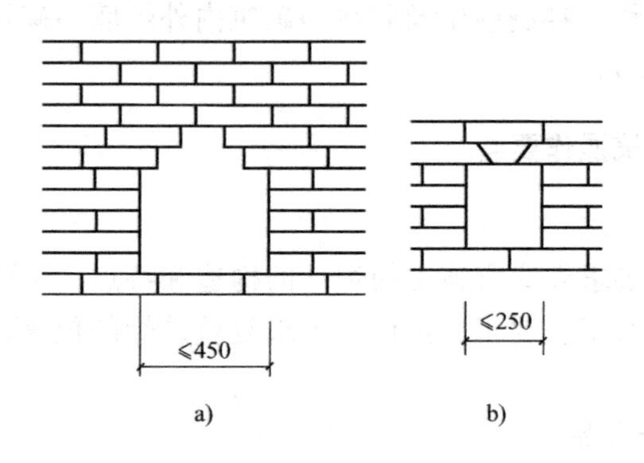

图9-3 工业炉灶洞口的处理

在砌筑时应注意，炉墙灰缝一定要做到泥浆饱满，尤其是头缝更应严格要求，否则容易窜火。炉墙两面均为工作面时，两面应同时拉线砌筑。凡炉子中要留空气层的，该层外围必须砌成封闭形式，在装置炉门的地方尤其要注意砌筑严密，防止疏忽造成窜火。管子或构件穿过炉墙时，一定要用细石棉绳缠在管子或构件上，并在穿过处用耐火泥浆堵严密。

5. 砌筑炉底

炉底砌筑。一般由炉子中间向两头铺砌，在砌筑炉底的面层砖时，要求砖长的方向与炉料、炉渣或气体的流动方向相垂直。如炉底设计成反拱，则在砌筑反拱底前，底下用炉渣垫好，并必须用样板找准弧形面，拱底形式如图9-4所示。

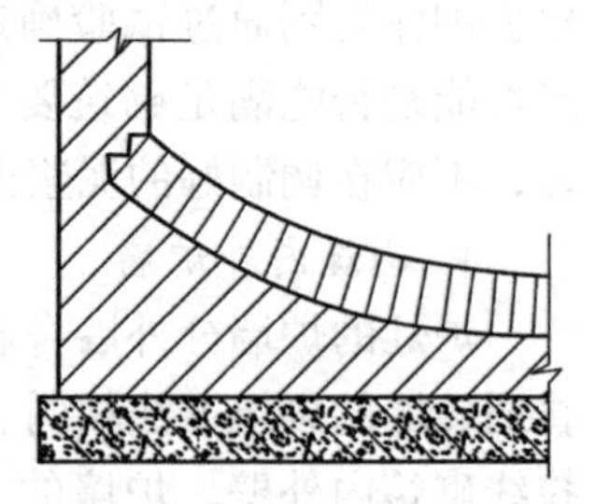

图9-4 工业炉灶炉底

炉底砌筑前，基础应找平，必要时最下一层砖应加工找平。反拱形炉底必须从中心向两侧对称砌筑。

6. *砌筑炉顶*

砌筑炉顶应按图样要求、炉灶特点施工，除设计规定或特殊结构部分用环砌形式（即单砖拱一个连一个做成炉顶）砌筑外，一般均为互相咬合的错缝砌筑形式，和筒拱屋顶砌法相同。拱脚砖的角度与拱的角度应一致。拱胎模支撑前后都应进行检查，如有不符合要求的应返修。跨度小于3m的拱，要求在拱顶打入1块锁砖，大于3m的要打入3块，大于6m的要打入5块。锁砖应为奇数并对称于拱顶中心线，两侧均匀分布，中间一块应在中心线上，锁砖一般先砌入砖身的2/3，然后用木锤敲入挤紧。敲入时应先敲两侧后敲中心的砖。锁砖必须采用加工好的异形砖，不得人为砍凿自制。

炉顶拱砖的数目应为奇数，发碹时应先试摆，灰缝一般为2mm，(不超过4mm)，并应防止下面砖口碰在一起。而上面缝很大的弊病。拱脚砖应紧靠拱脚梁砌筑，拱脚砖后面有砌体时，应在该砌体砌筑完毕，才可砌筑拱顶。砌筑时要算好皮数，中间锁砖一定要用异形砖。炉拱顶必须从两边向中心对称砌筑。

一般工业炉灶变形缝有膨胀缝和沉降缝两种。砌体膨胀缝的数量和分布位置及构造，均由设计而定，砌体内外层的膨胀缝应互不贯通，上下层应互相错开。炉灶沉降缝留设位置由设计而定，应上下贯通，基础有沉降缝时，其上的耐火砌体也应留设沉降缝。以上两种变形缝留设应均匀平直，缝内应保持清洁，用耐火材料（如石棉绳）填塞紧密，防止漏烟窜火。

总之在砌筑时的注意要点是：要防止砌炉用的耐火材料、外包隔热材料受潮，以免在试烧时出现裂缝；砌体表面都要勾缝，严禁在砌体上砍凿，找正时用木锤敲击；炉灶的烟道应在烟囱砌完后再砌筑，烟道和炉灶及烟道和烟囱的接口处应留沉降缝；灰缝一定要做到泥浆饱满，尤其头缝更应严格要求，否则容易窜火；炉顶拱砖的数目应为奇数，发碹时要先试摆，灰缝一般为2mm（不超过4mm)，并防止下面砖口碰在一起；凡炉子中要留空气层的，该层外周必须砌成封闭形式；伸缩缝的位置，应避开受力部位和炉体骨架，以免影响砌体强度，如果炉灶长度较大，可每间隔2m设一道；对于穿过炉墙的管子或构件，一定要用细石棉绳缠上，并在穿过处用耐火泥浆堵严密。

第四节　炉灶和锅炉砌筑的质量标准和应预控的质量问题

一、炉灶和锅炉砌筑的质量标准

炉灶的形式与构造虽然各有不同，但质量标准是一致的。

1）根据所要求的施工精细程度，各类耐火砖砌体的砖缝厚度规定如下：

特类砌体：不大于0.5mm。

Ⅰ类砌体：不大于1mm。

Ⅱ类砌体：不大于2 mm。

Ⅲ类砌体：不大于3 mm。

Ⅳ类砌体：不大于3mm。

2）各部位砌体的砖缝厚度，不应超过表9-1的规定。

表9-1　一般工业炉各部位砖砌体砖缝的允许厚度

（单位：mm）

项次	部位名称	各类砌体的砖缝厚度			
		Ⅰ	Ⅱ	Ⅲ	Ⅳ
1	底和墙			3	
2	高温或与炉渣作用的墙		2		
3	拱顶和拱 湿砌 干砌		 2 1.5		
4	带齿挂砖 湿砌 干砌		 2	 3 	
5	轻质粘土砖和轻质高组砖 工作层 非工作层		 2 	 3	
6	硅藻土砖				5
7	普通粘土砖				5
8	外部普通粘土砖 底和墙 拱顶和拱				 8～10 5～10

3）砌筑工业炉的允许偏差不应超过表 9-2 的规定。

4）耐火砌体的砖缝厚度和泥浆饱满程度应及时检查。检查要求是：应在炉子每部分砌体每 $5m^2$ 的表面上用楔形塞尺检查 10 处，比规定砖缝厚度大 50% 以内的砖缝，不应超过下列规定：

Ⅰ类砌体：4 处。

Ⅱ类砌体：4 处。

Ⅲ类砌体：5 处。

Ⅳ类砌体：5 处。

表 9-2　砌筑工业炉的允许偏差

项次	项　　目	误差数值/mm
1	垂直偏差 墙　每米高 全高	 3 15
	基础砖墩 每米高 全高	 3 10
2	表面平整度（用 2m 的靠尺检查） 墙面 拱砖墙面 拱脚砖下的炉墙上表面	 5 7 5

二、炉灶和锅炉砌筑应预控的质量问题

1. 火旺、但燃烧效果差

主要出现在食堂炉灶上，炉火虽然很旺，但燃烧效果不佳，如锅内之水久烧不开。分析其原因，如果烟囱高度等都合理，那么就有可能是回烟道不合理，火起以后，炉火不能从下向上沿着锅底回旋，而直接进入主烟道；也可能是锅底不居中，炉火中心没有对准锅底中心，或者炉膛大小不适合锅的要求。解决方法是：调节出烟口和回风道的大小或调正锅底中心，使炉火燃烧中心和锅底中心一致，如仍无效果，则要返修烟道，重新砌筑炉膛。

2. 反拱底弧度不顺，灰缝偏大

该种现象主要出现在简单的工业炉灶上，主要原因是操作方法不当，采用了铺砌时由边向中或由一边向另一边砌筑的错误砌法，造成拱上砖块下滑拉出大灰缝，或者基底抄平不到，造成砖面铺砌不平整。要解决这个问题，首先要抄平基底，使反拱底弧度理顺，曲线平缓角度满足；另外操作方法要适当，改变由边向中或由一边向另一边铺砌，应由中间向两侧铺砌，砌时灰缝要紧密、头缝要饱满。

3. 炉墙窜火

简单工业炉的炉墙窜火，其主要原因是耐火砖墙泥浆不饱满，尤其是竖向灰缝不饱满。因此，要解决炉墙窜火问题的关键是要解决泥浆的饱满度问题，要做到耐火砖墙泥浆饱满，首先应选择好耐火泥，耐火泥的粒径不应大于砖缝厚度的50%，粒径过大砖缝容易出现空隙，耐火泥浆应拌匀，泥浆稠度应符合砌筑要求；其次掌握正确的砌筑要领，披灰砌筑应披满刀灰，并能保证砖块底面和头缝灰饱满密实，头缝灰切不可用装头缝的方式砌筑。

4. 拱顶上口灰缝偏大，下口灰缝偏小

工业炉拱顶砌筑时有时会出现上口灰缝偏大，下口灰缝偏小，严重时下口灰缝产生瞎缝的现象。主要原因有，拱顶锁砖未居拱顶的中心，砖未对称均匀分布，或拱顶砖未试摆，还有中间的锁砖（即异形砖）与拱架的角度不合适。要解决这个问题，首要条件是拱顶锁砖要安排好，必须使锁砖位于中心线位置，并使拱上砖数为奇数，再有锁砖的角度应与拱架角度相适应，如不适合，可以适当提高拱架或降低拱架来调整，使上下砖口灰缝均匀。

第五节　炉灶和锅炉砌筑的安全要求

在炉灶和锅炉的砌筑过程中应注意以下安全方面的事项：

1）在砌筑前或遭受大风雪后，应检查脚手架和斜道等有无松动或下沉现象，脚手板搁置是否平稳，有无空头板。

2）严禁站在炉墙等砌体上工作、行走，工作完毕应将多余的材

料和工具清除干净。

3）所有操作人员，未经有关人员同意，不准为图方便而随意抽去脚手板或拆锯脚手架。

4）拆除拱顶的拱架，必须在锁砖全部打紧，拱脚处的凹沟砌筑完毕，以及骨架拉杆的螺母最后拧紧之后进行。

5）没有混凝土壁的地下烟道的拱顶，应在墙外回填土完成后才可砌筑，

6）人工传砖时要搭好临时脚手架，站人的板子宽度应不少于600mm。传运砖时必须瞻前顾后、步调一致，禁止开玩笑，并防落砖伤人。

第六节　炉灶和锅炉砌筑的技能训练

● 训练1　食堂大炉灶的砌筑

1. 训练内容

砌筑一座两灶头的食堂大炉灶，锅的直径1000mm，深度500mm；使用煤做燃料。屋面为坡屋面，屋脊高度5m，檐口高度3.3m。烟囱靠隔墙砌筑。炉座砌筑时考虑炉条的放置、炉条与烟囱的距离，砌炉身时要考虑灶台洗刷排水的水管埋设位置。

2. 基本训练项目

（1）砌筑准备

1）工具准备：瓦刀、大铲、平锹、刨锛、溜子、灰板、灰桶、水桶及质量检测工具钢卷尺、托线板、线锤、水平尺等。

2）材料准备：普通粘土砖、石灰、砂、粘土、水泥和麻刀灰或纸筋灰，锅两只及与锅配套的炉栅与炉门。根据砌筑要求拌好砌灶座用的水泥砂浆、砌炉灶和烟囱用的粘土胶泥、抹烟囱烟道内壁用的麻刀灰或纸筋灰、灶台刮糙和粉光用的水泥砂浆、烟囱外壁用的石灰砂浆等。

3）技术准备：了解锅的直径、使用燃料、屋面的形式和高度；根据锅的规格做好锅样棒，锅样棒用两根长度等于锅直径的不变形

的竹条或者木条制成，在中心用钉子固定，可以自由转动；画好砌筑草图；进行平面布置的定位放线；灶的高度为900mm；炉膛上口比锅外直径小60 mm，锅底和炉栅的距离为150mm；烧火间在厨房外，考虑以鼓风形式通风。

（2）炉灶的砌筑

1）砂浆和粘土胶泥的拌制：可采用M2.5的水泥混合砂浆；砌筑炉膛用的粘土胶泥完全要靠手工拌制，取红粘土适量，一边加水，一边用锤子砸打，直到红土均匀可塑时；加入麻刀并进行揉搓成条备用。炉膛内衬用耐火泥浆，其生熟耐火泥掺用量比例可取为生∶熟=3∶7或4∶6，调制时的称量必须准确，拌制均匀，不能在调制好的泥浆内任意加水或胶结料。

2）砌炉座：先按线位置砌筑，灶下用混凝土垫层，底上先铺两皮砖再砌四壁墙，墙厚为一砖，锅灶膛之间的墙用两砖墙或更厚，依现场决定（主要考虑锅与锅之间的距离要求），进风口（也是出灰口）在烧火间的中心线上，进风槽宽200mm；高300mm；炉座内留排水管。

3）铺炉栅：在风槽处铺好炉栅，炉栅与下部合拢砖之间形成出灰槽。炉栅铺深应注意烟囱位置，以保证火焰始终保持在锅的中心，用锅样棒对准风槽的中心，定出炉膛底及炉门位置，放置时可稍倾斜点，再砌炉身及炉膛。

4）炉身和炉膛的砌筑：砌炉膛考虑留半砖耐火砖的厚度，耐火砖要将炉栅四周压住。炉门留在炉膛中心线上，炉门的型号尺寸按现场提供的大小定，注意后安门留口尺寸要比门膛口小20mm，炉膛和烟囱间有回烟道。

5）炉膛搪涂胶泥：这是炉灶是否“发火”（指烧火旺盛）的重要一环，要认真做好。具体做法是：先将胶泥搓成$\phi 20 \sim \phi 30$的圆条，把圆条从炉栅略高处一圈一圈地叠回到烟道口，每层都要压紧，并成为与锅底相似的形状。形状符合要求后，要以手蘸清水涂抹其表面，表面不要求平滑，应以设想的烟、火在炉膛内回旋运动的形式和方向抹涂，形成类似螺旋形的凹槽。

6）烟囱的砌筑：本训练砌筑的炉灶为附墙烟囱，烟囱的孔洞为

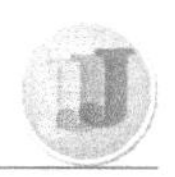

180mm × 180mm，附墙的烟囱可用 120mm 厚的三面外壁，内留 180mm ×180mm 孔洞，外壁与墙身的咬槎不少于 60mm。烟囱应高出屋脊 500mm 以上，防止风力大时造成回烟。

7）砌灶面砖、安锅：灶面砖四周挑出 120 ~240mm，具体由自己习惯定，灶面用水泥砂浆刮糙抹平，之后安锅试烧，合格后将灶面用水泥砂浆抹面压光，灶面台留泄水槽。

8）试火：试火应在炉灶砌筑好，干燥一段时间后进行；试火时应支上铁锅，加入锅容量 2/3 的水，用刨花、木片、木材等易燃物品点燃后试火，试火时，开始火应小一些，然后加大火力，同时观察炉灶有无裂缝、漏烟；如不漏烟、不回烟，火苗在锅底回旋上升，锅内的水沿锅边冒气泡，则炉灶符合质量要求；反之则要修理达到要求后才能使用。

3. 训练注意事项

1）炉灶的砌筑是一项技术性比较强的工作，必须通过反复地训练，不断积累经验，才能得心应手地砌出好炉灶。

2）炉灶砌筑时必须控制好炉膛大小、锅底和炉栅的距离、烟囱和出烟口的大小，保证砌筑的炉灶火旺好烧。

3）炉灶砌筑时对有楼层的房屋必须注意主烟道和副烟道砌筑，防止烟道窜烟。

4）炉灶的砌筑必须注意高空作业的安全和临时脚手架的安全。

训练 2　简单工业炉灶的砌筑

1. 训练内容

砌筑一死底的简单工业炉灶。

2. 基本训练项目

（1）砌筑准备

1）工具准备：瓦刀、大铲、平锹、刨锛、灰板、灰桶、溜子及质量检测工具钢卷尺、托线板、线锤、水平尺等。

2）材料准备：耐火材料分别堆放，根据现场提供的要求，耐火泥选择要适当，泥的最大颗粒要控制好，准备足够数量的异形砖，粘土砖用 MU10 优等品机砖，砂浆 M2. 5，石棉水份要检查≤3. 5%。

3）技术准备：弄清炉灶的构造特点，按图样复核灶的位置尺寸和放线情况，具体可根据实际情况进行调整。

（2）炉灶的砌筑

1）测定基础的标高，用1∶2.5水泥砂浆找平，弹线后试摆，再将基础砌好。

2）砌炉墙身：内外墙，内衬与外墙要排砖错缝，互相咬合。每层砖应保证水平，内衬和外墙之间要留空气层，外墙砌成封闭形式。

3）砌炉底：由炉中间向两边铺砌，炉底采用反拱形，做好反拱基层，用样板检查弧度。

4）炉顶砌筑：用耐火砖砌成拱顶，相互咬合与砌拱屋顶相同，拱脚砖的角度与拱角度一致，后进行支模架，挤紧顶部的锁砖。

3. 训练注意事项

1）炉灶的砌筑是一项技术性比较强的工作，必须通过反复地训练，不断积累经验，才能得心应手地砌出好炉灶。

2）选好耐火砖和相应的耐火泥浆，是保证炉体寿命的关键。

3）灰缝一般为2mm，头缝更要严密；拱顶砖数为奇数，中间锁砖要先加工好，不能现场随手砍制。

4）膨胀缝内外上下互不贯通，互相错开，沉降缝要上下贯通，缝道平直均匀，用耐火材料塞紧。

复习思考题

1. 食堂大炉灶的构造特点是什么？
2. 简单工业炉灶的构造形式有哪些？
3. 食堂大炉灶砌筑的方法和要点有哪些？
4. 简述食堂大炉灶砌底座的顺序。
5. 简述工业炉灶的施工要点。
6. 炉灶砌筑应注意哪些方面的质量问题？
7. 炉灶砌筑应做好哪些安全措施？

第十章

砖烟囱、烟道和水塔的砌筑

培训学习目标 通过本章的学习，熟悉烟囱、烟道及水塔的构造做法与材料要求，烟囱、烟道及水塔施工图的识读，通过技能训练能按设计要求和施工要求正确组砌方、圆烟囱及烟道和水塔，掌握方、圆烟囱及烟道和水塔的砌筑工艺及操作要点，掌握烟囱、烟道和水塔砌筑的质量和安全要求。

第一节 烟囱、烟道和水塔砌筑的基本知识

一、烟囱、烟道的构造

1. 烟囱的构造

烟囱是排除炉、窑内燃烧的烟气的构筑物，炉、窑内的高温气体通过烟道进入烟囱排出。为增强炉灶的燃烧能力，烟囱都具有独立高耸的特点，从而达到拔风、增加空气流通量的目的，为此在使用材料、操作方法上与墙体砌筑有所不同。砖砌烟囱一般高度在60m以内，超过60m的宜用钢筋混凝土烟囱。

烟囱由基础、烟囱身、内衬、隔热层几个部分构成，烟囱身上还有附件，如铁爬梯、紧箍圈、避雷针、钢休息平台、信号灯等。在烟囱身下部有烟道入口及出灰口。烟囱外壁一般要求有1.5%～3%收势坡度。

砖烟囱又分为方形和圆形两种。方形的一般高度不大，也较少采

用，其构造和圆烟囱相仿。圆烟囱的构造如图 10-1 所示。圆烟囱基础多数采用钢筋混凝土圆形底板，方烟囱的则为方底板。在底板上再砌大放脚砖基础，收退到囱身底部的囱身壁厚为止。基础埋深由设计决定。

烟囱在囱身高度上以其壁厚不同可分为若干段，每段高度一般不超过 15m。每段囱身外壁厚度由设计确定。外壁的厚度随烟囱的升高而减薄，口径由下而上逐步收小，使外壁形成为 1.5% ~3% 的收坡。囱壁的厚度变化以小半砖为限，但外壁的最薄厚度至少应有一砖长（即 240mm）。

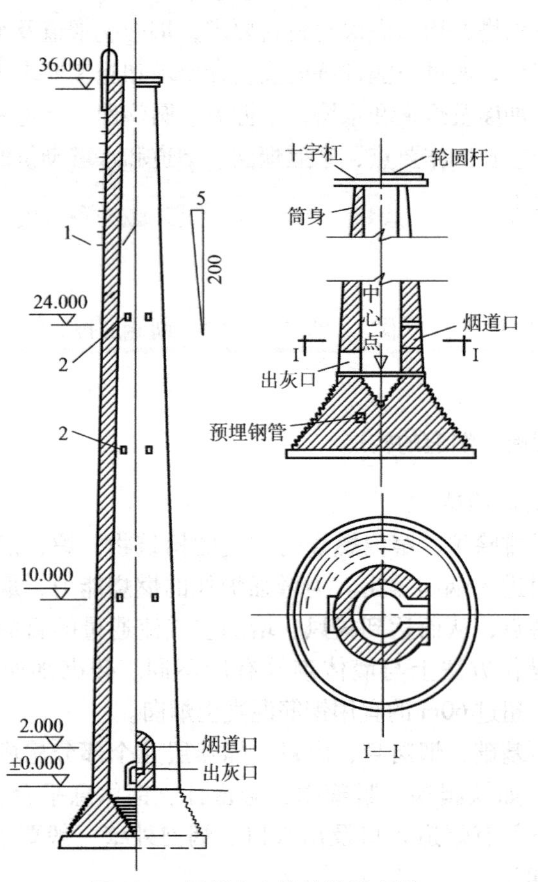

图 10-1　圆烟囱囱体构造示意图

1—钢制爬梯　2—透气孔

2. 烟道的构造

烟道同样是排除炉窑烟气的构筑物，即炉窑的出烟口到烟囱入烟口之间的那段输送烟气的连接体。烟道的形式根据炉窑的不同而有地下的、半地下的和地面上的三类。砖砌烟道由烟道底板、墙身、拱顶、内衬和隔热层等几个部分组成。

二、水塔的构造

砖砌水塔是一个支承上部钢筋混凝土圆形水箱的支承构筑物，称为砖筒身钢筋混凝土水箱水塔。砖砌部分形状为一圆筒体。因水塔是为一定区域内的建筑物提供水源的，故高度应超过该区域内的所有建筑物高度，由于抗震要求筒身总高度一般不宜超过30m。

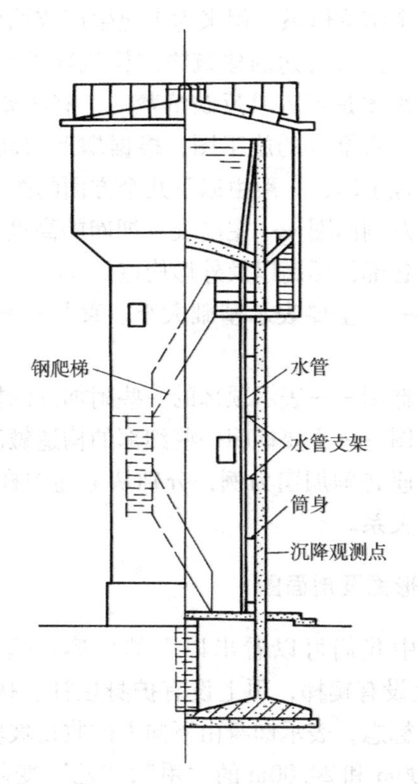

图10-2 水塔的筒身构造示意图

砖砌水塔是由基础、筒身两部分构成。为了利用空间，筒身中设有水泵房等附属设施，筒身上还设有附件，如铁爬梯、水管及水管支架等，如图 10-2 所示。

水塔基础一般为圆形钢筋混凝土底板，塔身从基础起直到水箱底为止。筒身为没有收分的同直径圆筒体，它的砌筑要求和圆烟囱相同。

第二节　烟囱、烟道施工图的识读

对于烟囱、烟道施工图，目前大多数人将其归为复杂施工图范围。把烟囱划为比较复杂的构筑物，是因为烟囱具有自身的独立性，可以单独成为一个结构体系，用来为工业生产或民用生活服务。

由于复杂施工图所表达的建筑物或构筑物不够规则，所以仅通过一两个面的投影图是不容易反映清楚的，有时要通过三视图另加详图来补充说明。看烟囱的施工图，根据烟囱的高度及所用材料的不同，图样张数也不同，一般由以下几个方面的图样组成：

烟囱外壁图及剖面图——主要表示烟囱的高度、断面尺寸变化、外壁坡度大小、各部位标高以及外形构造。

烟囱基础图——主要表示基础大小、直径、底标高、底板厚度等内容。

烟囱顶部构造图——表示顶部的一些附加件的构造与连接。

细部构造详图——主要标明一些细部的构造做法。

下面就以一座砖砌烟囱为例，分别从上述图样的组成部分看其构造及各种尺寸关系。

一、烟囱外形图及剖面图

从图 10-3a 中我们可以看出以下的内容：烟囱顶部的标高为 36. 00m；外壁上设有爬梯，顶上设有护身栏杆、扶手及避雷针；囱身外侧的三角形标志，表示囱身由下向上的收拢坡度为 2. 5%；囱身中部标高为 10. 00m 和 24. 00m 的“甲”、“乙”变截面处，标示了外壁和内衬的厚度及空隙间隔尺寸，也标示了变截面处圈梁的构造做

法；囱身底部标示了烟道入口及出灰口的位置和标高，烟囱四周有散水；囱身上铁爬梯蹬的起始标高是2.000m，以及爬梯蹬的间距尺寸为30cm；还标示了囱身透气孔的位置、尺寸和说明；平剖面图上标示了烟囱底部直径，烟道入口和出灰口的宽、高尺寸，外壁和内衬的材料、做法以及烟囱底部的构造做法。

二、烟囱基础图

基础图是指地坪以下的那部分构造，包括底板、筒身、内部构造等。从图10-3b中可以看出的内容有：基底的深度为－3.50m，底部直径为6.00m，底板厚度为80cm，在底板下还有混凝土垫层，厚度为10cm；垫层混凝土的强度等级为C10，底板的强度等级为C20；底板中的钢筋布置共有上下两层，下层环向钢筋为Ⅰ级，直径12mm，间距为15cm，辐射状的钢筋全圆范围内共125根，规格为Ⅱ级，直径为14mm；上层环向钢筋为Ⅰ级，直径10mm，间距为20cm，辐射状钢筋沿全圆范围内共94根，强度等级为Ⅱ级，直径为12mm；同时图中还对施工时的马凳筋做了示意（所谓马凳筋就是在钢筋混凝土施工中，为了让双层钢筋的上层钢筋网位置准确，用来支设上层钢筋网使其符合设计位置要求的支撑钢筋），就是基础剖立面底板中的虚线，标示为撑铁5。一般情况下在正式的施工图中，马凳筋是不用标示的，由施工人员根据现场的钢筋成形支设后的刚度，以及施工时作用在钢筋网上的荷载大小来决定其数量、位置、间距及所需直径和规格，有时设计院在施工图总说明中也会交代；筒身砖基础大放脚的收退，大放脚底部的宽度为1630mm，收退8次达到筒壁厚度为670mm，并同时知道大放脚的收退形式是间隔式。

三、烟囱顶部构造图

烟囱的顶部构造图主要说明顶部的构造以及附属件的安装和连接等内容。从图10-3c中我们可以了解到以下几点：烟囱顶部圈梁为钢筋混凝土，厚度为240mm，宽度为600mm，在爬梯处范围内宽度是360mm，兼构造上作外挑出檐压顶；扶手的高度为1m，向内弯伸为360mm，用的钢筋规格为光圆Ⅰ级，直径为22mm，在外端从顶部

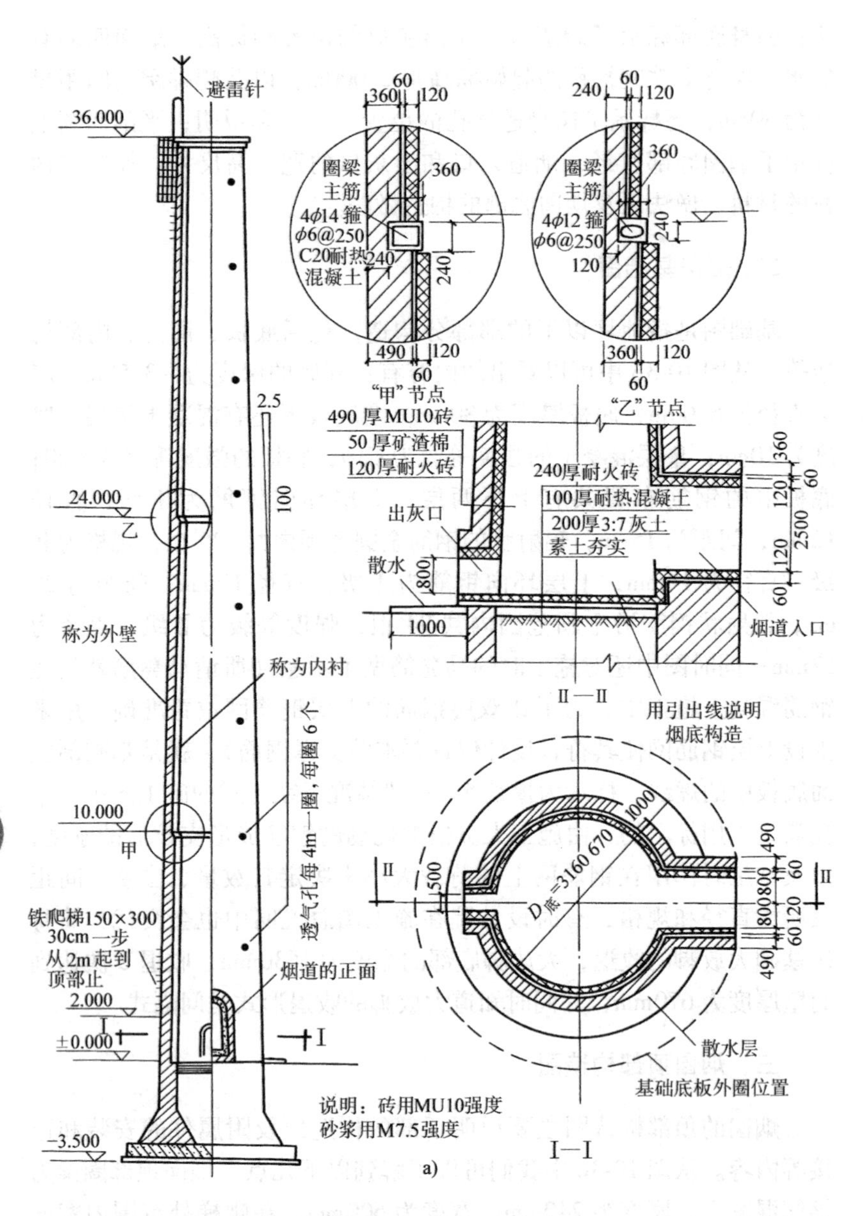

图10-3 烟囱施工图（只选部分图样）

a）烟囱立面、剖面图

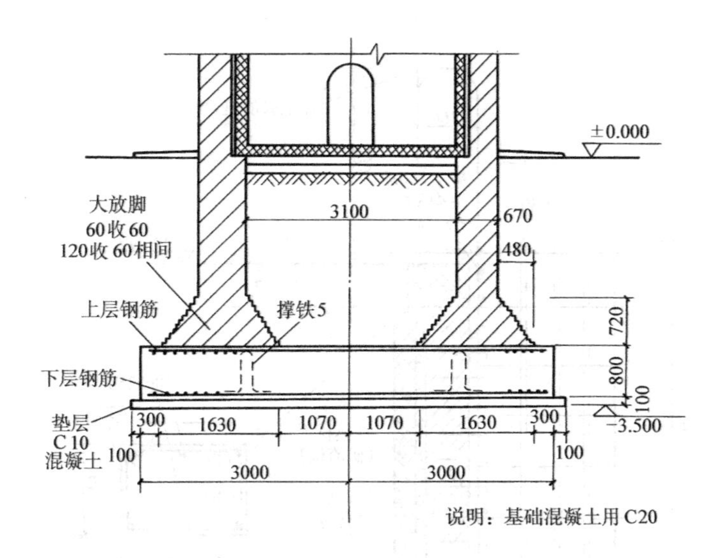

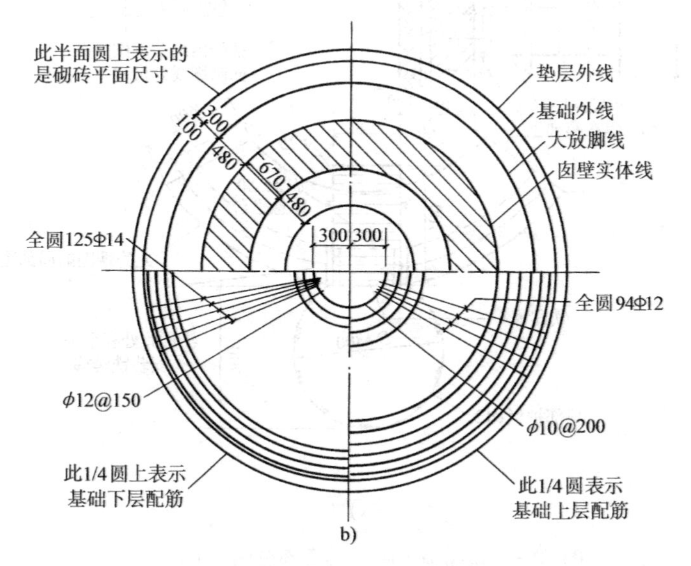

图10-3　烟囱施工图（只选部分图样）（续）

b）烟囱基础平面图

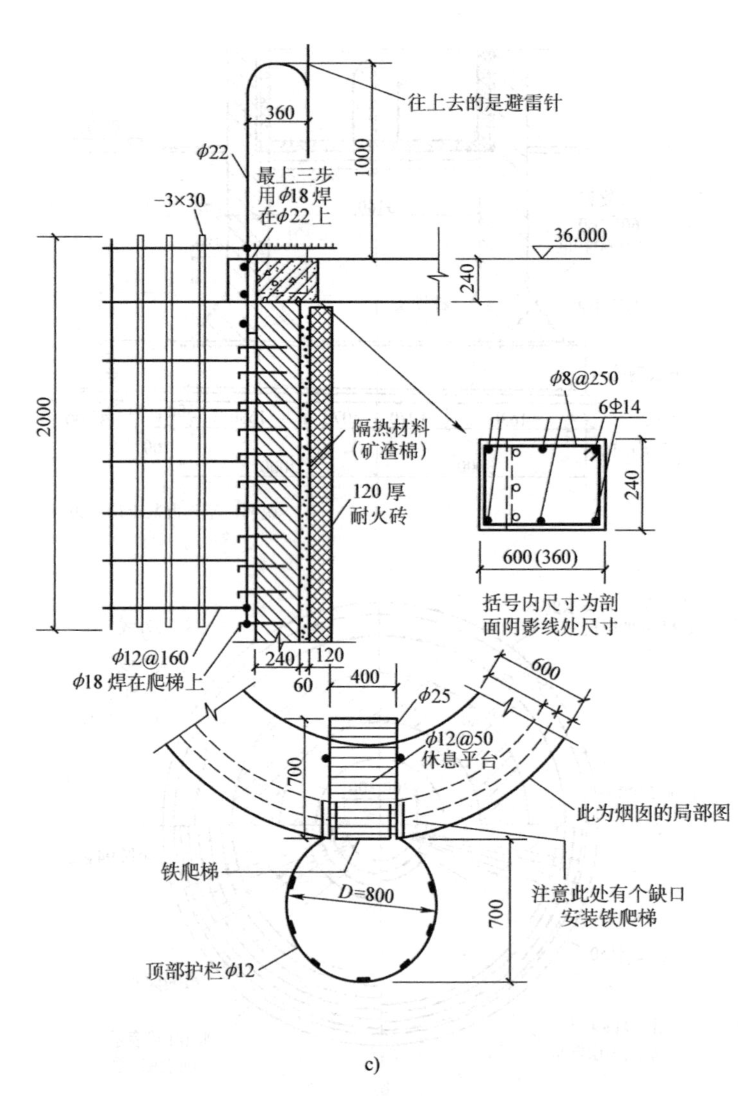

c)

图10-3 烟囱施工图（只选部分图样）（续）

c）烟囱顶部构造图

向下延长2m与砌在烟囱的爬梯蹬焊接牢固；里端生根在顶部圈梁内，因此在浇筑混凝土圈梁时要先预留好相应的钢筋，避雷针可焊在扶手上；顶部护身栏为直径80cm圆形长筒状铁栅栏，环向弯曲成圆圈的钢筋规格为Ⅰ级，直径为12mm，竖向分布的扁铁规格为3mm×30mm，圆钢与扁铁之间焊牢，并与砌入烟囱的爬梯蹬焊牢生根；顶上爬梯内还有一个长70cm、宽40cm的水平小平台，供人从外向内爬时在烟囱顶过渡用，小平台用钢筋焊成。

四、烟道构造图

从炉窑的出烟口到烟囱入烟口之间的那段输送烟气的构筑物称为烟道。烟道的形式根据炉窑的不同，有地下的、半地下的和地上的三类，从图10-4中可以看出，烟道顶为拱形，外壁为一砖厚，内衬为半砖厚，内壁与内衬之间有6cm的隔热空隙。拱形砌筑时先支拱形胎模，当内衬砌完后在其顶上填放草帘两层，厚度约为6cm，作为外壁拱顶的底模，待烟道使用后烟火可以把草帘烧尽，于是留出6cm的隔热空隙。在烟道底部的混凝土垫层上（待拱模拆除后）铺5cm厚的炉渣，才可以再铺砌烟道底部的耐火砖，厚度可为半砖（侧砖）或1/4砖（平铺）。

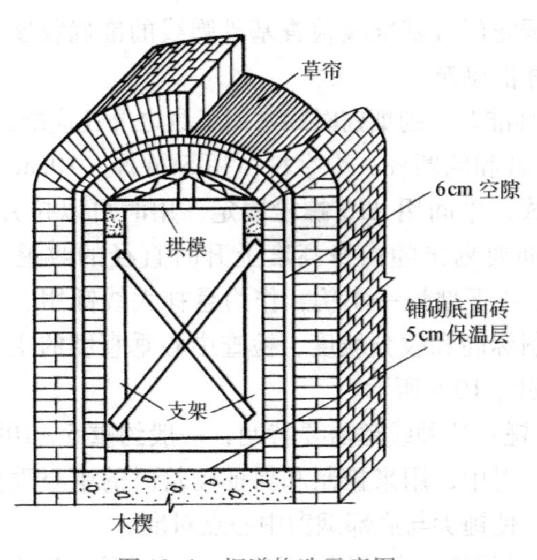

图10-4 烟道构造示意图

第三节　烟囱、烟道的砌筑

一、烟囱、烟道砌筑的工艺顺序

准备工作→排砖摆底→砌筑基础→检查校核→砌筑囱身（包括内衬砌筑、铁件安装）→勾缝结束。

二、烟囱、烟道砌筑的操作要点

1. 施工准备

（1）技术准备　首先要熟悉图样，因砖砌烟囱比一般砖墙复杂些，施工前应认真阅读图样，弄清烟囱各部位的构造及施工要求，如基础的埋置深度、基础大放脚的断面尺寸和收退情况、囱身沿高度按厚度不同分成的段数，以及每段囱身高度和壁厚情况；同时还应弄清囱身底部烟道入口及出灰口的部位和留置尺寸；弄清附属设施（如铁爬梯、护身栏、休息平台、避雷针、信号灯等）的埋设要求和留置部位。其次对前道工序进行验收，如检查基础的尺寸和标高是否正确、中心位置有无差错、大放脚墨斗线是否完全和清晰，必要时应根据龙门板基准线检查基础弹线的准确程度，在确保放线位置无误后才能砌筑。

（2）工具准备　砌烟囱时除常用工具之外还应准备以下工具：

1）十字杠和轮圆杆：十字杠可用5cm厚、10cm宽的刨光方木叠在一起组成，中间用ϕ10螺栓固定，用时可以拉开交错成十字。在十字杠上面要划出随囱身高度上升时直径的收退尺寸。在中间ϕ10螺栓的中心下部焊一小钩，作为悬挂大线锤用。十字杠在砌烟囱时作为控制标高和收分坡度、检查中心垂直度的主要工具，十字杠和轮圆杆如图10-5所示。

2）大线锤：这种线锤需要特制，一般约重5～10kg。使用时用细铁丝吊挂、对中，用来控制和保证砌筑时的中心垂直度。由十字杠中心下挂，使锤尖与底部烟囱中心点对准。

3）收分托线板：它是用来检查囱身外壁的收坡准确度和表面平

整度的，收分托线板是以图样规定的收坡要求自制的计量器具。

4）铁水平尺：它是用来放在十字杠上，检查囱身各点是否在同一水平面上的工具，以控制烟囱上口水平、避免囱口倾斜。

5）锯砖用砂轮机：有条件的单位应设置，主要用于加工异形砖，尤其是在砌内衬耐火砖时作用更大，比瓦刀砍砖质量要好。

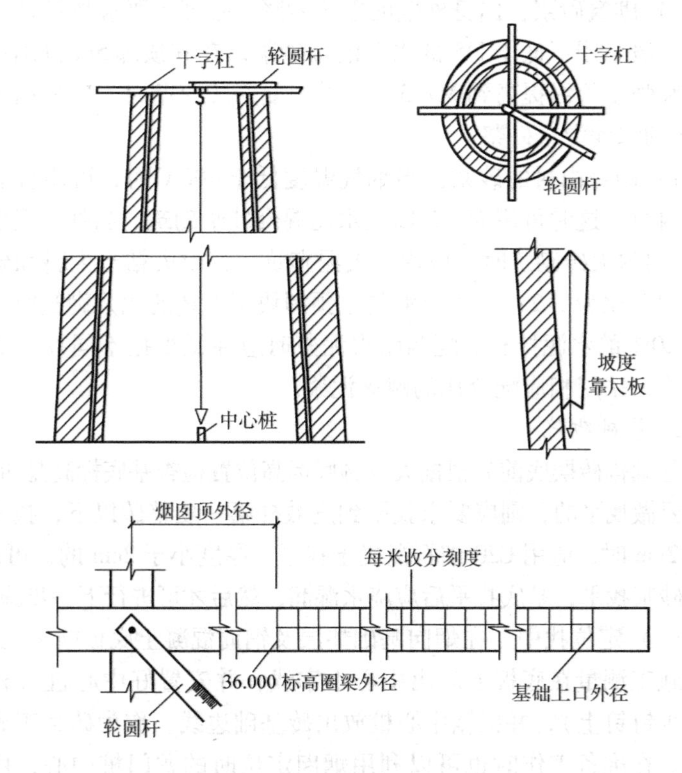

图 10-5　检查烟囱的工具示意图

（3）材料准备

1）砌筑用砖：由于烟囱为高耸构筑物，同时受烟气热力的作用，因此它的强度必须符合设计要求，事先应对砖抽检复验。

2）耐火砖：当烟囱设计图样上有耐火砖时必须事先准备好。耐火砖按其形状分为标准耐火砖和异形耐火砖两种：标准耐火砖的规格有 250mm×123mm×60mm 和 230mm×113mm×65mm 两种，异形

耐火砖规格按需加工制作；耐火砖按其耐火程度分为普通耐火砖和高级耐火砖两种：普通耐火砖其耐火程度为1580～1770℃，高级耐火砖其耐火程度为1770～2000℃；按其化学性能分为酸性、中性、碱性三种。应按设计要求，对耐火砖的规格、耐火程度和化学性能进行选择，准备材料。

3）砌筑砂浆：囱身外壁的砌筑砂浆，强度等级应按设计规定采用，一般采用不低于M5的水泥混合砂浆，在其顶部5m范围内，宜将砂浆强度等级提高到M7.5。当采用配筋砖筒壁时，应采用不低于M7.5的水泥混合砂浆。

4）囱身内衬的砂浆：当烟气温度低于400℃时，可用普通粘土砖砌内衬，这时可用M2.5以上水泥混合砂浆砌筑。当烟气温度高于400℃用耐火砖砌筑时，应用耐火泥砌筑。其耐火粘土生料和熟料配制的配合比为1:2；当耐热混凝土预制块用上述的泥浆砌筑时，应再加入20%的水泥拌和。配制耐火泥浆时应注意根据不同种类的耐火砖性能，采用相应配合比的耐火泥浆。

2. 基础砌筑

基础排砖摆底前先根据大放脚底标高位置检查基底标高是否准确，如需要做找平的，则应要求找平到皮数杆第一皮整砖以下，找平厚度大于2cm时，应用C20细石混凝土找平，厚度小于2cm的，可用1:2水泥砂浆找平，基底找平后应浇水湿润，然后才可进行下一步施工。

（1）定位找中　在烟囱基础垫层及钢筋混凝土底板施工完成后，经过施工测量在底板上放出中心十字线，并安置好中心桩（桩中心点用小钉钉上），并根据中心桩放出砖基础边线，作为砖瓦工砌筑的依据。在准备工作时也可以利用烟囱定位时的龙门桩中心，用细麻线崩紧拉垂直相交线，检查烟囱中心点是否符合、基础边线是否准确，同时还要检查基础皮数杆的标高与龙门板是否符合，随后开始排砖摆底，进行砌筑。

（2）排砖摆底　开始砌筑时应在圆周上摆砖，采用丁砌法砌筑排列，摆砖合适之后，方可正式砌砖。排砖的立缝控制在：内圈缝不小于5mm，外圈缝不大于12mm。

（3）基础砌筑　基础大放脚沿圆圈向中心收退，退到基础部分

的囱壁厚时，要根据中心桩检查一次基础环墙的中心线是否准确，找准后再砌基础部分的囱壁。基础囱壁呈圆筒形，一般设有收分坡度，可以用普通托线板检查垂直度，砌筑高度按皮数杆而定。为了便于掌握砌筑标高，皮数杆可埋入内侧基础大放脚内，砌筑时应保持皮数杆垂直，做到随时校对皮数，复核标高。基础部分内衬和外壁可同时砌筑，根据图样要求，有的要在隔热层中填放隔热材料。

（4）进行自检　基础砌完后要进行垂直度和水平标高、中心偏差、圆周尺寸（圆度）、上口水平等全面检查，合格后抹好防潮层，在囱壁上放出水平标高线，就可以砌筑基础以上的囱身了。

3. *烟囱身的砌筑*

（1）排砖组砌　基础检查合格后，即可在基础上口防潮层上按囱身尺寸排砖，排砖时可以不考虑基础外壁的立缝位置，砌时应按囱身清水砌砖仔细排放，排砖要均匀，立缝里口要求不小于5m，外口不大于15mm。如果烟囱直径较小，排砖立缝不能满足此要求时，为了使灰缝均匀，可将砖先加工成楔形，必须注意加工后的砖宽应大于原砖宽2/3以上。外壁砌筑时的水平缝应控制在8～10mm，环向的竖缝应交错1/2砖，放射缝应交错1/4砖，小于1/2砖的碎砖不得使用。图10-6a、b所示为一砖半厚及二砖厚囱壁的砌砖错缝方式。

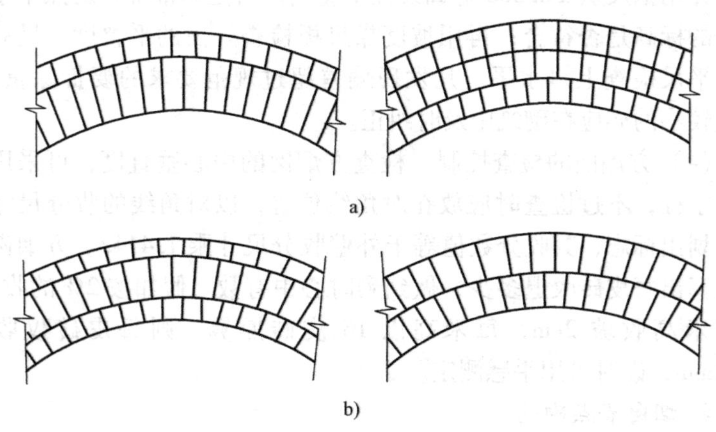

图10-6　排砖组合示意图

a）一砖半错缝　b）二砖错缝

砌时要求先砌外圈，后砌内圈，最后填中心砖。方烟囱可不用丁砌法，而用丁顺砌法。必须注意的是在收分时不能砍四角砖，而应在平直部分调整砖的大小，逐步减少砖块，同样立缝灰缝应控制在8~12mm之间。

（2）注意事项　砌筑时为了防止因操作人员的手法不同而产生的垂直偏差和上口不平、灰缝不均等现象，要求操作人员相对固定。同时在每砌筑升高一步架时，操作人员应顺时针或逆时针方向换个位置，使砌体在不同程度上得到调整；每天砌筑高度应由气温和砂浆的硬化程度决定，一般不宜超过1.8m，因为砌筑得过高会因灰缝变形而引起囱身偏差；每砌一步架后应作一次囱身中心点、标高及垂直度的检查，使砖烟囱的质量在砌筑中得到控制。

（3）圆烟囱的检查控制　圆烟囱囱身自砌筑开始就要按设计要求收坡，砌筑时主要依靠十字杠、轮圆杆和收分托线板控制囱身垂直度和外壁坡度。用十字杠中心悬挂大线锤与基础上埋置的中心桩顶的小钉对中，以控制中心垂直度；用水准仪在囱身下部定出±0.000标高线控制烟囱高度；用轮圆尺检查圆度；用铁水平尺检查上口水平度。检查方法是用十字杠上的线锤对中后，查看砌口处收分尺寸有无偏差，看烟囱有无倾斜；再用轮圆杆转一周检查囱身是否圆，并用钢尺从±0.000标高线往上量高度看是否准确，对照十字杠收分的标高是否符合；再用坡度靠尺板检查外面的平整度；最后用铁水平尺检查上口水平。凡发现偏差超过规范要求的要拆除重砌。偏差较小的亦应在砌筑中及时纠正。

（4）方烟囱的检查控制　检查方烟囱的中心垂直度，可采用小型十字杠，不过检查时应放在对角线位置，以对角线的收分尺寸在杠上划出标志，其收分数值等于外壁收分尺寸乘1.4142。方烟囱收坡应算出每皮砖收退多少，做到砌时心中有数。假如按2%的收坡，即每米高收坡2cm，每米高以16皮砖厚算，则每皮砖仅收坡1.25mm，砌时可用手感测定。

4. 烟囱节点砌筑

（1）烟道入口清灰口和散热口　烟道入口顶部的拱碹砌筑很重要，它的拱顶与拱脚在囱身突出的尺寸不同，如图10-7所示。囱身

由该处与烟道相接，因此在囱身开始砌筑时，应注意在烟道入口的两侧砌出的砖垛，两侧砖垛的砖层要在同一标高上，拱座是垂直砌筑，而囱身是向内收坡，因此要注意防止砌成错位墙。后面的出灰口较小，但砌时亦应相同要求。此外，囱身外壁上的通风散热孔，应按图样要求留出 6cm×6cm 见方的孔洞。外壁砌筑时灰缝要随砌随刮缝、勾缝，缝要勾成风雨缝，形式如图 10-8 所示。

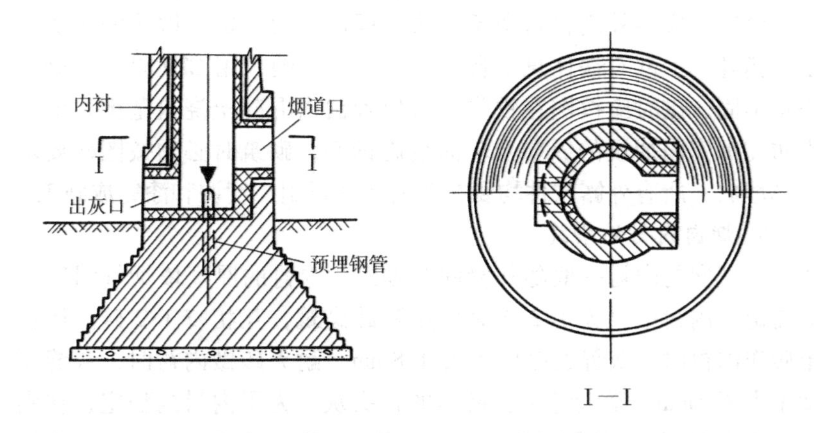

图 10-7　烟道入口处囱身的拱口示意图

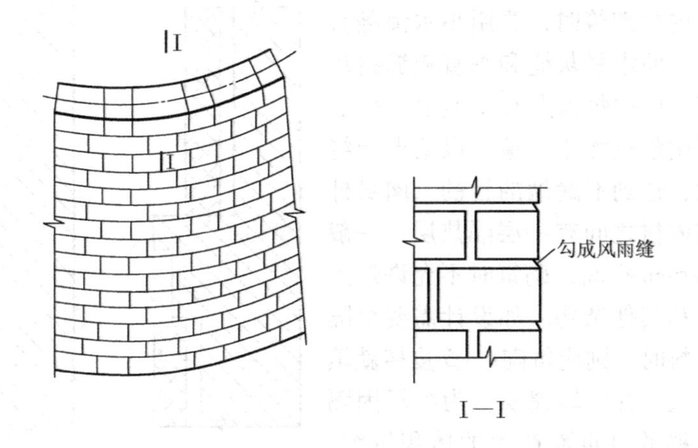

图 10-8　风雨缝的形式示意图

(2) 顶部收口　囱壁顶部应向外壁外侧挑砖形成出檐，一般挑出三皮砖约18cm，挑出部分砂浆要饱满，完工后顶面应用1∶3水泥砂浆抹成排水坡。

(3) 放置囱身附件　砌入囱身的铁活附件，均须事先涂刷防锈漆，按设计位置预埋牢固，不得遗漏。上人的爬梯铁蹬应埋入壁内最少24cm，并应用砂浆窝砌结实。环向铁箍应按设计要求安装，螺钉拧紧后，应将外露钉口凿毛，防止螺母松脱，每个铁箍的接头应上下错开。上部有铁休息平台的，应按图安装，用C20以上混凝土浇筑牢固，砌时应按图在铁脚埋入位置留出混凝土浇筑范围。地震设防在烟囱内加设的纵向及环向抗震钢筋，砌筑时必须按图样要求认真埋放，所有外露铁件均要在防锈漆外再刷二度调和漆完成施工。

5. 烟囱内衬的砌筑

砖烟囱的内衬一般随外壁同时砌筑，内衬的厚度依烟气温度高低而定。内衬壁厚为1/2砖时可用顺砖砌筑，互相咬1/2砖。用粘土砖作内衬时，灰缝的厚度不大于8mm，耐火砖做内衬时，灰缝厚度不大于4mm。随砌随刮去挤出的舌头灰。为了内衬的稳定，在砌筑时应在每隔1m的周长和1m的高度上，砌一块丁砖顶在外壁上形成梅花形支点，使之稳固。

内衬砌筑时，要用小木锤敲打砖块，使水平灰缝和垂直灰缝挤压密实。内衬每砌高1m，应在内侧表面满刷耐火泥浆一遍，以堵严灰缝缝隙，达到不漏烟的目的，囱身外壁和内衬之间有一层隔热层，一般留出6cm空间，砌筑时不允许落入砂浆和其他杂物。如设计需要填隔热材料时，则应每砌4～5皮砖就填充一次，并轻轻捣实。为减轻因隔热材料的自重而产生的体积沉缩，防止隔热效果降低，一般在内衬高度上每隔2～2.5m砌一圈减荷带。

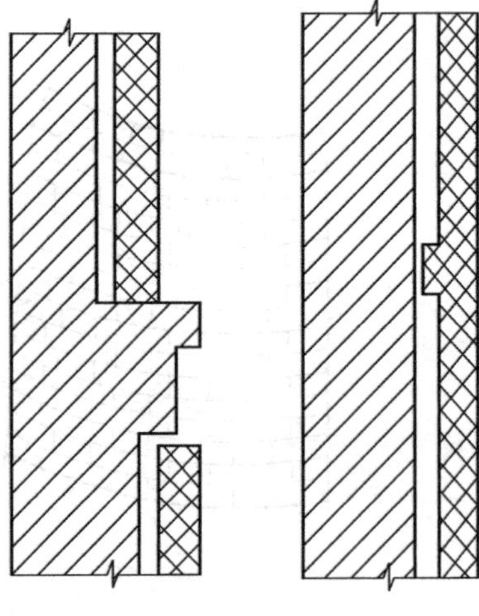

图10-9　内衬顶挑砖檐和减荷带示意图

当内衬砌到顶面时，或外壁厚度减薄时，外壁应砌出向内挑的砖檐，挡住隔热层上口，避免烟尘落入其内，如图10-9所示。

6. 烟道的砌筑

烟道同样是排除炉灶烟气的构筑物，它在施工砌筑时应注意以下步骤：烟道应在烟囱及炉灶施工完后再施工，这样在两端较庞大的构筑物沉降稳定后砌筑，可以减少相互间沉降错位。砌筑前应根据图样把烟道的底板混凝土浇灌好，在底板硬化后将烟道的外墙壁、内衬墙、隔热层空隙放好墨线，以备砌筑。

有时还可以利用烟道后砌来调整炉灶和烟囱间距离在尺寸上的偏差。一般砌筑先根据在烟道垫层上放的线和弹出外壁及内衬的墨线排砖，排砖时烟道两端（即与炉窑一端和与烟囱一端的接头处）要留出3cm的变形缝。烟道砌筑时，外壁和内衬应同时进行，并要立皮数杆控制高度。当砌到烟道墙的顶部时，凡是拱碹做顶的应将拱脚处的砖面砍出斜面，留置拱脚，砌时防止灰浆杂物落入隔热层缝隙中。随后在烟囱内支撑拱顶模架，经检查无误后可开始发碹砌筑拱顶。砌拱顶时，应先砌内衬耐火砖的拱顶，砌好后，再在其顶上填放两层草帘并稍加砂浆抹平约厚6cm，作为外壁拱顶的底模，最后在炉灶使用时高温烟气可以使草帘燃成灰烬，形成一个空腔隔热带。烟道砌法和筒拱一样，砌好后可灌浆刮平，保证灰缝严密不漏气，砌时内衬灰缝不大于4mm，外壁灰缝控制在10mm左右，待砂浆强度足够后拆除内部胎膜。胎膜拆除后可在烟道内的底面铺砌底部耐火砖，其厚度一般为半砖，错开1/2砖咬合，铺砌好后刮平扫浆，使灰缝严密。最后在两端沉降缝处要用石棉绳堵塞密实，再用耐火砂浆勾缝抹平。

第四节　水塔的砌筑

一、水塔砌筑的工艺顺序

准备工作→排砖摆底→砌筑基础→检查校核→砌筑塔身（包括洞口留设、铁件安装）→勾缝结束。

二、水塔砌筑的操作要点

1. 施工准备

首先要熟悉图样，因砖砌水塔墙体比一般砖墙复杂些，施工前应认真阅读图样，弄清水塔各部位的构造及施工要求，如基础的埋置深度、基础大放脚的断面尺寸和收退情况、塔身沿高度按厚度是否有不同或分成的段数以及每段塔身高度和壁厚情况，同时还应弄清塔身底部附属设施房间或小建筑物入口及窗洞口的部位和留置尺寸，弄清附属设施（如铁爬梯、护身环、休息平台、避雷针、信号灯等）埋设要求和留置部位。

其次对前道工序进行验收。如检查基础的尺寸和标高是否正确，中心位置有无差错，大放脚墨斗线是否完全和清晰，必要时应根据龙门板基准线检查基础弹线的准确程度。在确保放线位置无误后才能砌筑。

2. 工具准备

水塔筒身和砌烟囱应准备的工具基本相同，详细内容参看第三节。

3. 基础砌筑

基础排砖摆底前先根据大放脚底标高位置检查基底标高是否准确，如需要做找平的，则应要求找平到皮数杆第一皮整砖以下，找平厚度大于20mm时，应用C20细石混凝土找平，厚度小于20mm的，可用1∶2水泥砂浆找平，基底找平后应浇水湿润，然后才可进行下一步施工。

（1）定位找中　在水塔基础垫层及钢筋混凝土底板施工完成后，经过施工测量在底板上放出中心十字线，并安置好中心桩（桩中心点用小钉钉上），并根据中心桩放出砖基础边线，作为砖瓦工砌筑的依据。在准备工作时也可以利用水塔定位时的龙门桩中心，用细麻线崩紧拉垂直相交线，检查水塔中心点是否符合、基础边线是否准确，同时还要检查基础皮数杆的标高与龙门板是否符合，随后开始排砖摆底，进行砌筑。

（2）排砖摆底　开始砌筑时应在圆周上摆砖，采用丁砌法砌筑排列，摆砖合适之后，方可正式砌砖。排砖的立缝控制在：内圈缝不小于5mm，外圈缝不大于12mm。

（3）基础的砌筑　基础大放脚沿圆圈向中心收退，退到基础部分的水塔壁厚时，要根据中心桩检查一次基础环墙的中心线是否准确，找准后再砌基础部分的水塔壁。基础水塔壁呈圆筒形，一般不设收分坡度，可以用普通托线板检查垂直度，砌筑高度按皮数杆而定。为了便于掌握砌筑标高，皮数杆可埋入内侧基础大放脚内，砌筑时应保持皮数杆垂直，做到随时校对皮数，复核标高。

（4）质量自检　基础砌完后要进行垂直度和水平标高、中心偏差、圆周尺寸（圆度）、上口水平等全面检查。合格后抹好防潮层，在水塔壁上放出水平标高线，就可以砌筑基础以上的塔身了。

4. 水塔筒身的砌筑

砌筑要点与囱身基本相同，其不同点是水塔筒身为中空圆柱体。在砌筑前要先看图样了解其高度、直径、内部构造（如有几层平台），记住使用砖的要求、砂浆强度的要求，检查基础（一般为钢筋混凝土基础）的直径、标高埋深等与图样是否相符，中心位置是否定好，才能准备砖、砂浆等材料。砌时对中心垂直度的检查和圆度的检查均同烟囱，只是没有收分，砌筑比较简单，使用的十字杠外径尺寸不变，但砌时要对中并用轮圆杆检查圆度，筒身的高度也可用钢卷尺从底下定的控制标高线往上量取检查。而外壁垂直平整只需用普通2m托线板检查。和圆烟囱一样，每砌一步架高可以移动一个位置，使筒身达到平直上升。同时每砌高一步架应进行一次对中、直径、圆度、标高、平整度的检查，同时还要用钢卷尺检查十皮砖的厚度是否与交底要求相符，防止水平灰缝过厚或过薄。操作时也要人员相对固定，每上升一步架转换一个位置，应注意的是筒身必须上下相隔的竖缝在一条线上，所以必须进行排砖，砖缝必须按规范规定控制，必要时可以先制作些楔体砖。排砖定好后，砖形一直到顶不会变化，丁头缝位置要定好，防止游丁走缝。筒身随砌随刮灰缝，并勾成风雨缝。由于筒身内有泵房等设施，在外壁上必然有门、窗洞口的留设，预留门窗洞口时，应做到两边垂直，不要留成喇叭形，以免使门窗安装产生困难。此外在砌到工作平台或泵房平台时，要检查标高尺寸是否符合，平台现浇钢筋混凝土板四周和筒身要整体连接。顶部水箱和砌体的连接钢筋，应按图样认真地砌在砌体中，以保证水箱和筒身的牢固连接。筒身上的附属设施，如铁爬梯、避雷针的引线、水管支架等均按图样要求准确砌入筒身。

第五节　烟囱、烟道和水塔砌筑的质量标准和应预控的质量问题

一、烟囱、烟道砌筑的质量标准

1）砖、耐火砖的品种、强度必须符合设计要求。

2）砂浆、耐火砖泥浆的品种必须符合设计要求，试块强度必须合格。

3）砌体砂浆必须密实饱满，水平灰缝的砂浆饱满度应不小于95%。

4）囱壁不留直槎。

5）砌体上下错缝应符合以下规定：囱外壁组砌合理，无同心环的竖向重缝，墙面无通缝。

6）预埋拉结筋应符合以下规定：数量、搭接长度应符合设计要求和施工规范规定，留置间距偏差不超过1皮砖。

7）囱身外壁应符合以下规定：组砌准确，勾缝深度适宜一致，棱角整齐，墙面清洁美观。

8）囱身附件的留设准确牢固；基础和囱身实际位置和尺寸的允许偏差见表10-1、10-2、10-3。

表10-1　基础允许偏差

项次	偏差名称	允许偏差数值/mm
1	基础中心点对设计坐标的位移	15
2	基础环壁的厚度	20
3	基础环壁的内半径	杯口内径1%，且最大不超过40
4	基础环壁内半径局部凹凸（沿半径方向）	杯口内径1%，且最大不超过40
5	基础底板的外半径	外半径1%，且最大不超过50
6	基础底板的厚度	20

表 10-2　砖烟囱筒壁砌体尺寸的允许偏差

项次	偏差名称	允许偏差值/mm
1	筒壁高度	筒壁全高的 0.15%
2	筒壁任何截面上的半径	该截面筒壁的 1%，且不超过 30
3	筒壁内外表面的局部凹凸不平（沿半径方向）	该截面筒壁的 1%，且不超过 30
4	烟道口的中心线	15
5	烟道口的标高	20
6	烟道口的宽度 高度	−20 +30

表 10-3　砖烟囱中心线垂直度的允许偏差

项次	筒壁标高	允许偏差值/mm
1	≤20	35
2	40	50
3	60	65
4	80	75
5	100	85

二、水塔砌筑的质量标准

水塔砌筑的标准参看烟囱要求即可。

三、烟囱、烟道和水塔砌筑应预控的质量问题

1. 砌筑烟囱中要防止的质量问题

（1）灰浆饱满度达不到 80% 以上　产生原因是砖没有提前浇水，砂浆稠度不适当，主要的是操作手法没有采用挤浆的“三一”操作法。克服的办法是常温施工砖要提前 1～2d 浇水润湿；砂浆稠度要根据天气情况适时调整；最主要的是操作上要满铺满挤认真注意，自我勤检查，防止疏忽，做到饱满度 95% 以上。

（2）灰浆杂物落入隔热层　主要原因是操作人员思想上不认真、不重视，认为掉点灰砂不可避免。要防止这种现象首先要思想重视，此外砌内衬时要采用披灰法，减少和防止满铺灰而掉入隔热层。砌前应把外壁的舌头灰刮净，刮灰时隔热层上口要用板挡住，使刮下的灰落在板上清理掉。

（3）外壁竖向砖缝过大　按照《烟囱工程施工及验收规范》规定检查，砖烟囱砌体垂直缝的宽度超过标准规定多于50%时，均属竖向砖缝过大。它不但影响烟囱外观，更主要的是降低烟囱的总体质量。产生的原因是：施工操作者违反操作规程，不进行排砖；不按规定加工应有的楔形砖；或采用不符合质量标准的砖砌筑烟囱。预防的方法是：选用符合质量标准和外观规格的砖来砌烟囱；加工楔形砖必须做样板用锯砖机加工；在砌筑过程中经常注意对砌筑质量进行检查，发现问题及时纠正。

（4）囱身产生竖向裂缝　竖向裂缝的产生往往出现在烟囱使用前预热烘烤之后。一般可见3～4条，缝宽1～3mm，长度可达数米。开裂可以是竖向锯齿形裂缝或通长开裂缝。产生的原因有砖和水泥等材质问题；有施工中操作人员忽视对砖浇水及砂浆饱满度差等施工原因；再有是因烟囱砌完后含水分尚多，烘烤时升温、降温速度过快，温控存在问题；还有是隔热层掉入砂浆杂物使空间堵塞，烘烤时内衬热胀带动杂物热胀挤裂外壁等因素。防止这个问题的办法是：烘烤时控制升降温度的速度，要求做到升温平均每小时11～14℃，降温每小时不超过50℃，待降温到100℃时，要把烟道口用砖堵死，防止冷风吹入，引起砌体急剧变形而产生裂缝；其次是操作人员必须严格遵守操作规程，确保砌体质量；其他如防止砂浆和杂物落入隔热层，把好材料质量关，做到砂浆饱满度达到80%以上，防止裂缝发生。

2. 砌筑水塔中要防止的质量问题

砌筑砖水塔筒身与砌烟囱相仿，其有利的地方是水塔筒身不用收分，砌筑比较简单。使用的十字杠外径尺寸是不变的。砌时只要对中检查并用轮圆杆检查圆度，而不必考虑收分尺寸与高度的关系。外壁的垂直平整度只要用普通托线板检查。筒身的高度也是用钢卷

尺从底下定的控制标高线往上量取检查，在砌筑中应注意防止以下常见问题：

（1）水塔标高和位置不正确　产生的原因是没有认真看图和检查已完成的部分，砌筑时完全按个人经验进行。避免的方法很简单，要先仔细阅看图样熟悉其高度、直径、内部构造（如有几层平台），记住使用砖的强度要求、砂浆强度要求。检查基础（一般为钢筋混凝土基础）的直径、标高埋深与图样是否符合，中心位置是否定好等。然后才能准备砖、砂浆等材料。

（2）砌出的筒身游丁走缝，排列无规则、不美观　产生的主要原因是砌筑前没进行排砖，还有可能是工人操作时检查不够和个人水平不高。要防止这种现象发生，砌筑前必须进行排砖，砖缝必须按规范规定控制，必要时可以先制作些模形砖。排砖定好后，砖形一直到顶不会变化，丁头缝位置定好以后，砌时要做到上下一致，同时要求砌筑的工人一定要有此类砌体的操作经验。

（3）筒身不平直，灰缝不均匀　产生的原因是脚手架高度不够时还勉强砌筑，同时检查不够。要避免这种情况，砌筑人员也要与烟囱砌筑一样，每砌高一步架可以移动一个位置，使筒身达到平直上升。同时也要进行一次对中、直径、圆度、标高、平整度的检查，还要用钢卷尺检查十皮砖厚度是否与交底要求符合，防止水平灰缝过厚或过薄。

（4）忘记预留洞口或预留的洞口无法安装门窗框　产生的原因是洞口两边不平行，留成喇叭形而使门窗安装发生困难。克服此类问题产生要做到：一旦砌筑这种类型的筒身时，就要意识到筒身内有泵房等设施，在外壁上必然有门、窗洞口。同时筒体是圆形的且有厚度，而门窗框是方形的，所以预留门窗洞口时，应做到洞口边两面平行，不要留成喇叭形而使门窗安装发生困难。此外，砌到工作平台或泵房平台时，要检查标高尺寸是否符合，平台现浇钢筋混凝土板四周和筒身要整体连接。

（5）筒身上的附属构件完成后不合格　在筒身上的附属设施，如铁爬梯、避雷针的引线、水管支架等在完成后成了摆设，使用起来达不到要求甚至不能用。产生的原因是没有认真按图样要求选构件和制作构件，材料不认真挑选，即使是合格的材料在制作过程中马马虎虎，思想上麻痹大意，认为这些小附属东西不重要，只要砌好筒身就万事大吉，还有构件放置的位置也不准确，埋入牢固性差。克服此缺点一点都不难，牢固树立按图施工、按规范施工的观念，筒身的质量重要，附属设施同样也重要，如爬梯不牢可能直接威胁以后检查人员生命安全，退一步说即使安装是牢固的，但位置偏差大，又会给检查人员上下行动带来极大的不方便；认真按图样上的说明要求核对构件的材料，形状和在筒身上分布以及防腐等方面事项。

（6）勾缝错误　砖缝没勾成风雨缝形式，原因是工人习惯成自然，按普通砖墙的缝形式来勾筒身缝。克服此问题的要点是：砌筑前由技术人员对班长和操作工人进行勾缝的技术交底，强调是勾风雨缝而不是其他墙体的平缝、凹缝等，要随砌随刮灰缝。同时在施工的前 3d 加强检查，让工人养成习惯后就不会有此质量问题发生了。

第六节　烟囱、烟道和水塔砌筑的安全要求

在砌筑烟囱、烟道和水塔时要注意以下安全事项：

1）脚手架上堆料必须按安全规定每平方米不得超过 270kg，砖块必须码放整齐，防止下落伤人。

2）竖向垂直运输不能超载，使用井架、吊篮要有安全保险装置，井架严禁坐人上下。

3）冬期施工有霜、雪时，应先扫干净后上脚手架操作。

4）烟囱四周 10m 范围应设置护栏，防止闲人进入，进料口要搭防护棚，高度超过 4m 后烟囱四周要支搭安全网。

5）施工中遇到恶劣天气或 5 级以上大风，烟囱应暂停施工，大风大雨后先要检查架子是否安全，然后才能作业。

6）有心脏病、高血压、癫痫病的人员不能从事烟囱和水塔的砌筑。

第七节　烟囱、烟道和水塔砌筑的技能训练

• 训练1　烟囱、烟道的砌筑

1. 训练内容

按实训场地提供的图样比例砌筑一烟囱和烟道，注意砌筑过程中囱身收坡的控制和烟囱位置点的控制，砖头的加工由学员自己进行。在砌筑烟道时注意其与烟囱间的变形缝处理。

2. 基本训练项目

（1）砌筑准备

1）工具准备：瓦刀、大铲、平锹、刨锛、灰板、灰桶、溜子及质量检测工具钢卷尺、托线板、2%收分托线板（要学员自制）、5kg大线锤、铁水平尺、十字杠和轮圆杆、锯砖用砂轮机。

2）材料准备：普通粘土砖MU10，为优等品；强度等级为M5水泥混合砂浆（一般顶端范围要用M7.5以上砂浆，本次不计）；标准耐火砖250mm×123mm×60mm，异形耐火砖学员自己加工；珍珠岩隔热料；耐火生粘土，耐火熟粘土；水泥。

3）技术准备：按照提供的图样，弄清各构造的施工要求，主要看基础大放脚断面、烟囱厚、烟道入口和出灰口的位置尺寸、附属设施的节点图；同时对上道工序检查中心位置、大放脚墨线等是否正确。

（2）烟囱的砌筑

1）基础砌筑：用丁砖排砌，竖缝内圈为5mm，外圈为10mm，安置好中心桩，桩顶中心钉一个钉更保证准确，放出基础边线后沿圆圈向中心收退砌筑，基础不收退，随砌随用皮数杆和托线板检查。

2）烟囱身砌筑：基础上口排砖时可不考虑基础砖缝的影响，立缝里口不小于5mm，外缝口不大于15mm。水平缝10mm，环向错缝1/2砖，放射缝错1/4砖，先砌外圈后砌里圈，每步架高要顺时针和逆时针交错进行砌筑，依据十字杠和轮圆杆、收分托线板控制垂直度和收分坡度，顶部挑出三皮砖厚180mm，完工后抹砂浆成排水坡，放置的铁件作防锈处理，埋入墙中保证一定长度。

3）内衬砌筑：1/2耐火砖内衬顺砖砌，灰缝不大于4mm，注意与外壁间支点布置，同时与外壁间的隔热层每砌5皮砖填塞一次，要轻轻捣实。

4）烟道砌筑：烟道内外壁同时进行砌筑，拱顶发碹从拱脚处进行砖处理，拱顶先砌耐火砖后放草帘，再薄抹一层砂浆，砌外拱。底部耐火砖铺砌厚度为半砖，错缝1/2砖，铺好后刮浆，保证灰缝严密，填塞变形缝，耐火砂浆勾缝。烟道与烟囱间留变形缝30mm。

3. 训练注意事项

1）基础要检查垂直度、水平标高、圆度。

2）烟囱身每天的砌筑高度不宜超高，每步架检查一次中心点、标高垂直度等。

3）烟道入口的两侧砖垛的砖层在同一标高上，清灰散热口留60mm×60mm的孔洞。

4）必须注意在烟囱砌筑时高空作业的安全和临时脚手架的安全。

训练2　水塔的砌筑

1. 训练内容

按实训场地提供的图样比例砌筑圆形水塔。

2. 基本训练项目

（1）砌筑准备

1）工具准备：瓦刀、大铲、平锹、刨锛、灰板、灰桶、溜子及质量检测工具钢卷尺、托线板、线锤、铁水平尺、十字杠和轮圆杆、锯砖用砂轮机。

2）材料准备：普通粘土砖MU10，为优等品；强度等级为M5水泥混合砂浆；异形砖学员自己加工；水泥；中砂。

3）技术准备：按照提供的图样，弄清各构造的施工要求，要求与烟囱相同。

（2）水塔的砌筑　水塔砌筑和烟囱基本一样，但由于筒身不需收分，比烟囱要简单，其他就是要注意筒身内设有泵房，对预留的

门窗洞口砌筑仔细，还有在工作平台处查看标高尺寸。其余同烟囱。

3. 训练注意事项

同烟囱，不再重复。

复习思考题

1. 烟囱、水塔的构造有哪些内容？
2. 砌筑烟囱、烟道一般要掌握的要点有哪些？
3. 水塔砌筑时的工艺要点是什么？
4. 烟囱、水塔砌筑施工时应注意的质量问题有几方面？
5. 烟囱、水塔砌筑施工时应注意哪些安全问题？
6. 叙述一下烟囱施工图的放样过程。

试　题　库

知识要求试题

一、判断题（对画√，错画×）

1. 人可以对所提物品作用一个力，而物品则不会给我们一个反力。（　）
2. 可以把几个力合成一个力，同理一个力也可以分解成几个分力。（　）
3. 用扳手和撬棍来工作感觉省力是力矩原理的作用。（　）
4. 力矩和力偶在概念上意思是相同的。（　）
5. 房屋的外墙、楼板、室内的家具，施工的材料都属于静荷载。（　）
6. 楼房入口雨篷的根部在力学中一般看作固定端支座。（　）
7. 楼房的砖柱中只有压应力，不会有拉应力。（　）
8. 砖砌体门窗洞口上做过梁主要是为了抵抗拉应力。（　）
9. 受水平荷载作用的简支梁内的主筋位置在下部。（　）
10. 雨篷板等悬挑构件的主筋位置在上部。（　）
11. 雨篷板等悬挑构件的最大弯矩发生在构件悬挑顶端。（　）
12. 固定铰支座不能移动，但可以绕铰点转动。（　）
13. 有水平均布荷载作用简支梁的最大剪力发生在两端，最大弯

矩发生在中间部位。（ ）

14. 砌体结构的特点就是具有很好的抗压性能，而不具有抗拉性能和抗剪性能。（ ）

15. 在拱结构中，拱脚处要做好抵抗水平推力的结构措施。（ ）

16. 楼板一般也是在下部产生拉力，所以主钢筋常放置在下面。（ ）

17. 砖的强度大，所砌成砌体的受压强度也大。（ ）

18. 提高砌体受压强度只能通过提高砂浆的强度来获得。（ ）

19. 房屋建筑中的抗震裂度大小就是指地震时震级的大小。（ ）

20. 凡是有抗震设防的房屋建筑在地震时都不会破坏。（ ）

21. 对抗震有利的房屋建筑应建在地基好、地势平坦的均质土层上。（ ）

22. 地震只对高层建筑有破坏作用，平房和多层房屋就很安全。（ ）

23. 像水塔之类头重脚轻的建筑物，从抗震角度来说是不利的。（ ）

24. 砖石房屋中的构造柱截面一般不小于240mm×180mm。（ ）

25. 构造柱与墙体要有拉结筋，一般用ϕ6压入每边1000mm即可。（ ）

26. 圈梁与构造柱要相互连接，以加强房屋的整体性。（ ）

27. 圈梁截面的高度一般不小于120mm。（ ）

28. 圈梁中可以不设置钢筋，只要圈梁沿墙顶做成连续封闭的形式即可。（ ）

29. 构造柱中的四根主筋一般采用ϕ12以上。（ ）

30. 构造柱处的砖墙大马牙槎的砌筑方法从墙跟开始应为“先进后退”。（ ）

31. 施工班组人员进行工料分析时应套用的是预算定额，而不是

施工定额。 （ ）

32. 在砖砌体工程量计算中，常说的“三七墙”厚度取值应为365mm。 （ ）

33. 砖砌体房屋一般外墙长度按外墙中心线计算，内墙按内墙净长度计算。 （ ）

34. 砖砌体楼房中各层用的砖强度等级相同，砂浆强度等级不同，工程量可以合计。 （ ）

35. 水准仪可用来测量房屋的标高，同时还能测量水平角度和垂直角度。 （ ）

36. 水准仪是精密测量工具，所以测视出的结果不会有误差的，不能修正。 （ ）

37. 基础施工时，要经常检查边坡情况，防止发生裂缝和滑坡等现象。 （ ）

38. 视平线是否水平可以根据水准管的气泡是否居中来判断。 （ ）

39. 固定支座只能承受水平力，不能承受垂直力。 （ ）

40. 空斗墙作填充墙时，与混凝土柱墙连接拉筋处要砌成空心墙。 （ ）

41. 砖面层用沥青玛琋脂结合时，基层要刷冷底子油，砖块最好应预热。 （ ）

42. 受冻而风化的石灰膏重新拌制后可以使用。 （ ）

43. 为节省材料砌空斗墙时可用单排脚手架。 （ ）

44. 增加砂浆的强度和提高砌筑质量都能提高砌体的抗剪性能。 （ ）

45. 空斗墙及空心砖墙在门窗洞口两侧500mm范围内要砌成实心墙。 （ ）

46. 砖柱排砖时应使砖柱上下皮砖的竖缝相互错开1/2砖或1/4砖长。砌筑多跨连续单曲拱屋面时，可施工完一跨后再施工另一跨。 （ ）

47. 在冬季施工中，砂浆被冻，可用高温的热水重新搅拌后使用。 （ ）

48. 用抗震缝将房屋分成若干体型简单的单元，对抗震是有利的。（　）

49. 等高式砖砌大放脚就是每皮一收，每次收进1/4砖长。（　）

50. 砌筑空斗墙和空心墙，不可在墙上留脚手眼。（　）

51. 雨季施工时，在完工的墙上盖一层干砖是为下次排砖摆底而进行的。（　）

52. 冬季施工中抗冻砂浆可用食盐作外加剂拌入砂浆中。（　）

53. 后视读数比前视读数大时，说明在实际地面上前视点比后视点高。（　）

54. 外墙转角处严禁留直槎。（　）

55. 毛石墙的上下拉结石应呈梅花状错开，防止砌成夹心墙。（　）

56. 水泥是一种气硬性胶凝材料。（　）

57. 筒瓦屋面铺设时，要求瓦面上下搭接2/3。（　）

58. 台阶式毛石基础每阶高度一般为300～400mm，宽度一般不应大于200mm。（　）

59. 拉结石一般应贯通墙厚压住内外皮毛石，上下层呈梅花状布置。（　）

60. 毛石基础墙身最上一皮应选用较为直长表面平整的毛石为顶砌块。（　）

61. 砖基础大放脚两边收退尺寸的确定，既可用尺量也可用目测和砖比量。（　）

62. 在基槽施工时，基槽外侧1m以内严禁堆放物品。（　）

63. 耐火泥浆调制完毕后感觉太稠可在加入一些水重新调和。（　）

64. 筒拱施工人员传砖时，要搭设脚手架，站人的脚手板宽度不应小于20mm。（　）

65. 工业拱形炉顶砌筑跨度大于6m时，要加5块锁砖，中间一块其余两侧均匀布置。（　）

66. 囱外壁砌筑时，环向竖缝应错开1/4砖。（ ）

67. 检验圆水准器的目的是检查圆水准器轴是否平行于视平线。（ ）

68. 掺食盐的抗冻砂浆比掺氯化钙的抗冻砂浆强度增长快。（ ）

69. 限额领料是材料使用中有效的管理手段，是减少损耗、降低成本的有效措施。（ ）

70. 烟囱的施工图一般都算是较复杂的施工图。（ ）

71. 铺筑筒瓦时，工序次序应为先筑脊后铺瓦。（ ）

72. 铺筒瓦时上底瓦压搭下底瓦约30mm，底瓦间边棱净距约为60mm。（ ）

73. 基础正墙身首层砖要用丁砖排砌，并保证与下部大放脚错缝搭砌。（ ）

74. 砌空斗墙时必须用双排脚手架。（ ）

75. 砖拱砌筑时，拱座下砖墙砂浆强度应达到50%以上。（ ）

76. 砌体的剪切破坏，主要与砂浆强度和饱满度有直接关系。（ ）

77. 钝角墙体（八字角）在墙角处采用“外七分头”，锐角墙角处用“内七分头”（ ）

78. 砖拱上口灰浆强度偏低主要是完成后养护不好，造成表面脱水。（ ）

79. 铺砌砖地面时，常说的砂浆配合比1∶2.5是指体积比。（ ）

80. 筒瓦铺筑时的檐口第一张瓦伸出封檐板一般在50～60mm之间。（ ）

81. 铺乱石路面一般用干硬性水泥砂浆。（ ）

82. 工业炉灶先砌炉底后砌墙，炉墙把炉底压住不能任意改拆的为死底。（ ）

83. 屋面瓦片脱落一般原因多是檐口瓦未按规定抬高所致。（ ）

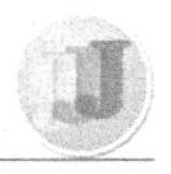

84. 烟囱每天砌筑的高度过高会因灰缝变形而引起自身的偏差。 ( )

85. 将轴线引测到基槽边壁后就可以拆除龙门板。 ( )

86. 任何构件不仅要满足强度要求，还要满足刚度要求。 ( )

87. 板块地面的面层表面色泽应均匀，无裂纹掉角和缺棱等质量缺陷。 ( )

88. 遇到5级以上大风烟囱要停止施工，大雨后还应检查架子是否安全。 ( )

89. 砖基础最后一皮砖以砌成丁砖为好。 ( )

90. 三层房屋外墙底层窗台标高处可以砌成空心墙。 ( )

91. 砖柱排砖时应使砖柱上下皮砖的竖缝相互错开1/2或1/4砖长。 ( )

92. 预制混凝土块路面铺设完后不允许任何地方有一点轻微松动，必须全部稳固。 ( )

93. 一般情况下椽子与每个檩条交接处都要用钉子钉牢固。 ( )

94. 砌炉灶时放炉栅和留进风槽，最基本的要求是能使炉火保持在锅底中心。 ( )

95. 烟囱外壁一般要求有2%左右的收势坡度。 ( )

96. 计算工程量时，基础大放脚丁字接头处重复计算的体积要扣除。 ( )

97. 施工人员可以从较缓的边坡处上下进入基槽内砌毛石基础。 ( )

98. 空斗墙操作时在门窗洞口两侧240mm范围内砌成实心墙。 ( )

99. 铺筑地面用的干硬性砂浆的现场判别为用手握成团、落地开花为准。 ( )

100. 筒拱模架拆除时应先降100～200mm左右，检查观察无异常才能继续落模。 ( )

101. 烟囱四周4m范围内应设置护栏，高度超过10m后烟囱四

周要支搭安全网。( )

102. 拱砌体在冬期施工时，不能采用冻结法施工。 ( )

103. 墙体在房屋建筑中有承重作用、分隔作用和围护作用。 ( )

104. 力的三要素是力的大小、方向和作用线。 ( )

105. 砌体承重砖的强度等级是由抗压强度和抗折强度两方面决定的。 ( )

106. 清水平碹要求砖的排列数为单数。 ( )

107. 砌筑一排清水砖柱时应先砌两端柱后拉通线砌中间柱。 ( )

108. 一般在脚手架上堆砖不超过三码。 ( )

109. 龙门板是在基槽开挖时标出基槽宽度和中心线的木板桩。 ( )

110. 砌拱用的砖最好在使用前1~2d浇水润湿，稍微阴干后再用。 ( )

111. 砂浆强度试块的大小是150mm×150mm×150mm。 ( )

112. 用后视读数减去前视读数如果相减的结果为正，则前视点比后视点高。 ( )

113. 向基坑内运送石料时，要让下面的人注意一下，然后向下抛掷。 ( )

114. 劳动定额是向班组签发施工任务书和领料的有效依据。 ( )

115. 空斗墙排砖不足整砖处要用丁砖或平砖砌筑，也可砍砖做七分头或二分头。 ( )

116. 毛石墙每天砌筑高度不得超过2.0m，以免砂浆没有凝固造成墙体鼓肚和坍塌。 ( )

117. 在铺设缸砖地面时必须做垫层，其他面层砖可做可不做。 ( )

118. 乱石路面铺设完毕后也得浇水养护，至少3d后才可上人。 ( )

119. 烟囱中内衬和外壁的隔热层空隙宽约60mm，中间必须填

隔热材料不能空着。 (　　)

120. 做瓦屋面时脚手架要稳固，高度至少和屋檐齐平并做好围护。 (　　)

二、选择题（将正确答案的序号填入括号中）

1. 外伸雨篷与墙的连接是(　　)。
A. 滚动铰支座　　B. 固定铰支座
C. 固定端支座　　D. 简支支座

2. 可以增加房屋竖向整体刚度的是(　　)。
A. 圈梁　B. 构造柱　C. 支撑杆件　D. 框架结构柱

3. 当房屋有抗震要求时，在墙体中设置水平拉结钢筋的高度间隔一般为(　　)。
A. 300mm　B. 500mm　C. 1000mm　D. 1200mm

4. 砖基础正墙最后一皮砖要求用(　　)排砌。
A. 条砖　　B. 丁砖
C. 丁条混砌　　D. 可丁砌也可条砌

5. 6m 清水墙角如第一皮砖灰缝过大，应用(　　)细石混凝土找平至皮数杆吻合位置。
A. C10　B. C15　C. C20　D. C25

6. 砌筑弧形墙时对砖缝要求是(　　)。
A. 不小于7mm，不大于12mm
B. 不小于8mm，不大于12mm
C. 不小于7mm，不大于10mm
D. 不小于6mm，不大于15mm

7. 筒拱模板安装尺寸允许偏差竖向不超过拱高的(　　)。
A. 1/10　B. 1/20　C. 1/100　D. 1/200

8. 烟囱每天的砌筑高度由气温和砂浆的硬化程度决定，一般每天不宜超过(　　)。
A. 1.0m　B. 1.8m　C. 2.4m　D. 3.0m

9. 施工中遇到恶劣的天气或(　　)以上的大风烟囱要暂停施工。

A. 3 级　　B. 5 级　　C. 6 级　　D. 7 级

10. 砖拱落模架时应先落(　　)检查无异常后才可继续拆落。

A. 150mm 左右　　B. 300mm 左右

C. 500mm 左右　　D. 800mm 左右

11. 构造柱与圈梁交接处箍筋加密正确说法是(　　)。

A. 范围不小于 1/6 层高或 450mm

B. 范围不小于 1/4 层高或 450mm

C. 范围不小于 1/6 层高或 1000mm

D. 范围不小于 1/3 层高或 1000mm

12. 毛石墙每一层水平方向(　　)间距左右放一块拉结石。

A. 1.0m　　B. 1.8m　　C. 2.4m　　D. 0.5m

13. 单曲砖拱与房屋前后檐相接处应留出(　　)伸缩缝的空隙。

A. 25mm 左右　　B. 50mm 左右

C. 75mm 左右　　D. 5mm 左右

14. 炉灶的灶台部分要外挑出炉座侧壁(　　)避免炊事员脚趾碰到炉座。

A. 50mm 左右　　B. 100mm 左右

C. 200mm 左右　　D. 400mm 左右

15. 异形墙角处的错缝搭砌和交角处的错缝至少(　　)砖长。

A. 1/2　　B. 1/3　　C. 1/4　　D. 1/5

16. 构造柱断面一般不小于 180mm × 240mm，主筋一般(　　)采用以上的钢筋。

A. 4ϕ6　　B. 4ϕ12　　C. 4ϕ10　　D. 4ϕ16

17. 墙体与构造柱砌成大马牙槎，在根部的砌法是(　　)。

A. 先退后进　　B. 先进后退　　C. 踏步斜槎　　D. 平直阴槎

18. 拉结石至少要为墙厚的(　　)才能拉住内外皮石块。

A. 1/2　　B. 1/3　　C. 2/3　　D. 3/4

19. 一根钢筋混凝土梁两端放在砖柱上连接情况在力学中简化成(　　)。

A. 一端固定铰一端滚动铰的简支梁

B. 两端都是滚动铰的简支梁。

C. 一端是固定端支座一端是滚动铰支座。

D. 一端是固定端支座一端是固定铰支座。

20. 弧形外墙面竖向灰缝偏大的主要原因可能是(　　)。

A. 砂浆太干　　B. 没有加工楔体砖

C. 砂子粒径过大　　D. 游丁走缝

21. 空斗墙水平灰缝砂浆不饱满主要原因是(　　)。

A. 使用了混合砂浆　　B. 叠角过高

C. 皮数杆不直　　D. 砖没浇水

22. 砌筑用的脚手架无论是单双排，砖堆放一般不超过(　　)。

A. 两码　　B. 一码　　C. 四码　　D. 三码

23. 单曲砖拱砌筑时砖块应满面抹灰，要求灰缝(　　)。

A. 上口不超过12mm，下口5~8mm

B. 上口不超过20mm，下口5~8mm

C. 上口不超过15mm，下口不小于10mm

D. 上口不超过15~20mm，下口不小于5mm

24. 缸砖地面板块铺贴完成后，在常温下应做到(　　)。

A. 洒水养护48h，3d不上人。

B. 洒水养护24h，3d不上人。

C. 洒水养护48h，7d不上人。

D. 洒水养护24h，7d不上人。

25. 对实验室、厨房、外廊等地面适宜用面材为(　　)。

A. 水泥砖　　B. 预制混凝土板块

C. 缸砖　　D. 粘土砖

26. 瓦屋面操作时脚手架不仅应稳固还要高出屋面(　　)以上并做好围护。

A. 0.5m　　B. 1.0m　　C. 1.8m　　D. 2.0m

27. 工业锅炉采用成品耐火泥，耐火泥的最大颗粒不超过砖缝厚度(　　)。

A. 30%　　B. 40%　　C. 50%　　D. 60%

28. 工业炉灶的炉顶砌筑时，锁砖的要求是(　　)。

A. 拱顶锁砖应为单数对称于中心线布置。

B. 拱顶锁砖应为双数对称于中心线布置。

C. 拱顶锁砖应为一块在中心线布置。

D. 拱顶锁砖应为两块对称于中心线布置。

29. 烟囱砌筑时，为了内衬稳定，(　　)砌丁砖形成梅花支点。

A. 每隔 0.5m 周长和 1m 的高度。

B. 每隔 1m 周长和 0.5m 的高度。

C. 每隔 0.5m 周长和 0.5m 的高度

D. 每隔 1m 周长和 1m 的高度。

30. 筒瓦铺筑时，上底瓦压搭下底瓦至少(　　)，第一皮瓦出檐为(　　)。

A. 50mm，30 ~ 50mm　　B. 30mm，50 ~ 60mm

C. 30mm，80 ~ 100mm　　D. 50mm，5 ~ 6mm

31. 砖拱砌筑砂浆应用强度等级(　　)以上和易性好的混合砂浆，流动性 5 ~ 12cm。

A. M1　　B. M5　　C. M15　　D. M2.5

32. 铺砌缸砖地面表面平整度应是(　　)。

A. 2mm　　B. 4mm　　C. 8mm　　D. 10mm

33. 砖砌筒拱结构在冬期施工时不能采用(　　)。

A. 抗冻砂浆法　　B. 冻结法

C. 蓄热法　　D. 快硬砂浆法

34. 嵌入砌体内的(　　)在计算墙体工程量时不予扣除。

A. 圈梁、过梁、钢筋、铁件和小于 0.3m^2 洞口

B. 圈梁、铁件和小于 0.5m^2 洞口

C. 钢筋、铁件和小于 0.3m^2 洞

D. 压顶、窗台线、腰线和小于 0.5m^2 洞口

35. 常说的“三七墙”计算厚度应为(　　)。

A. 360mm　　B. 365mm　　C. 370mm　　D. 375mm

36. (　　)是直接下达施工班组单位产量用工的依据。

A. 预算定额　　B. 劳动定额

C. 施工组织设计　　D. 概算定额

37. 空心砖墙面凹凸不平，主要原因是(　　)。

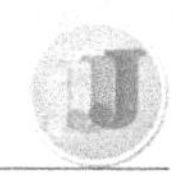

A. 墙体长度过长　　B. 拉线后没有定线
C. 砂浆太稠　　D. 砖块没浇水

38. 我国目前将地震烈度划分为(　　)。

A. 8个等级　B. 9个等级　C. 10个等级　D. 12个等级

39. 空心墙砌筑到(　　)以上高度时是砌墙最困难部分也是容易出毛病的时候。

A. 0.5m　B. 1.2m　C. 1.9m　D. 2.4m

40. 在雨期施工时，每天的砌筑高度要求不超过(　　)。

A. 1.0m　B. 1.5m　C. 2.0m　D. 2.8m

41. 基础等高式大放脚是两皮一收，每次收进(　　)。

A. 1/4砖　B. 1/2砖　C. 3/4砖　D. 1/3砖

42. 水准仪在选落点位置应做到(　　)。

A. 靠前视点近些后试点远些
B. 靠后视点近些前视点远些
C. 选在两点中间附近
D. 离开两点都远一些的地势较高处

43. 空心砖墙要求纵横墙上下皮错缝交错搭接，搭砌长度不小于(　　)。

A. 60mm　B. 80mm　C. 120mm　D. 150mm

44. 在正常条件下，班组或个人完成单位合格产品所需的工作时间叫(　　)。

A. 产量定额　B. 预算定额　C. 施工定额　D. 时间定额

45. 7度抗震时，构造柱与砖砌体之间的拉结筋放置要求为(　　)。

A. 沿高度方向不大于500mm，压入墙中不小于1000mm
B. 沿高度方向不大于500mm，压入墙中不小于500mm
C. 沿高度方向不大于1000mm，压入墙中不小于1000mm
D. 沿高度方向不大于1000mm，压入墙中不小于500mm

46. 构造柱一般设在墙角纵横墙交接处，楼梯间等部位，其断面不应小于(　　)。

A. 180mm×180mm　　B. 180mm×240mm

C. 240mm×240mm　　D. 240mm×360mm

47. 有抗震要求的房屋承重外墙尽端到门窗洞口的边最小应大于(　　)。

A. 0.5m　　B. 1.0m　　C. 1.2m　　D. 2.0m

48. 在国际单位制中，力的单位是(　　)。

A. 公斤　　B. 市斤　　C. 牛顿　　D. 吨

49. 毛石基础轴线位置偏差不超过(　　)。

A. 10mm　　B. 20mm　　C. 25mm　　D. 40mm

50. 用特制的楔体砖砌清水弧形碹时，砖的大头朝上小头朝下，此时的灰缝要求是(　　)。

A. 上口为15~20mm，下口5~8mm

B. 上口为8~10mm，下口5~8mm

C. 上口为15~20mm，下口7~13mm

D. 上下灰缝厚度一致。

51. 清水墙角与砖墙在接槎处不平整的原因是(　　)。

A. 砖的尺寸不规格　　B. 清水大角不方正

C. 灰缝厚度不一致　　D. 挂线不符合要求

52. 为加强空斗墙与空心墙的结合部位的强度，砂浆强度等级不应低于(　　)。

A. M1　　B. M5　　C. M7.5　　D. M2.5

53. 在砌筑中双排脚手架承载能力按(　　)考虑的。

A. 2700N/m^2　B. 1500N/m^2　C. 2000N/m^2　D. 1000N/m^2

54. 单曲砖拱可作为民用建筑的楼盖，在基础比较均匀土质较好的地区，跨度不宜超过(　　)。

A. 3m　　B. 4m　　C. 6m　　D. 8m

55. 砖面层铺在沥青玛瑶脂结合层上时，当环境温度低于5℃时砖要预热(　　)左右。

A. 15℃　　B. 30℃　　C. 40℃　　D. 60℃

56. 筒瓦挑出檐口不小于(　　)，底瓦下灰做足，筒瓦中也要窝填砂浆。

A. 50mm　　B. 80mm　　C. 100mm　　D. 200mm

57. 工业炉墙体上，小于450mm的孔洞，上部可用耐火砖逐层挑出过口成洞，每层挑出的尺寸不大于(　　)，直到盖过洞口为止。

A. 25mm　　B. 50mm　　C. 75mm　　D. 100mm

58. 烟囱用耐火砖做内衬时，灰缝厚度不大于(　　)。

A. 3mm　　B. 4mm　　C. 6mm　　D. 8mm

59. 当室外日平均气温连续(　　)稳定低于5℃时，作为冬期施工的开始。

A. 3d　　B. 5d　　C. 7d　　D. 14d

60. 设置钢筋混凝土构造柱的墙体，砖的强度等级不宜低于(　　)。

A. MU5　　B. MU7.5　　C. MU10　　D. MU15

61. 基础大放脚水平灰缝高低不平的原因是(　　)。

A. 砂浆不饱满　　B. 准线没收紧

C. 舌头灰没收清　　D. 砖砌前没浇水

62. 弧形碹的碹座要求垂直于碹轴线，碹座下至上(　　)砖要用以M5以上的混合砂浆砌筑。

A. 5皮　　B. 8皮　　C. 10皮　　D. 1/4跨高

63. 砌筑炉灶时，留进风槽要看附墙烟囱所处位置，如果烟囱在灶口处，则风槽应(　　)。

A. 往外留些　B. 往里留些　　C. 正中设置　　D. 靠前设置

64. 空斗墙上过梁可做成平砌式钢筋砖过梁，在非承重空斗墙上跨度不宜大于(　　)。

A. 1m　　B. 1.5m　　C. 1.75m　　D. 2.1m

65. 1/2砖厚单曲砖拱的纵向灰缝为通长直缝，横向灰缝相互错开(　　)砖长。

A. 1/2　　B. 1/4　　C. 1/3　　D. 20mm

66. 烟囱砌筑时，将普通砖加工成楔体砖后大于原砖宽的(　　)以上。

A. 1/2　　B. 1/3　　C. 2/3　　D. 3/4

67. 高温季节砖要提前浇水，以水浸入砖内周边(　　)为宜。

A. 略洒点即可　　B. 10mm

C. 20mm　　D. 50mm

68. 烟囱水塔砌筑时水平灰缝砂浆饱满度应不小于(　　)。

A. 80%　　B. 90%　　C. 95%　　D. 100%

69. 劳动定额的表示方式可分为(　　)。

A. 预算定额和施工定额　　B. 概算定额和预算定额

C. 时间定额和产量定额　　D. 预算定额和时间定额

70. 某砌体受拉力后发现有阶梯形裂缝，主要原因可能是(　　)。

A. 砂浆强度不足　　B. 砂浆和易性不好

C. 砖没浇水　　D. 砖强度不足

71. 有抗震要求的房屋预制板搁置在墙上的长度不小于(　　)。

A. 50mm　　B. 100mm　　C. 150mm　　D. 240mm

72. 由两个大小相等、方向相反、作用线平行但不重合的一对力组成的力系叫(　　)。

A. 力矩　　B. 拉力　　C. 压力　　D. 力偶

73. 悬臂雨篷板的受力主筋应放在板截面的(　　)。

A. 下部　　B. 上部

C. 中间　　D. A、B、C 三个都正确

74. 用砖石等抗压强度高的材料适合建造(　　)。

A. 刚性基础　　B. 柔性基基础

C. 满堂基础　　D. 深基础

75. 毛石基础台阶的高宽比不小于(　　)。

A. 1∶1　　B. 1∶2　　C. 1∶3　　D. 1∶4

76. 炉墙窜火的最大原因可能是(　　)。

A. 烟囱高度不够　　B. 墙体中泥浆不饱满

C. 炉底反拱不够　　D. 风道不合理

77. 毛石基础墙最上一皮砌完后，顶面一般抹 50mm 厚的(　　)细石混凝土。

A. C10　　B. C15　　C. C20　　D. C25

78. 砖基础顶面标高偏差不得超过(　　)。

A. ±5mm　　B. ±10mm　　C. ±15mm　　D. ±25mm

79. 砖拱砌筑时，拱座下砖墙砂浆强度应达到(　　)以上。

A. 25%　　B. 50%　　C. 70%　　D. 90%

80. 烟囱立缝要求是(　　)。

A. 里口不小于5mm，外口不大于15mm

B. 里口不小于3mm，外口不大于15mm

C. 里口不小于8mm，外口不大于12mm

D. 里口不小于5mm，外口不大于12mm

81. 房屋建筑的变形缝一般包含(　　)种缝的统称。

A. 2　　B. 3　　C. 4　　D. 5

82. (　　)位于房屋的最下层，是房屋地面以下的承重结构。

A. 地基　　B. 基础　　C. 构造柱　　D. 圈梁

83. 冬季施工，砂浆宜用(　　)拌制。

A. 普通硅酸盐水泥　　B. 矿渣硅酸盐水泥

C. 火山灰水泥　　D. 硅酸盐水泥

84. 毛石基础的断面形式有(　　)。

A. 阶梯形和梯形　　B. 阶梯形和矩形

C. 矩形和梯形　　D. 矩形和三角形

85. 基础各部分的形状、大小、材料、构造，埋置深度都能通过(　　)放映出来。

A. 基础平面图　　B. 总平面图

C. 基础剖面图　　D. 底层构造详图

86. 砂浆的强度等级分为(　　)个等级。

A. 4　　B. 5　　C. 6　　D. 7

87. “二四墙”的拉结筋一般用(　　)沿墙高隔500mm放一皮。

A. 2ϕ6　　B. 3ϕ6　　C. 2ϕ10　　D. 3ϕ10

88. 圈梁截面高度不应小于(　　)，配筋一般为4ϕ12。

A. 120mm　　B. 180mm　　C. 240mm　　D. 360mm

89. 水平测量时，属于操作引起的误差是(　　)。

A. 水准仪的视准轴和水准管轴不平行

B. 支架放在有震动的地方。

C. 观测时在日光强烈照射下进行的

D. 调平没调整好扶尺不直

90. 施工现场房屋定位的基本方法有(　　)种。

A. 1　　B. 2　　C. 3　　D. 4

91. 大孔空心砖墙组砌为十字缝，上下竖缝相互错开(　　)砖长。

A. 1/4　　B. 1/2　　C. 1/3　　D. 3/4

92. 检查砂浆饱满度的工具是(　　)。

A. 托线板　　B. 塞尺　　C. 百格网　　D. 水平尺

93. 生石灰熟化时间不得少于(　　)天。

A. 2d　　B. 3d　　C. 5d　　D. 7d

94. 计算砌体工程量时，小于的(　　)孔洞不予扣除。

A. $0.2m^2$　　B. $0.3m^2$　　C. $0.4m^2$　　D. $0.5m^2$

95. 冬季拌和砂浆用的水温度不得超过(　　)。

A. 40℃　　B. 60℃　　C. 80℃　　D. 90℃

96. 花饰墙的花格排砌不均匀，不方正的原因是(　　)。

A. 砂浆不饱满　　B. 检查不及时

C. 材料误差大，规格不方正　　D. 砌前没浇水

97. 粘土烧结多孔砖强度等级分为(　　)级。

A. 4　　B. 5　　C. 6　　D. 7

98. 某一砌体轴心受拉时沿灰缝和砖块一起断裂，主要原因是(　　)。

A. 砖的抗拉强度不足　　B. 砂浆的强度不足

C. 砌前没浇水　　D. 灰缝不饱满

99. 说明烟囱顶部铁件安装与连接的图样是(　　)。

A. 烟囱外形图　　B. 剖面图

C. 水平端面图　　D. 顶部构造图

100. 砌墙时盘角高度一般不超过(　　)皮用线锤吊直修正。

A. 3　　B. 5　　C. 7　　D. 10

101. 一块板坐人之后变形很大但没破坏断裂，是(　　)不够。

A. 强度　　B. 刚度　　C. 稳定性　　D. 支座固定

102. 门窗上砖过梁中的钢筋主要受到的是(　　)。

A. 压力　　B. 剪力　　C. 拉力　　D. 扭力

103. 对整个房屋起到加强整体性的构造措施是(　　)。

A. 构造柱和圈梁　　B. 构造柱和过梁

C. 圈梁和过梁　　D. 基础和屋面

104. 在地震区砖砌烟囱的高度一般控制在(　　)以下。

A. 20m　　B. 30m　　C. 40m　　D. 50m

105. 用水准仪测高差时，地势较高处的读数比地势较低处的读数(　　)。

A. 大　　B. 小

C. 相等　　D. A、B、C都不对

106. 控制和检查每一定皮数的砖高度是否合格的工具是(　　)。

A. 水准仪　　B. 钢卷尺　　C. 皮数杆　　D. 托线板

107. 加工异形砖时，一般切去的宽度不超过砖原宽度的(　　)。

A. 1/5　　B. 1/4　　C. 1/2　　D. 1/3

108. 砖基础中的防潮层如用水泥砂浆，则厚度不宜低于(　　)。

A. 10mm　　B. 20mm　　C. 40mm　　D. 50mm

109. 毛石基础墙中的拉结石每(　　)墙面至少一块。

A. $2m^2$　　B. $1.5m^2$　　C. $1m^2$　　D. $0.7m^2$

110. 砖砌方烟囱的立缝灰缝厚应控制在(　　)以内。

A. 3~5mm　　B. 5~8mm　　C. 8~12mm　　D. 12~15mm

三、计算题

1. 烟囱在±0.000处的外径是5m，有2%的收势坡度，烟囱在40m高处的外径是多少？

2. 50cm×50cm的方柱，承受轴心压力。$\boldsymbol{F}=50000kg$，求方形柱的截面应力。

3. 简支梁跨度为5m，两支点为A，B，在距离A支点2m处有一集中荷载$\boldsymbol{F}=500kN$，求AB梁中的剪力和弯矩，并画出剪力图和弯矩图。

4. 某建筑物地下一层层高2.5m，长15m，宽5m（240墙）有四个1.5m×1.5m的窗和两个1m×2m的门，计算用传统的实心红砖多少块？用砂浆多少？（每立方米砌体用砂浆0.26m^3）

5. 有一围墙场30m，高1.5m，24墙。每隔5m有一个370㎜×120mm的附墙砖垛，已知砌砖每立方米用0.522个工日，用砂浆0.26m^3，每立方米砂浆用水泥180kg，砂1600kg。计算完成此围墙用多少工日？多少水泥？多少砂子？

6. *A*点的绝对标高是49.600m，后视*A*点的读数是1.524m，前视*B*点的读数是2.531m，后视*B*点的读数是1.730m，前视*C*点的读数是2.150m，求*C*点的绝对标高。

7. *A*点的绝对标高是60.500m，后视*A*点的读数是1.720m，前视*B*点的读数是2.450m，求*B*点的绝对标高。

8. 某一40cm×60cm的矩形柱，承受轴心压力$\boldsymbol{F}$=48000kg，求矩形柱的截面应力。

9. 某一段烟囱的外径为4m，壁厚为240㎜，问当用传统实心红砖砌筑时，应加工多少异形砖和被加工的标准砖应切去的宽度是多少？

10. 一根简支梁*AB*，跨度为6m，在跨中作用一个集中荷载$\boldsymbol{F}$=400kN，求*AB*梁的剪力和弯矩，并画出剪力图和弯矩图。

四、简答题

1. 弧形墙砌筑应掌握哪些要点？
2. 房屋定位有哪几种方法？
3. 什么是估工估料？
4. 强度和刚度有何区别？
5. 简述地面的构造层次。
6. 砖基础大放脚收退的原则是什么？
7. 烟囱身开裂的原因是什么？
8. 什么是劳动定额？
9. 空斗墙和空心墙面组砌混乱主要表现在什么部位？原因是什么？

10. 筒瓦的质量要求有哪些?
11. 如何克服砖基础大放脚水平灰缝高低不平的质量问题?
12. 力的三要素是什么?
13. 简述砖拱砌筑的施工工艺过程?
14. 掺盐施工的定义是什么?有何特点?适用情况如何?
15. 为什么建筑物要设变形缝?
16. 什么是建筑红线?
17. 什么是定额水平?
18. 简述异形墙的砌筑工艺?
19. 冬期施工是如何规定的?
20. 试分析一下筒瓦屋面渗漏的原因。
21. 简单叙述6m清水墙角砌筑工艺。
22. 什么是地震烈度?
23. 炉灶砌筑时应注意哪些质量问题?
24. 烟囱砌筑要注意哪些安全问题?
25. 砖拱的砌筑中应注意的质量问题有哪些?

技能要求试题

一、铺筑筒瓦屋面

考核项目及评分标准

序号	测定项目	允许偏差	评分标准	满分	检测点					得分
					1	2	3	4	5	
1	瓦		选瓦不合要求的无分	10						
2	检查修理基层		无此工序不得分，修理不合要求酌情扣分	5						
3	端老头瓦		做法不符合要求者无分，搭扣小于40mm扣分，小于20mm无分	10						
4	筑脊		做法不符合要求无分，脊不直起伏，脊与瓦接缝渗漏无分，其他酌情扣分	15						
5	铺瓦		瓦与瓦搭接长度不符合要求者酌情扣分，瓦片窝座不牢者无分	15						
6	檐口瓦		檐口瓦出檐不一致者无分，出檐口小于50mm者无分，檐口瓦抬高小于30mm或大于80mm者无分，在此之间者酌情扣分	15						
7	瓦棱		瓦棱不直、外观不整齐者无分	5						
8	细部		细部没做好防渗者无分	5						
9	安全文明施工		上瓦不符合要求无分；有事故无分，完工不清场无分，脚手架防护不符无分	10						
10	工效		低于定额90%无分，在90%~100%之间的酌情扣分	10						

二、砌清水平碹（立砖，不少于5个洞口）

考核项目及评分标准

序号	测定项目	允许偏差	评分标准	满分	检测点					得分
					1	2	3	4	5	
1	砖		性能指标及外观达不到要求的无分	5						
2	碹		不符合要求的无分	10						
3	排砖起拱		排砖不符合要求无分，起拱不在1% ~2%之间无分	15						
4	灰缝		灰缝要饱满，上下口灰缝不得大于15mm，下口灰缝不得小于5mm，不符合要求无分	10						
5	平整度	5mm	超过5mm每处扣1分，超过2处及1处超过8mm无分	10						
6	清水墙面		刮缝深度10~12mm，墙面整洁，不符合要求无分，不符合操作工艺标准无分	10						
7	安全生产		有事故的无分	8						
8	操作方法		不符合操作工艺标准无分	10						
9	文明施工		工完场不清无分	7						
10	工具使用及维护		施工前后检查两次，酌情是否扣分	5						
11	工效		低于定额90%无分，在90%~100%之间的酌情扣分	10						

三、铺筑水泥混凝土板块地面（砂垫层）

考核项目及评分标准

序号	测定项目	允许偏差	评分标准	满分	检测点					得分
					1	2	3	4	5	
1	混凝土板块		板块有裂纹、掉角或缺棱的无分	10						
2	空鼓		与基层结合不牢固，空鼓无分	10						
3	泛水		坡度不符合要求，倒泛水的无分	10						
4	表面平整度	4mm	超过4mm每处扣1分，超过3处及1处超过7mm无分	10						
5	缝格平直	3mm	超过3mm每处扣1分，超过3处及1处超过6mm无分	15						
6	接缝高低差	1.5mm	超过1.5mm每处扣1分，超过3处及1处超过2.5mm无分	10						
7	间隙宽度	6mm	超过6mm每处扣1分，超过3处及1处超过10mm无分	10						
8	安全文明施工		有事故的无分，工完场不清的无分	10						
9	工具使用和维护		施工前后进行两次检查酌情扣分	5						
10	工效		低于定额90%无分，在90%~100%之间的酌情扣分	10						

四、铺筑陶瓷地板砖地面（砂垫层）

考核项目及评分标准

序号	测定项目	允许偏差	评分标准	满分	检测点					得分
					1	2	3	4	5	
1	地板砖		选砖色泽不均匀，砖块有裂纹、掉角、缺棱无分	10						
2	空鼓		与基层结合不牢、空鼓无分	10						
3	泛水		坡度不符合要求，倒泛水无分	10						
4	表面平整度	2mm	超过2mm每处扣1分，超过3处及1处超过5mm不得分	15						
5	缝格平直	3mm	超过3mm每处扣1分，超过3处及1处超过5mm不得分	10						
6	接缝高低差	0.5mm	超过0.5mm每处扣1分，超过3处及1处超过1.5mm的无分	10						
7	板块间的缝隙宽	2mm	超过2mm每处扣1分，3处以上及1处超过5mm的无分	10						
8	安全文明施工		有事故的无分，工完场不清的无分	10						
9	工具使用和维护		施工前后进行两次检查酌情扣分	5						
10	工效		低于定额90%无分，在90%~100%之间的酌情扣分	10						

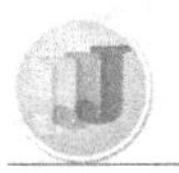

五、砌筑一有大角的空斗墙（清水墙）

考核项目及评分标准

序号	测定项目	允许偏差	评分标准	满分	检测点					得分
					1	2	3	4	5	
1	砖		性能指标达不到要求的无分	5						
2	组砌方式		组砌方法不正确的无分	15						
3	拉结筋		误差超过200mm每处扣1分，3处以上及1处超过400mm的无分	10						
4	轴线位移	10mm	超过10mm每处扣1分，超过3处及有1处超20mm无分	5						
5	垂直度	5mm	超过5mm每处扣1分，3处以上及1处超过10mm无分	10						
6	表面平整度	5mm	超过5mm每处扣1分，超过3处及有1处超8mm无分	10						
7	水平灰缝平直度	7mm	超过7mm每处扣1分，超过14mm无分	10						
8	10皮砖厚	±8mm	超过8mm每处扣1分，超过3处及有1处超15mm无分	10						
9	安全生产		有事故的无分，工完场不清的无分	7						
10	工具使用和维护		施工前后进行两次检查酌情扣分	8						
11	工效		低于定额90%无分，在90%～100%之间的酌情扣分	10						

六、砌清水方柱

考核项目及评分标准

序号	测定项目	允许偏差	评分标准	满分	检测点					得分
					1	2	3	4	5	
1	砖		性能指标达不到要求的无分	5						
2	组砌方式		组砌方法不正确的无分	10						
3	表面清洁度		表面不清洁的无分	5						
4	轴线位移	10mm	超过10mm每处扣1分，超20mm无分	10						
5	垂直度	5mm	超过5mm每处扣1分，3处以上及1处超过10mm无分	10						
6	表面平整度	5mm	超过5mm每处扣1分，超过3处及有1处超8mm无分	10						
7	水平灰缝平直度	7mm	超过7mm每处扣1分，超过14mm无分	5						
8	10皮砖厚	±8mm	超过8mm每处扣1分，超过3处及有1处超15mm无分	10						
9	阴阳角	±3mm	超过3mm每处扣1分，超过6mm无分	10						
10	安全文明生产		有事故的无分，工完场不清的无分	7						
11	工具使用和维护		施工前后进行两次检查酌情扣分	8						
12	工效		低于定额90%无分，在90%～100%之间的酌情扣分	10						

模拟试卷样例

一、判断题（对画✓，错画×，画错倒扣分；每题1分，共20分）

1. 人可以对所提物品作用一个力，而物品则不会给我们一个反力。（　）
2. 楼房入口雨篷的根部在力学中一般看作固定端支座。（　）
3. 砖砌体门窗洞口上做过梁主要是为了抵抗拉应力。（　）
4. 固定铰支座不能移动，但可以绕铰点转动。（　）
5. 砌体结构的特点就是具有很好的抗压性能，而不具有抗拉性能和抗剪性能。（　）
6. 对抗震有利的房屋建筑应建在地基好、地势平坦的均质土层上。（　）
7. 砖石房屋中的构造柱截面一般不小于240mm×180mm。（　）
8. 圈梁截面的高度一般不小于120mm。（　）
9. 施工班组人员进行工料分析时应套用的是预算定额，而不是施工定额。（　）
10. 在砖砌体工程量计算中，常说的“三七墙”厚度取值应为365mm。（　）
11. 水准仪可用来测量房屋的标高，同时还能测量水平角度和垂直角度。（　）
12. 砖面层用沥青玛瑞脂结合时，基层要刷冷底子油，砖块最好应预热。（　）
13. 在冬季施工中，砂浆被冻，可用高温的热水重新搅拌后使用。（　）
14. 等高式砖砌大放脚就是每皮一收，每次收进1/4砖长。（　）

15. 毛石墙的上下拉结石应呈梅花状错开，防止砌成夹心墙。 ( )

16. 烟囱外壁砌筑时，环向竖缝应错开1/4砖。 ( )

17. 铺筑筒瓦时，工序次序应为先筑脊后铺瓦。 ( )

18. 钝角墙体（八字角）在角处采用“外七分头”，锐角墙角处用“内七分头” ( )

19. 烟囱外壁一般要求有2%左右的收势坡度。 ( )

20. 石路面铺设完毕后也得浇水养护至少3d后才可上人。 ( )

二、选择题（将正确答案的序号填入括号内；每题1分，共30分）

1. 砖基础正墙最后一皮砖要求用( )排砌。

A. 条砖　B. 砖　C. 丁条混砌　D. 可丁砌也可条砌

2. 烟囱每天的砌筑高度由气温和砂浆的硬化程度决定，一般每天不宜超过( )。

A. 1.0m　B. 1.8m　C. 2.4m　D. 3.0m

3. 构造柱与圈梁交接处箍筋加密正确说法是( )。

A. 范围不小于1/6层高或45cm

B. 范围不小于1/4层高或45cm

C. 范围不小于1/6层高或100cm

D. 范围不小于1/3层高或100cm

4. 炉灶的灶台部分要外挑出炉座侧壁( )避免炊事员脚趾碰到炉座。

A. 5cm左右　B. 10cm左右　C. 20cm左右　D. 40cm左右

5. 构造柱断面一般不小于180mm×240mm，主筋一般( )采用以上的钢筋。

A. 4ϕ6　B. 4ϕ12　C. 4ϕ10　D. 4ϕ16

6. 砌筑用的脚手架无论是单双排，砖堆放一般不超过( )。

A. 两码　B. 一码　C. 四码　D. 三码

7. 缸砖地面板块铺贴完成后，在常温下应做到( )。

A. 洒水养护48h，3d不上人。

B. 洒水养护 24h，3d 不上人。

C. 洒水养护 48h，7d 不上人。

D. 洒水养护 24h，7d 不上人。

8. 瓦屋面操作时脚手架不仅应稳固，还要高出屋面(　　)以上并做好围护。

A. 0.5m　　B. 1.0m　　C. 1.8m　　D. 2.0m

9. 烟囱砌筑时，为了内衬稳定，(　　)砌丁砖形成梅花支点。

A. 每隔 0.5m 周长和 1m 的高度。

B. 每隔 1m 周长和 0.5m 的高度。

C. 每隔 0.5m 周长和 0.5m 的高度。

D. 每隔 1m 周长和 1m 的高度。

10. 砖拱砌筑砂浆应用强度等级(　　)以上，和易性好的混合砂浆，流动性 5 ~ 12cm。

A. M1　　B. M5　　C. M15　　D. M2.5

11. 嵌入砌体内的(　　)在计算墙体工程量时不予扣除。

A. 圈梁、过梁、钢筋、铁件和小于 0.3m^2 洞口

B. 圈梁、铁件和小于 0.5m^2 洞口

C. 钢筋、铁件和小于 0.3m^2 洞

D. 压顶、窗台线，腰线和小于 0.5m^2 洞口

12. 空心砖墙面凹凸不平，主要原因是(　　)。

A. 墙体长度过长　　B. 拉线后没有定线

C. 砂浆太稠　　D. 砖块没浇水

13. 基础等高式大放脚是两皮一收，每次收进(　　)。

A. 1/4 砖　　B. 1/2 砖　　C. 3/4 砖　　D. 1/3 砖

14. 7 度抗震时，构造柱与砖砌体之间的拉结筋放置要求为(　　)。

A. 沿高度方向不大于 500mm，压入墙中不小于 1000mm

B. 沿高度方向不大于 500mm，压入墙中不小于 500mm

C. 沿高度方向不大于 1000mm，压入墙中不小于 1000mm

D. 沿高度方向不大于 1000mm，压入墙中不小于 500mm

15. 在国际单位制中，力的单位是(　　)。

A. 公斤　　B. 市斤　　C. 牛顿　　D. 吨

16. 为加强空斗墙与空心墙的结合部位的强度，砂浆强度等级不应低于(　　)。

A. M1　　B. M5　　C. M7.5　　D. M2.5

17. 筒瓦挑出檐口不小于(　　)，底瓦下灰做做足，筒瓦中也要窝填砂浆。

A. 5cm　　B. 8cm　　C. 10cm　　D. 20cm

18. 烟囱用耐火砖做内衬时，灰缝厚度不大于(　　)。

A. 3mm　　B. 4mm　　C. 6mm　　D. 8mm

19. 弧形碹的碹座要求垂直于碹轴线，碹座下至上(　　)砖要用以 M5 以上的混合砂浆砌筑。

A. 5 皮　　B. 8 皮　　C. 10 皮　　D. 1/4 跨高

20. 烟囱砌筑时，将普通砖加工成楔体砖后大于原砖宽的(　　)以上。

A. 1/2　　B. 1/3　　C. 2/3　　D. 3/4

21. 烟囱水塔砌筑时水平灰缝砂浆饱满度应不小于(　　)。

A. 80%　　B. 90%　　C. 95%　　D. 100%

22. 某砌体受拉力后发现有阶梯形裂缝，主要原因可能是(　　)。

A. 砂浆强度不足　　B. 砂浆和易性不好

C. 砖没浇水　　D. 砖强度不足

23. 悬臂雨篷板的受力主筋应放在板截面的(　　)。

A. 下部　　B. 上部

C. 中间　　D. A、B、C 三个都正确

24. 毛石基础墙最上一皮砌完后，顶面一般抹 50mm 厚的(　　)细石混凝土。

A. C10　　B. C15　　C. C20　　D. C25

25. 房屋建筑的变形缝一般包含(　　)种缝的统称。

A. 2　　B. 3　　C. 4　　D. 5

26. 毛石基础的断面形式有(　　)。

A. 阶梯形和梯形　　B. 阶梯形和矩形

C. 矩形和梯形　　　　D. 矩形和三角形

27. “二四墙”的拉结筋一般用(　　)沿墙高隔500mm放一皮。

A. $2\phi6$　　B. $3\phi6$　　C. $2\phi10$　　D. $3\phi10$

28. 检查砂浆饱满度的工具是(　　)。

A. 托线板　　B. 塞尺　　C. 百格网　　D. 水平尺

29. 一块板坐人之后变形很大但没破坏断裂，是(　　)不够。

A. 强度　　B. 刚度　　C. 稳定性　　D. 支座固定

30. 砖基础中的防潮层如用水泥砂浆，则厚度不宜低于(　　)。

A. 10mm　　B. 20mm　　C. 40mm　　D. 50mm

三、计算题（每题10分，共20分）

1. 500mm×500mm的方柱，承受轴心压力 $\boldsymbol{F}=500\text{kN}$，求方形柱的截面应力？

2. 某建筑物地下一层层高2.5m，长15m，宽5m（240墙），有四个1.5m×1.5m的窗和两个1.0m×2.0m的门，计算用传统的实心红砖多少块？用砂浆多少？（每立方米砌体用砂浆0.26m³）

四、简答题（每题6分，共30分）

1. 弧形墙砌筑应掌握哪些要点？
2. 简述地面的构造层次？
3. 筒瓦的质量要求有哪些？
4. 简述6m清水墙角砌筑工艺顺序。
5. 什么是劳动定额？

答案部分

一、判断题

1. ×　2. ✓　3. ✓　4. ×　5. ×　6. ✓　7. ×　8. ✓
9. ✓　10. ✓　11. ×　12. ✓　13. ✓　14. ×　15. ✓　16. ✓
17. ✓　18. ×　19. ×　20. ×　21. ✓　22. ×　23. ✓　24. ✓
25. ✓　26. ✓　27. ✓　28. ×　29. ✓　30. ×　31. ×　32. ✓
33. ✓　34. ×　35. ×　36. ×　37. ✓　38. ✓　39. ×　40. ×
41. ✓　42. ×　43. ×　44. ✓　45. ×　46. ×　47. ×　48. ✓
49. ×　50. ✓　51. ×　52. ✓　53. ✓　54. ✓　55. ✓　56. ×
57. ✓　58. ✓　59. ✓　60. ✓　61. ×　62. ✓　63. ×　64. ×
65. ✓　66. ✓　67. ×　68. ✓　69. ✓　70. ✓　71. ✓　72. ✓
73. ✓　74. ×　75. ✓　76. ✓　77. ✓　78. ✓　79. ✓　80. ✓
81. ✓　82. ✓　83. ✓　84. ✓　85. ×　86. ✓　87. ✓　88. ✓
89. ✓　90. ✓　91. ✓　92. ×　93. ✓　94. ✓　95. ✓　96. ×
97. ×　98. ✓　99. ✓　100. ✓　101. ×　102. ✓　103. ✓　104. ×
105. ✓　106. ✓　107. ✓　108. ✓　109. ✓　110. ✓　111. ×　112. ✓
113. ×　114. ✓　115. ×　116. ×　117. ×　118. ✓　119. ×　120. ×

二、选择题

1. C　2. B　3. B　4. B　5. C　6. A　7. D　8. B
9. B　10. A　11. A　12. A　13. A　14. C　15. C　16. B
17. A　18. C　19. A　20. B　21. D　22. D　23. A　24. A
25. C　26. B　27. C　28. A　29. D　30. B　31. B　32. B
33. B　34. C　35. B　36. B　37. B　38. D　39. B　40. C

41. A	42. C	43. A	44. D	45. A	46. B	47. B	48. C
49. B	50. D	51. B	52. D	53. A	54. B	55. C	56. A
57. C	58. B	59. B	60. B	61. B	62. A	63. B	64. C
65. A	66. C	67. C	68. C	69. C	70. A	71. B	72. D
73. B	74. A	75. A	76. B	77. C	78. C	79. C	80. A
81. B	82. B	83. A	84. A	85. C	86. D	87. A	88. A
89. D	90. D	91. B	92. C	93. D	94. B	95. C	96. C
97. C	98. A	99. D	100. B	101. B	102. C	103. A	104. D
105. B	106. C	107. D	108. B	109. D	110. C		

三、计算题

1. 解　在40m处应收进尺寸

$$40 \times 2\% = 0.8\text{m}$$

在40m处的外径

$$5 - (0.8 \times 2) = 3.4\text{m}$$

答　烟囱在40m处的外径是3.4m。

2. 解　化成国际单位制

截面积

$$500\text{mm} \times 500\text{mm} = 250000\text{mm}^2$$

压力

$$50000 \times 10\text{N} = 500000\text{N}$$

方形柱的截面压应力

$$500000\text{N} \div 250000\text{mm}^2 = 2\text{N/mm}^2 = 2\text{MPa}$$

答　方柱的截面压应力是2MPa。

3. 解　根据题意求支座反力

$$\boldsymbol{F}_{RA} = (500\text{kN} \times 3) \div 5 = 300\text{kN}$$

$$\boldsymbol{F}_{RB} = (500\text{kN} \times 2) \div 5 = 200\text{kN}$$

求剪力分布

从A点到集中荷载这一段内剪力为常数，$\boldsymbol{F}_V = \boldsymbol{F}_{RA} = 300\text{kN}$；从集中荷载到$B$点这一段剪力为常数，$\boldsymbol{F}_V = \boldsymbol{F}_{RA} - \boldsymbol{F} = 300\text{kN} - 500\text{kN} = -200\text{kN}$。

剪力图略。

求弯矩分布

在支座A处弯矩为0；在集中荷载作用处弯矩为$300\text{kN}\times 2\text{m}=600\text{kN}\cdot\text{m}$；在支座B处弯矩为0。用直线连接三处的数值，弯矩图呈三角形。

弯矩图略。

4. 解　建筑物墙的总体积

$$(15+5)\ \text{m}\times 2\times 2.5\text{m}\times 0.24\text{m}=24\text{m}^3$$

门窗的体积

$$(1.5\times 1.5\times 4\ +\ 1\times 2\times 2)\ \text{m}^2\times 0.24\text{m}=3.12\text{m}^3$$

砖墙的实际体积

$$24\text{m}^3-3.12\text{m}^3=20.88\text{m}^3$$

需用传统实心红砖

$$20.88\text{m}\times 512\ 块/\text{m}^3\approx 10691\ 块$$

需用砂浆

$$20.88\times 0.26\text{m}^3\approx 5.429\text{m}^3$$

答　需用砖10691块，砂浆5.429m^3

5. 解　计算工程量：

围墙总体积

$$30\text{m}\times 1.5\text{m}\times 0.24\text{m}=10.8\text{m}^3$$

附墙总体积

$$1.5\text{m}\times 0.37\text{m}\times 0.12\text{m}\times\ (30/5+1)\ \approx 0.466\text{m}^3$$

则砌砖总体积

$$10.8\text{m}^3+0.466\text{m}^3=11.266\text{m}^3$$

计算工日数

$$0.522\ 个/\text{m}^3\times\ 11.266\text{m}^3\approx 5.881\ 个$$

计算砂浆量

$$0.26\text{m}^3\times 11.266\approx 2.929\text{m}^3$$

则水泥用量

$$2.929\text{m}^3\times 180\text{kg}/\text{m}^3=\ 527.22\text{kg}$$

砂子用量

$$2.929m^3 \times 1600kg/m^3 \approx 4686kg$$

答　应用5.881工日，527.22kg水泥，4686kg砂子。

6. 解　求B点的绝对标高

$$49.600m + 1.524m - 2.531m = 48.593m$$

求C点的绝对标高

$$48.593m + 1.730m - 2.150m = 48.173m$$

答　C点的绝对标高是48.173m。

7. 解　B点对A点的高差

$$h_{AB} = \text{前视读数} - \text{后视读数}$$

$$= 1.720m - 2.450m = -0.730m$$

B点的绝对标高

$$60.500m + (-0.730)m = 59.770m$$

答　B点的绝对标高是59.770m。

8. 解　化成国际单位制

截面积

$$400mm \times 600mm = 240000mm^2$$

压力

$$48000 \times 10N = 480000N$$

则矩形柱的截面压应力

$$480000N \div 240000mm^2 = 2N/mm^2$$

$$= 2MPa$$

答　矩形柱的截面压应力是2 MPa。

9. 解　烟囱的外周长

$$400cm \times 3.14 = 1256cm$$

烟囱的内周长

$$(400 - 48)cm \times 3.14 \approx 1105.3cm$$

砖缝按10mm标准计算

在外圆周长可排丁砖数

$$1256cm \div (11.5 + 1)cm/\text{块} \approx 100\text{块}$$

在内圆周长可排丁砖数

$$1105.3cm \div (11.5 + 1)cm/\text{块} \approx 88\text{块}$$

则内外圆砖数相差

$$100\text{块} - 88\text{块} = 12\text{块}$$

12 块砖的总宽度为

$$12\text{块} \times 11.5\text{cm/块} = 138\text{cm}$$

要使外圈 100 块砖每块都切去 一点没必要，按常规施工出发，先按加工 1/3 的砖头数量，则本次加工 100/3 ≈34 块，则每块切去尺寸是

$$138\text{cm} \div 34 \approx 4\text{cm}$$

切去的宽度基本满足不超过原砖宽 1/3 的要求，可以。

答　加工 34 块异形砖，每块砖切去 4cm，即异形砖的一头宽是 11.5cm，另一头宽度是 7.5cm，长 240cm。

10. 解　根据题意求支座反力

$$\boldsymbol{F}_{RA} = (400\text{kN} \times 3) \div 6 = 200\text{kN}$$
$$\boldsymbol{F}_{RB} = (400\text{kN} \times 3) \div 6 = 200\text{kN}$$

求剪力分布

从 A 点到集中荷载这一段内剪力为常数，$\boldsymbol{F}_V = \boldsymbol{F}_{RA} = 200\text{kN}$；从集中荷载到 B 点这一段剪力为常数，$\boldsymbol{F}_V = \boldsymbol{F}_{RA} - \boldsymbol{F} = 200\text{kN} - 400\text{kN} = -200\text{kN}$。

剪力图略。

求弯矩分布

在支座 A 处弯矩为 0；在集中荷载作用处弯矩为 $200\text{kN} \times 3\text{m} = 600\text{kN} \cdot \text{m}$；在支座 B 处弯矩为 0。用直线连接三处的数值，弯矩图呈三角形。

弯矩图略。

四、简答题

1. 答　①根据施工图注明的角度与弧度摆出局部实样，按实样作出弧度套板。

②根据弧度墙身墨线摆砖，在弧段内试砌并检查错缝。

③立缝最小不小于 7mm，最大不大于 12mm。

④在弧度较大处采用丁砖砌法，在弧度较小处采用丁顺交错砌法。

⑤ 在弧度急转的地方，加工异形砖。

⑥每砌筑 3 ~5 皮左右用弧形板沿弧形墙全面检查一次。

⑦固定几个固定点用托线板检查垂直度。

2. 答　施工现场房屋定位的方法一般有四种：依据总平面图建筑方格网定位；依据建筑红线定位；依据建筑的相互关系定位；依据现有的道路中心线定位。

3. 答　就是依照一定的基础资料，较粗略地计算一下为完成某一个分部分项工程，需要多少人工和材料。

4. 答　强度是指构件在荷载作用下抵抗破坏的能力，刚度则是构件在外力作用下抵抗变形的能力，出现强度问题时一般情况意味着构件不能再使用，已经到达承受荷载的最大点；而出现刚度问题则是外形上变形较大，构件不一定破坏，也不一定到达其承受荷载的最大点。

5. 答　地面的构造层次从上到下一般为：面层、结合层、找平层、防水层、保温层、垫层、基土层。

6. 答　砖基础大放脚的收退应遵循“退台压顶”的原则。

7. 答　①施工操作人员忽视对砖块的浇水或因砂浆的饱满度不好而造成裂缝。

②施工不慎将砖块残渣掉入隔气层，隔气层被填塞造成裂缝。

③砖和水泥质量存在问题造成裂缝。

④烘烤时升温太快或降温过快造成。

8. 答　劳动定额是直接下达施工班组单位产量用工的依据，它反映了建筑工人在正常的施工条件下，按合理的劳动生产水平，为完成单位合格产品所规定的必要劳动消耗量的限额，劳动定额也叫人工定额。

9. 答　墙面组砌方法混乱表现在丁字墙、附墙柱等接槎处；原因是操作人员忽视组砌形式，排砖时没有全墙通盘排砖就砌筑，或是上下皮在丁字墙、附墙柱处错缝搭砌没有排好砖。

10. 答　一般来讲有以下几方面：

①选瓦必须严格，不应有缺角、砂眼、裂纹和翘曲等缺陷。

②铺底瓦时，瓦楞中所用的掺灰泥应填实达到饱满，粘接牢固。

③筒瓦的相邻上下两张的接头应吻合紧密。

④屋面弧形曲线应符合设计要求，屋脊的线条应柔和匀称，屋脊两端头应在同一标高上。

⑤斜沟和泛水的质量应符合设计要求，檐口瓦出檐应一致。

11. 答　做到盘角时灰缝要均匀，每层砖都要与皮数杆对平，砌筑时要左右照顾，避免留槎处高低不平，砌筑时准线要收紧，不收紧准线就无法保证平直均匀一致。

12. 答　力的三要素是指力的作用点、力的大小和力的方向。

13. 答　准备工作→模架支撑→材料运输→砖拱砌筑→养护→紧好拉杆、落架拆模→全面检查、结束施工。

14. 答　冬期施工时，在普通砂浆里根据气温情况适量掺加食盐，使砂浆在负温度下不冻，可以继续缓慢增长强度的施工方法。特点是强度较其他增长要快一点，而且货源充足，施工方便。但对于发电厂、变电所等工程和装饰要求较高的工程、湿度比较大的工程、经常受高温影响的工程、经常处于地下水变化的工程，不可用掺盐法。

15. 答　为防止建筑物由于设计长度过长，气温变化造成砌体热胀冷缩以及因荷载不同、地基承载能力不均、地震等因素，造成建筑物内部构件发生裂缝和破坏，所以要设变形缝。

16. 答　在工程建设中，新建一栋或一群建筑物时，均由城市规划部门给设计和施工单位规定建筑物的边界线，该边界线称为建筑红线。

17. 答　定额规定的人工、材料、机械台班的消耗标准称为定额水平。

18. 答　准备工作→拌制砂浆→异形墙砌筑→检查纠偏→清理完成砌筑。

19. 答　根据当地多年的气温资料，室外日平均气温连续5d低于5℃时，定义为冬期施工。按照混凝土结构工程施工及验收规范规定：室外日平均气温连续5d稳定低于5℃时的初日作为冬期施工的开始日。同样，当气温回升时，取第一个连续5d日平均气温稳定高于5℃时的末日作为冬期施工的终止日期。

20. 答 从工艺上分析有屋面坡度不够，基层材料刚度不足，铺设不平引起的出水不畅或局部倒泛水，也有细部处理不当引起的。从瓦片质量上分析，因瓦片材质差，如缺角、砂眼多、有裂缝和翘曲等缺陷引起的。

21. 答 准备工作→确定组砌方法→排砖摆底→盘角留槎→检查角的垂直、兜方、游丁走缝→继续组砌到标高。

22. 答 地震烈度是地震力使人产生的振动感受以及地面和各类建筑物受一次地震影响的强弱程度。它与地震震级是两个不同的概念。一次地震只有一个震级，但对不同地方和不同的建筑物却有不同的烈度。

23. 答 应注意下面四个方面：①火旺，但燃烧效果差。②反拱底弧度不顺，灰缝偏大。③炉墙窜火。④拱顶上口灰缝偏大，下口灰缝偏小。

24. 答 烟囱砌筑时安全应注意问题有：脚手架上堆放的材料不得超重，砖块必须码放整齐；竖向垂直运输不能超载，使用井字架和吊篮等要有安全保险装置，井字架严禁上人，冬期施工有霜雪时，应先扫干净后上脚手架操作；烟囱四周 10m 范围内设置护栏，进料口要搭防护棚，高度超过 4m 后支搭安全网，遇到 5 级及以上大风和恶劣天气要停止施工。

25. 答 砖拱砌筑中应注意的质量问题有：①灰缝不均匀。②拱度不正确。③拱顶灰缝不密实。④咬合接槎不符合组砌要求。⑤砖筒拱上口灰浆强度偏低。

附　录

砌筑工国家职业技能鉴定说明

一、职业技能鉴定

职业技能鉴定是一项基于职业技能水平的考核活动，属于标准参照型考试。它是由考试考核机构对劳动者从事某种职业所应掌握的技术理论知识和实际操作能力做出客观的测量和评价。职业技能鉴定是国家职业资格证书制度的重要组成部分。

二、申报职业技能鉴定的要求

参加不同级别鉴定的人员，其申报条件不尽相同，参加初级鉴定的人员必须是学徒期满的在职职工或职业学校的毕业生；参加中级鉴定的人员必须是取得初级技能证书并连续工作 5 年以上、或是经劳动行政部门审定的以中级技能为培养目标的技工学校以及其他学校毕业生；参加高级鉴定人员必须是取得中级技能证书 5 年以上、连续从事本职业（工种）生产作业可少于 10 年、或是经过正规的高级技工培训并取得了结业证书的人员；参加技师鉴定的人员必须是取得高级技能证书，具有丰富的生产实践经验和操作技能特长、能解决本工种关键操作技术和生产工艺难题，具有传授技艺能力和培养中级技能人员能力的人员；参加高级技师鉴定的人员必须是任技师 3 年以上，具有高超精湛技艺和综合操作技能，能解决本工种专业高难度生产工艺问题，在技术改造、技术革新以及排除事故隐患等方面有显著成绩，而且具有培养高级工和组织带领技师进行技术革新和技术攻关能力的人员。

三、职业技能鉴定的主要内容

国家实施职业技能鉴定的主要内容包括：职业知识、操作技能和职业道德三个方面。这些内容是依据国家职业（技能）标准、职业技能鉴定规范（即考试大纲）和相应教材来确定的，并通过编制试卷来进行鉴定考核。

四、职业技能鉴定方式

职业技能鉴定分为知识要求考试和操作技能考核两部分。知识要求考试一般采用笔试，试题分为判断题、选择题、计算题和简答题。技能要求考核一般采用现场操作加工典型工件、生产作业项目、模拟操作等方式进行。计分一般采用百分制，两部分成绩都在60分以上为合格，80分以上为良好，95分以上为优秀。

参考文献

1 建设部人事教育司组织编写。土木建筑职业技能岗位培训教材：砌筑工.北京：中国建筑工业出版社，2002

2 秦成利，徐姝，孙迟编．袖珍砌筑工手册．北京：机械工业出版社，2003

3 建筑施工类丛书编委会编．看图学技术丛书：看图学砌体施工技术．北京：机械工业出版社，2003

4 付新建，朱维益编．建设职业技能岗位培训教材：砌筑工．北京：中国环境科学出版社，2003

5 中华人民共和国建设部职业技能岗位鉴定指导委员会编．职业技能标准、职业技能岗位鉴定规范、职业技能鉴定习题集：瓦工．北京：中国建筑工业出版社，1998

6 建筑工人职业技能培训丛书编委会编．瓦工基本技术．北京：金盾出版社，2001

读者信息反馈表

为了更好地为您服务，有针对性地为您提供图书信息，方便您选购合适图书，我们希望了解您的需求和对我们教材的意见和建议，愿这小小的表格为我们架起一座沟通的桥梁。

姓　名		所在单位名称	
性　别		所从事工作（或专业）	
通信地址		邮　编	
办公电话		移动电话	
E-mail			

1. 您选择图书时主要考虑的因素（在相应项前画✓）
（　　）出版社（　　）内容（　　）价格（　　）封面设计（　　）其他
2. 您选择我们图书的途径（在相应项前画✓）
（　　）书目（　　）书店（　　）网站（　　）朋友推介（　　）其他

希望我们与您经常保持联系的方式：
☐ 电子邮件信息　☐ 定期邮寄书目
☐ 通过编辑联络　☐ 定期电话咨询

您关注（或需要）哪些类图书和教材：

您对我社图书出版有哪些意见和建议（可从内容、质量、设计、需求等方面谈）：

您今后是否准备出版相应的教材、图书或专著（请写出出版的专业方向、准备出版的时间、出版社的选择等）：

非常感谢您能抽出宝贵的时间完成这张调查表的填写并回寄给我们，您的意见和建议一经采纳，我们将有礼品回赠。我们愿以真诚的服务回报您对机械工业出版社技能教育分社的关心和支持。

请联系我们——

地址　北京市西城区百万庄大街22号　机械工业出版社技能教育分社

邮编　100037

社长电话　（010）88379080，88379083；68329397（带传真）

E-mail　jnfs@mail.machineinfo.gov.cn

机械工业出版社网址：http://www.cmpbook.com

教材网网址：http://www.cmpedu.com